国家出版基金项目
NATIONAL PUBLICATION FOUNDATION

“十四五”国家重点出版物出版规划项目

“双碳”目标下清洁能源气象服务丛书

丛书主编：丁一汇　丛书副主编：朱 蓉　申彦波

# 内蒙古新能源气象服务体系建设

赵黎明　刘海波　李 忠　徐丽娜　等　编著

气象出版社
China Meteorological Press

## 内 容 简 介


本书是根据中国气象局对能源气象服务的发展要求，在论述近年来内蒙古在风能太阳能气象服务中的技术进展基础上，结合服务中的体会编写而成，是对内蒙古新能源气象预报技术、新能源气象业务服务体系建设的系统总结。书中全面介绍了内蒙古基本气候特征、风能太阳能资源评估技术、多时间尺度风能太阳能预报预测技术、新能源开发利用高影响天气及灾害预警技术以及新能源气象服务典型案例等。

本书可供从事新能源气象研究的科研工作者和高等院校相关专业师生参考，也可以为电力调度部门提供参考。



**图书在版编目（CIP）数据**

内蒙古新能源气象服务体系建设 / 赵黎明等编著. 北京 ： 气象出版社, 2025. 1. -- （“双碳”目标下清洁能源气象服务丛书 / 丁一汇主编）. -- ISBN 978-7-5029-8416-8

Ⅰ. TK01；P451

中国国家版本馆 CIP 数据核字第 2025HS3404 号

**内蒙古新能源气象服务体系建设**

**Neimenggu Xin Nengyuan Qixiang Fuwu Tixi Jianshe**

---

出版发行：气象出版社

地　　址：北京市海淀区中关村南大街 46 号　　邮政编码：100081

电　　话：010-68407112（总编室）　010-68408042（发行部）

网　　址：http://www.qxcbs.com　　E-mail：qxcbs@cma.gov.cn

丛书策划：王萃萃　　终　　审：张　斌

责任编辑：王萃萃　　责任技编：赵相宁

封面设计：艺点设计　　责任校对：张硕杰

印　　刷：北京地大彩印有限公司

开　　本：787 mm×1092 mm　1/16　　印　　张：14.25

字　　数：356 千字

版　　次：2025 年 1 月第 1 版　　印　　次：2025 年 1 月第 1 次印刷

定　　价：150.00 元

---

# 编著者名单

（按姓氏笔画排列）

马玉峰　王　佳　冯　震　冯凯宁　刘海波
李　忠　谷新波　赵迦琪　赵黎明　胡亚男
徐丽娜　韩丽娜

# 丛书前言

2020年9月22日，在第七十五届联合国大会一般性辩论上，国家主席习近平向全世界郑重宣布——中国“二氧化碳排放力争于2030年前达到峰值，努力争取2060年前实现碳中和”。这是中国应对气候变化迈出的重要一步，必将对全球气候治理产生变革性影响。加快构建清洁低碳、安全高效能源体系是实现碳达峰、碳中和目标的重要部分，近年来，我国清洁能源发展规模持续扩大，为缓解能源资源约束和生态环境压力做出了突出贡献。但同时，清洁能源发展不平衡不充分的矛盾也日益凸显，不能满足当前清洁能源国家统筹、省负总责，建立国家和省两级协调，以省为主体统筹开展基地开发建设的发展需求，高质量跃升发展任重道远；各地区资源分布不均衡，需要因地制宜、分类施策，准确识别各区域具备开发利用条件的资源潜力至关重要。因此，迫切需要提高清洁能源气象服务保障能力。

风、光等作为气候资源，必然受到气象条件的影响，气象影响贯穿电场建设运行的始终，气象服务保障、气候评估等工作至关重要。气象部门以服务需求为引领，积累了基础风能太阳能资源观测资料，开展了资源评估，形成了风能太阳能资源监测和预报能力。面对目前的挑战和需求，气象出版社组织策划了“‘双碳’目标下清洁能源气象服务丛书”(以下简称“丛书”)，丛书系统全面介绍了包含陆上风能、海上风能、太阳能、水能、生物质能、核能等清洁能源特征，及其观测、预报预测、资源评估和开发潜力分析，相关气象灾害及其评估、预测与预警，各区域清洁能源发展规划、对策等新成果，介绍了各区域清洁能源开发利用气象保障服务体系框架、典型案例、应用示范以及煤炭清洁高效开发利用等方面的代表性成果，为助力能源绿色低碳转型，保障能源安全，实现碳达峰、碳中和目标，应对气候变化，促进我国经济社会高质量可持续发展提供科技支撑与服务。

丛书涵盖华北、东北、西北、华中、东南沿海、西南、新疆等区域中风能、太阳能等资源丰富和有代表性的地区，并覆盖水资源丰富的长江、黄河、金沙江、西江流域等，覆盖面广，内容全面，兼顾了科学性和实用性，既可为气象、能源、电力等相关领域的科研、业务人员提供参考，也可为政府部门统筹规划、精准施策提供科学依据。中国气象局首席气象专家朱蓉研究员和申彦波研究员作为丛书副主编，为保障丛书的顺利编写和出版做出了重要贡献；丛书编写团队集合了清洁能源气象观测、预报、科研、业务一线专家，涵盖了全国各区域的清洁能源科技创新团队带头人、首席专家和技术骨干，保证了丛书的科学性、权威性、创新性。

丛书得到中国工程院院士李泽椿和徐祥德的支持与推荐，列入了“十四五”国家重点出版物出版规划项目，并得到国家出版基金资助。丛书的组织和实施得到中国气象局、相关省(自治区、直辖市)气象局及电力、水利相关部门领导和专家的全力支持。在此，一并表示衷心感谢！

丛书编写出版所用的基础资料数据时间序列长、使用要素较多，涉及专业面广，参与编写人员众多，组织协调工作有一定难度，书中难免出现错漏之处，敬请广大读者批评指正。

丛书主编：丁一汇

2024年5月

# 本书前言

内蒙古拥有全国57%的风能资源和超过21%的太阳能资源，在碳达峰、碳中和目标引领下，内蒙古作为国家重要的能源基地，着重发展风能、太阳能、生物质能等可再生能源，构建多元互补、稳定高效的新能源供应体系：基于边境沿线、戈壁荒漠、沙漠治理、矿区修复等高水平打造新能源基地；在中部和西部地区布局大型风电、光伏基地项目；东部地区以分布式新能源为主，适当发展集中式新能源；推进“源网荷储”一体化、“风光火储”一体化能源产业发展，促进新能源就地消纳；构建绿氢制造、存储、运输、应用一体化产业链，促进氢能产业规模化、集群化、高端化发展；实施电网灵活性改造，提高对高比例可再生能源的消纳和调控能力；实施风电光电“西电东送”和“北电南送”工程，更好地服务国家战略全局。

新能源发电对天气的依赖性较大，具有明显的波动性和不确定性。从能源供给来看，风光资源的波动性成为影响新型电力系统建设和运行的决定性因素之一，气象精细化预报将为破解电网调度和电力交易难题提供重要支撑；从能源消费来看，极端高温和极寒天气导致电力负荷屡创新高；从能源体系安全保障来看，大范围气象灾害的影响将贯穿能源生产、供给、消费全过程，亟需构建专业化、精细化的能源电力气象灾害预警体系。

本书共分为8章，由赵黎明、刘海波、李忠、徐丽娜等共同编著。第1章介绍了内蒙古新能源气象业务体系及服务现状，由徐丽娜、谷新波编写；第2章为内蒙古基本气候特征，由王佳编写；第3章介绍了内蒙古风能太阳能观测站网建设情况，由胡亚男、冯凯宁编写；第4章为内蒙古风能太阳能资源评估，由马玉峰编写；第5章为风能太阳能气象预报预测，由徐丽娜、赵迦琪、韩丽娜编写；第6章为新能源开发利用高影响天气及灾害预警，由冯震编写；第 7 章为新能源气象服务体系及典型案例，由谷新波编写；第 8 章为发展与展望，由徐丽娜编写。李忠对全书进行了统稿协调，赵黎明、刘海波负责全书总体规划。对所有参与本书编写工作的专家、同事和朋友，我们致以诚挚的谢意！

编著者

2024 年 6 月

# 目录

# 第 1 章
# 绪 论

风能、太阳能等新能源出力受到气象条件的影响较大。随着气象条件变化，风电、太阳能发电存在较大波动性、随机性。而气象条件又受到地形影响，新能源发电场站选址地蕴藏资源的高低，需要尽可能精准预测评估。气象服务可快速评估指定区域风能和太阳能资源条件，提供新能源功率预测所需的风速、风向、辐照度、云量等预报数据。气象预报预测精度、准确性、时效性越高，给能源调配的准备时间越充裕，气象信息的价值就越大，越有利于新能源与其他电力资源的衔接配合。

内蒙古地处中国北疆，幅员辽阔，地势较为平坦，终年处于高空西风带控制之下，风能资源总储量和技术可开发量均居全国首位。同时，全区晴天日数多，日照充足，太阳能资源储量巨大，属我国最丰富的区域之一。截至2020年底，可再生能源累计发电装机规模5306万kW，占内蒙古电力总装机的36%，其中，风电累计并网装机3785万kW，2006年以来持续位居全国首位；光伏发电累计装机1238万kW，居全国第八位。“十三五”期间，内蒙古新增可再生能源装机2163万kW，其中风电、光伏发电分别新增1360万kW、768万kW，圆满完成“十三五”发展规划目标。

2020年，内蒙古可再生能源发电量963亿kW·h，占总发电量的16.9%，较2015年提高3.9个百分点，其中，风电发电量704亿kW·h，风电利用率达94.6%，较2015年提高12.7个百分点；光伏发电量186亿kW·h，光伏利用率达97.2%，较2015年提高1个百分点，风能太阳能利用水平稳步提升。

内蒙古新能源气象服务开始于2009年，为贯彻落实自治区党委、政府新能源发展战略，进一步促进自治区新能源发展，提升气象、电力行业对自治区经济社会发展的服务保障能力，内蒙古气象局与内蒙古电力公司、国家电网蒙东电力公司本着“优势互补、合作共赢”的原则，共同推进相互间联动机制建设，实现在业务、科研、技术、信息等方面的合作与共享，积极探索风能、太阳能预报技术和成果应用，分别签署了《战略合作框架协议》。内蒙古新能源精细化气象服务由此展开。近年来，风能太阳能精细化气象服务业务逐步完善，面向全区350多家风电场、330多家光伏电站及电力调度部门提供新能源精细化预报服务产品，为自治区新能源消纳、风电场及光伏电站安全运营等提供气象服务保障。

结合碳达峰目标、碳中和愿景，从现在起到2025年，内蒙古将全面提高风能太阳能资源精密监测能力，摸清自治区风能太阳能资源家底，在风能太阳能丰富地区及风能太阳能数值预报难点区和关键区进行观测网选址布局，研发风能太阳能资源实时监测产品；加强基于多源数值预报模式产品的高时空分辨率风能太阳能网格预报技术，提升风能太阳能精准预报能力；开展面向能源行业的延伸期—月—季节尺度的边界层低层风场等要素的气候预测研究和模式产品本地化解释应用；制定内蒙古电网输电线路气象灾害防御应急预案，完善电网输电线路气象灾害实时监测流程，进一步减轻气象灾害对电网企业稳定运行的影响；完善风电功率预报预测技术方法，提高电力负荷预报精度。提高风能太阳能精细服务能力，构建集约高效的一体化风能太阳能气象业务服务平台，搭建规范统一的能源气象数据运行环境，融入能源互联网各应用场景及服务需求，细化内蒙古风能太阳能预报服务产品，打造能源气象服务品牌，切实为清洁能源高质量发展提供气象服务支撑。

## 1.1 业务体系

为提升新能源气象服务能力和效益，内蒙古着力建立向上集约、向下延伸的清洁能源气象服务业务模式，建成了集观测站网建设、资源评估、预报预测、电网气象灾害预警、气象服务效益评估、业务平台建设、通信传输、技术规范于一体的新能源业务体系。

## 1.2 服务模式

新能源气象服务产品涵盖数据、文字、静态与动态专题图等10余种，分别通过电力光纤专线传输至电力公司调通中心，通过互联网风光企业用户客户端直接发布，满足了用户群体不同需求。结合电力光纤网络传输和基于B/S网络架构，开发专用的应用服务产品，实现多层分布式技术搭建内蒙古电力调度气象预报信息服务平台，开展风电场气象预报服务。系统建立了实时的地面自动气象站资料数据库、风电场风机实时资料数据库和中尺度预报产品数据库，实现了多种气象要素的实时监测和预报，为内蒙古风电场实时业务及生产、电力部门的风电场功率预测及风电场电力调度工作提供了科学依据。

数据类新能源精细化服务产品通过电网光纤专线通道及时向电力公司调度部门传输，并经电力系统内网向新能源企业及时自动分发，以便电力调度部门和风电企业调取应用；同时采用新能源气象网络服务平台（互联网传输通道）向风电企业及时传输，以确保新能源短期精细化服务产品的时效性和稳定性。

文档类新能源气象服务产品和输电保障服务产品，采用微信群、电子邮箱及微信企业号及时传输和发布。

# 第 2 章
# 内蒙古基本气候特征

内蒙古自治区大部分地区处于北半球盛行西风带，属于温带大陆性气候。降水量少而不均匀，风大，寒暑变化剧烈，大兴安岭北段地区属于寒温带大陆性季风气候，巴彦浩特—海勃湾—巴彦高勒以西地区属于温带大陆性气候。总的特点是春季气温骤升，多大风天气，夏季短促而炎热，降水集中，秋季气温剧降，霜冻往往早来，冬季漫长严寒，多寒潮天气。

全区风能资源丰富，年有效风能储量普遍都在 600 kW·h 以上，有些地区超过 1000 kW·h，是全国风能资源最丰富的地区之一。全区风能蕴藏量达 8.98 亿 kW，技术可开发量 1.5 亿 kW，居全国之首。

全区日照充足，光能资源非常丰富，大部分地区年日照时数都大于 2700 h，阿拉善高原的西部地区达 3400 h 以上，全区年总辐射量在 4670～6500 MJ·$m^{-2}$。

本章基于内蒙古 116 个气象站点 1981 年 1 月—2021 年 12 月的逐月气象资料及 1961—2017 年内蒙古 8 个太阳辐射观测站（海拉尔、索伦、通辽市、二连浩特、锡林浩特、东胜区、乌拉特中旗、额济纳旗）的太阳辐射日值观测资料，采用空间分析、线性倾向估计、Mann-Kendall 检验方法，分析了全区近 41 a 气温、降水、风速、日照等几个要素的时空变化特征。由于内蒙古地域辽阔，跨越中国东北、华北、西北三个区域，各个区域气候存在显著差异，因此分析过程中除了全区总体特征外，还同时分析了东部、中部、西部的变化特点。根据地域分布特征，东部地区包括呼伦贝尔市、兴安盟、通辽市、赤峰市，中部地区包括锡林郭勒盟、乌兰察布市、呼和浩特市、包头市，西部地区包括鄂尔多斯市、巴彦淖尔市、乌海市和阿拉善盟。同时仍按照我国的惯例划分四季，即 3—5 月为春季，6—8 月为夏季，9—11 月为秋季，12 月—次年 2 月为冬季。

## 2.1 气温

气候变化具有阶段性和周期性，但是近代以来，全球变暖已是不争的事实。我国的平均气温在过去的几十年中与全球气温变化趋势基本一致。内蒙古各地年平均气温在 −4.0 ℃（图里河）～10.1 ℃（乌海市），总体分布特征是东北向东南、西南递增，其中呼伦贝尔市大部、兴安盟阿尔山和锡林郭勒盟北部地区气温偏低，年平均气温普遍在 0 ℃以下；锡林郭勒盟大部、呼伦贝尔市西南部、东南部、兴安盟北部、通辽市巴雅尔吐胡硕、赤峰市克什克腾旗、乌兰察布市北部、呼市北部、包头北部年平均气温在 0～4 ℃，阿拉善盟大部、乌海市及巴彦淖尔市南部、鄂尔多斯市西部年平均气温在 8 ℃以上，其余地区普遍在 4～8 ℃（图 2.1）。

在全球气候变暖的大背景下，近 41 a 来内蒙古全区年平均气温总体呈现上升的趋势（图 2.2），线性增温率为 0.38 ℃·$(10\ a)^{-1}$，41 a 间气温上升了 1.6 ℃，升温趋势十分明显。同时从东、中、西部地区气温变化曲线也可以看出，三大气候区变化规律一致。西部年平均气温最高、中部次之、东部气温最低，且线性增温率也表现出同样的区域特点。其中，东部地区年平均气温最低值出现在 1985 年，为 2.2 ℃，年平均气温最高值出现在 2007 年，为 5.1 ℃。中部地区年平均气温最低值出现在 1984 年，为 3.6 ℃，年平均气温最高值出现在 1998 年、2017 年，为 6.6 ℃。西部地区年平均气温最低值出现在 1984 年，为 6.3 ℃，年平均气温最高值出现在 1998 年，为 9.3 ℃。

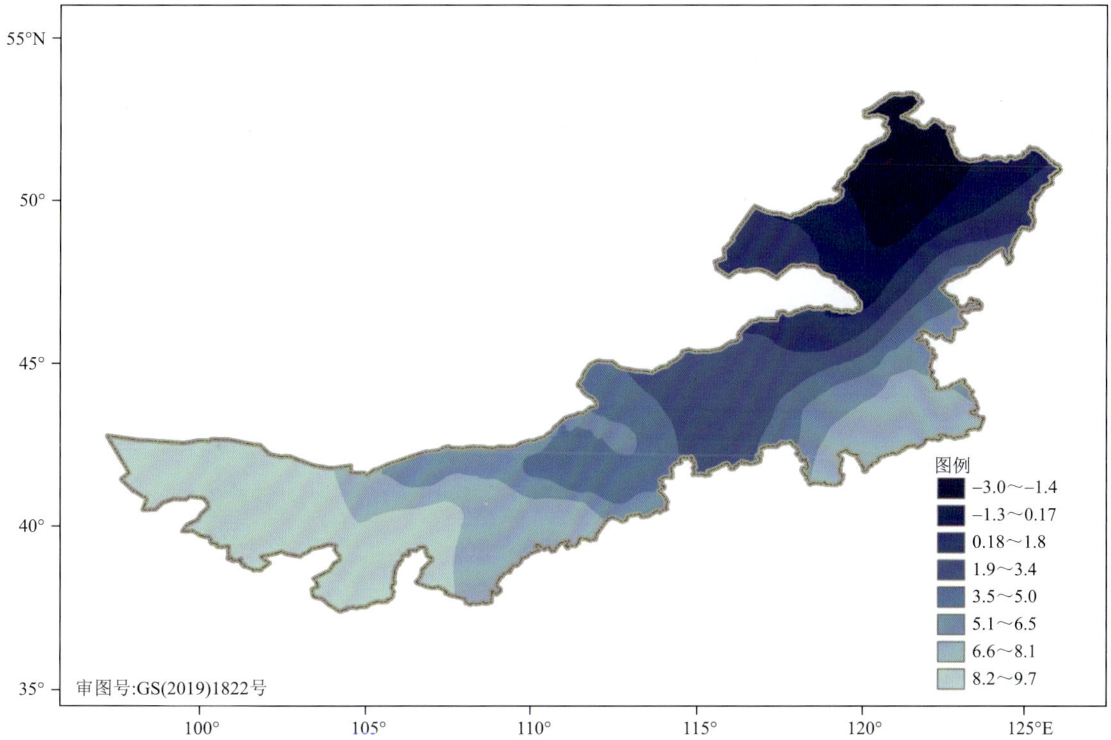


图 2.1　内蒙古年平均气温分布图(单位：℃)

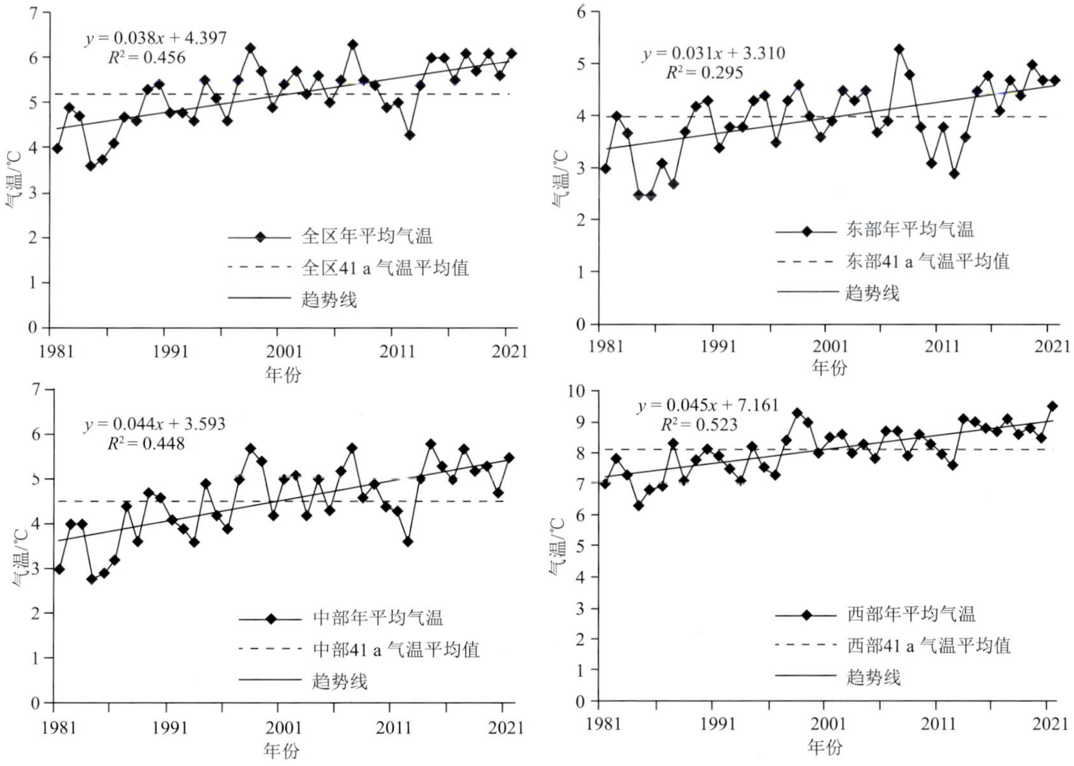


图 2.2　内蒙古 41 a 气温变化曲线

从不同年代的时间尺度上看(表 2.1),全区年平均气温在波动中不断上升,各年代的平均气温逐步递增,20 世纪 80 年代与 20 世纪 90 年代相比,增温幅度明显加大,年代气温距平从−0.54 ℃上升到 0.13 ℃,增加了 0.67 ℃,东、中、西部地区相比较,中部地区增加最大为 0.77 ℃,西部次之为 0.68 ℃,东部最少为 0.60 ℃。其余年代间的增幅均小于 0.36 ℃。

表 2.1　内蒙古气温气候均值(1981—2010 年)和 20 世纪 80 年代—21 世纪 10 年代气温距平

单位:℃

| 区域 | 气候均值 | 20 世纪 80 年代 | 20 世纪 90 年代 | 21 世纪 10 年代 | 2011—2021 年 |
|---|---|---|---|---|---|
| 全区 | 5.04 | −0.54 | 0.13 | 0.41 | 0.58 |
| 东部 | 3.83 | −0.47 | 0.13 | 0.34 | 0.45 |
| 中部 | 4.35 | −0.63 | 0.14 | 0.49 | 0.69 |
| 西部 | 7.90 | −0.56 | 0.12 | 0.44 | 0.80 |

从不同区域的月变化曲线(图 2.3)可以看出,一年中气温最高的月份是 7 月,平均气温分别是西部最高 24.1 ℃,东部次之 22.1 ℃,中部 21.3 ℃。1 月气温度最低,平均气温分别是东部最低−16.9 ℃,中部次之−14.8 ℃,西部最高−10.1 ℃。全年中东部、中部地区月平均气温处于 0 ℃以下的月份有 5 个月,分别是 1 月、2 月、3 月、11 月、12 月,西部地区月平均气温处于 0 ℃以下的月份有 4 个月,分别是 1 月、2 月、11 月、12 月。通过计算三大气候区四季的气温变化趋势率和相关系数(表 2.2),可以看出趋势率均为正值,说明内蒙古全区气温呈现上升态势,变化趋势表现出较好的一致性,其中,春季的气温变化趋势率在 0.5～0.63 ℃·$(10\ a)^{-1}$,而夏、秋、冬季的气温变化趋势率在 0.16～0.4 ℃·$(10\ a)^{-1}$,说明近 41 a 间,内蒙古地区春季增温趋势更为明显。

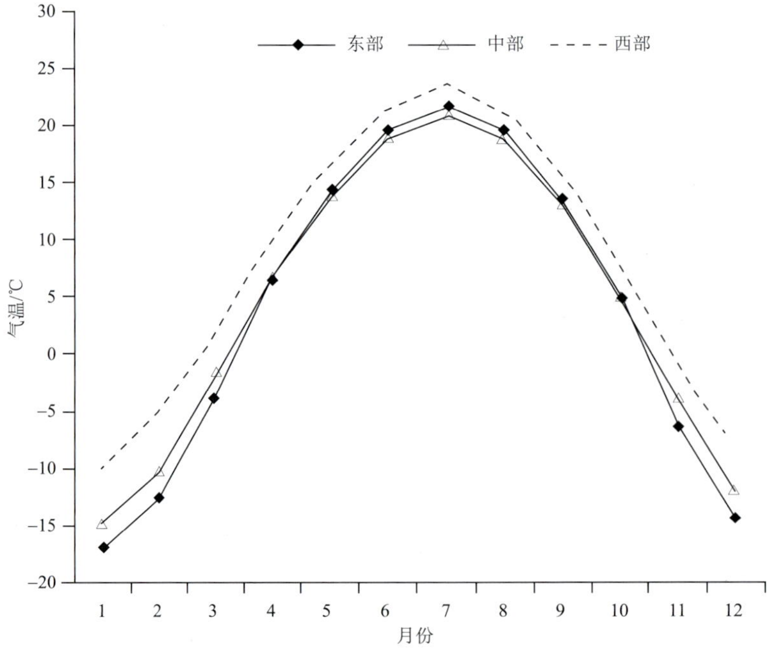


图 2.3　不同区域气温月变化曲线

表 2.2 不同区域四季的气温变化趋势率和相关系数

| 区域 | 季节 | 趋势率 *b* 值 | 相关系数 *R* |
|---|---|---|---|
| 东部 | 春 | 0.050 | 0.256 |
| | 夏 | 0.038 | 0.303 |
| | 秋 | 0.033 | 0.155 |
| | 冬 | 0.016 | 0.015 |
| 中部 | 春 | 0.056 | 0.344 |
| | 夏 | 0.037 | 0.272 |
| | 秋 | 0.036 | 0.157 |
| | 冬 | 0.035 | 0.076 |
| 西部 | 春 | 0.063 | 0.450 |
| | 夏 | 0.040 | 0.384 |
| | 秋 | 0.040 | 0.238 |
| | 冬 | 0.039 | 0.107 |

用 Mann-Kendall 法对 1981—2021 年内蒙古全区年平均气温序列进行突变检验分析，给定显著性水平 $\alpha=0.05$，即 $u_{0.05}=\pm1.96$。序列计算结果绘制成图 2.4。由 UF 曲线可知，自 20 世纪 80 年代末开始全区气温有一明显的增暖趋势，90 年代之后这种增暖趋势大大超过显著性水平 0.05 临界线，表明气温上升趋势是十分显著的。根据 UF、UB 两条统计曲线相交的位置，确定全区年平均气温 20 世纪 90 年代初的增暖是突变现象，具体是从 1992 年开始的。

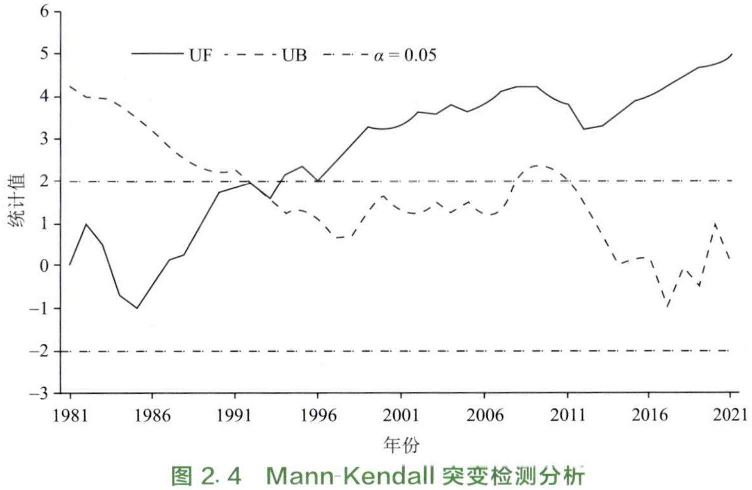


图 2.4 Mann-Kendall 突变检测分析

## 2.2 降水

内蒙古大部降水偏少，干旱严重。平均年降水量从西部的不足 50 mm 到东部的

500 mm以上，空间分布趋势与气温分布相反，以东北部降水多，中西部偏少，特别是阿拉善盟西部地区多年平均降水量低于 50 mm，其中额济纳旗多年平均降水量仅 34.7 mm，是全区降水量最少的站点。阿拉善盟东部、乌海市、巴彦淖尔市大部、鄂尔多斯市西部、锡林郭勒盟北部降水量 100～250 mm，鄂尔多斯市东部、包头市、呼和浩特市、乌兰察布市北部、锡林郭勒盟西部、呼伦贝尔市西部 250～350 mm，乌兰察布市南部、锡林郭勒盟南部、东部、赤峰市大部、通辽市西北部、兴安盟、呼伦贝尔市中部 350～450 mm。呼伦贝尔市东部、通辽市东南部降水量在 450 mm 以上，全区降水量最多的站点是呼伦贝尔市鄂伦春 563.7 mm(图 2.5)。从全区东、中、西部的降水月变化来看(图 2.6)，降水量主要集中在 5—9 月，约占全年降水总量的 85%，其中 7 月、8 月降水最多。

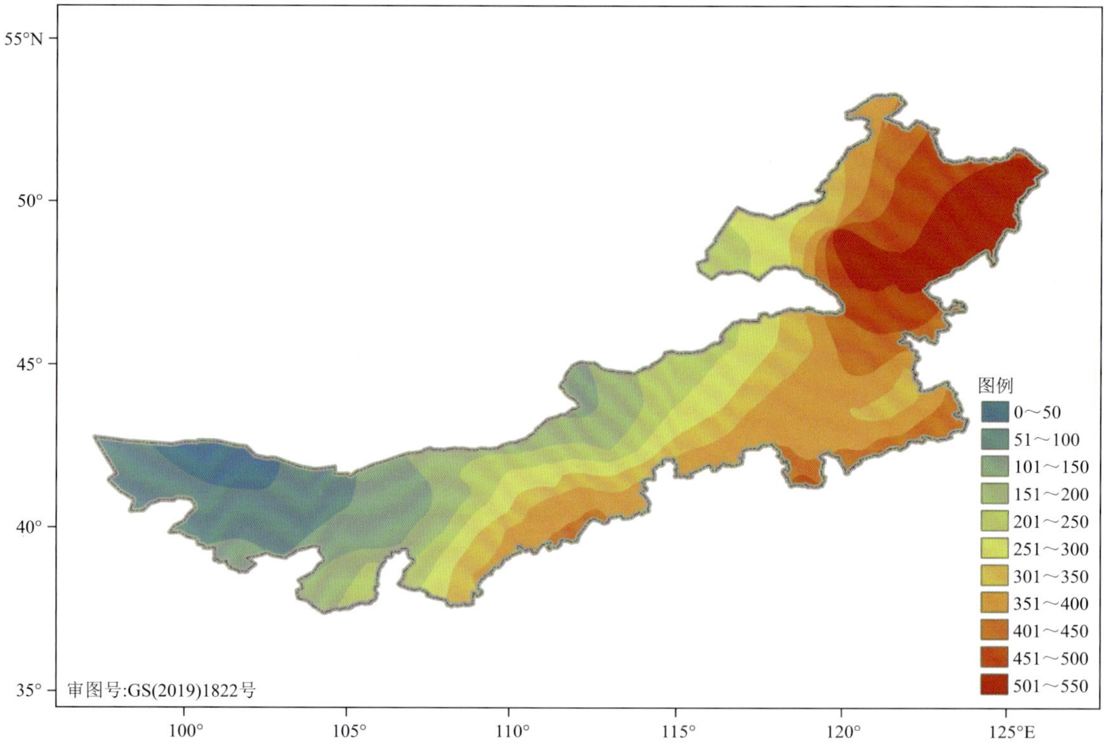


图 2.5　内蒙古年降水量分布图(单位：mm)

从全区降水量变化趋势来看(图 2.7)，近 41 a(1981—2021 年)在鄂尔多斯市、包头市南部、乌兰察布市南部、通辽市南部降水量呈现增加的趋势，其余地区呈减少的趋势。所有站点中降水呈减少趋势的站点占 62.4%，呈增加趋势的占 37.6%。全区不同区域年代平均降水距平来看(表 2.3)，中部和西部地区从 20 世纪 80 年代—21 世纪 10 年代的时间序列变化不十分显著，中部地区在 20 世纪 90 年代和 21 世纪 10 年代分别为正距平和负距平，20 世纪 80 年代为小的正距平，西部地区在 20 世纪 80 年代、90 年代为小的负距平，21 世纪 10 年代开始出现小的正距平。而东部地区在 20 世纪 80 年代、90 年代为正距平，距平值均在 20 mm 以上，21 世纪 10 年代开始出现明显的负距平，距平值达到－49.4 mm。但是在 2011—2021

年 11 a 间，东、中、西部地区均出现明显的正距平，距平值分别为 43.77 mm、17.17 mm、21.18 mm，说明近 10 多年来，全区降水明显增加。

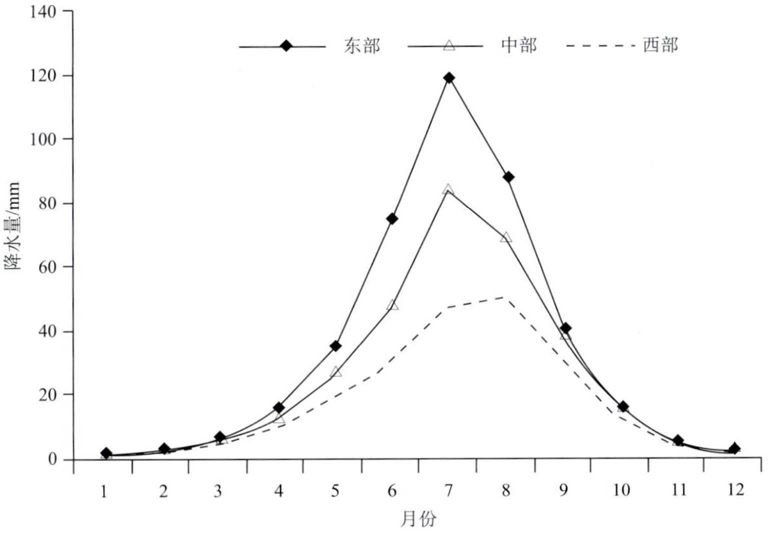


图 2.6 不同区域降水量月变化曲线

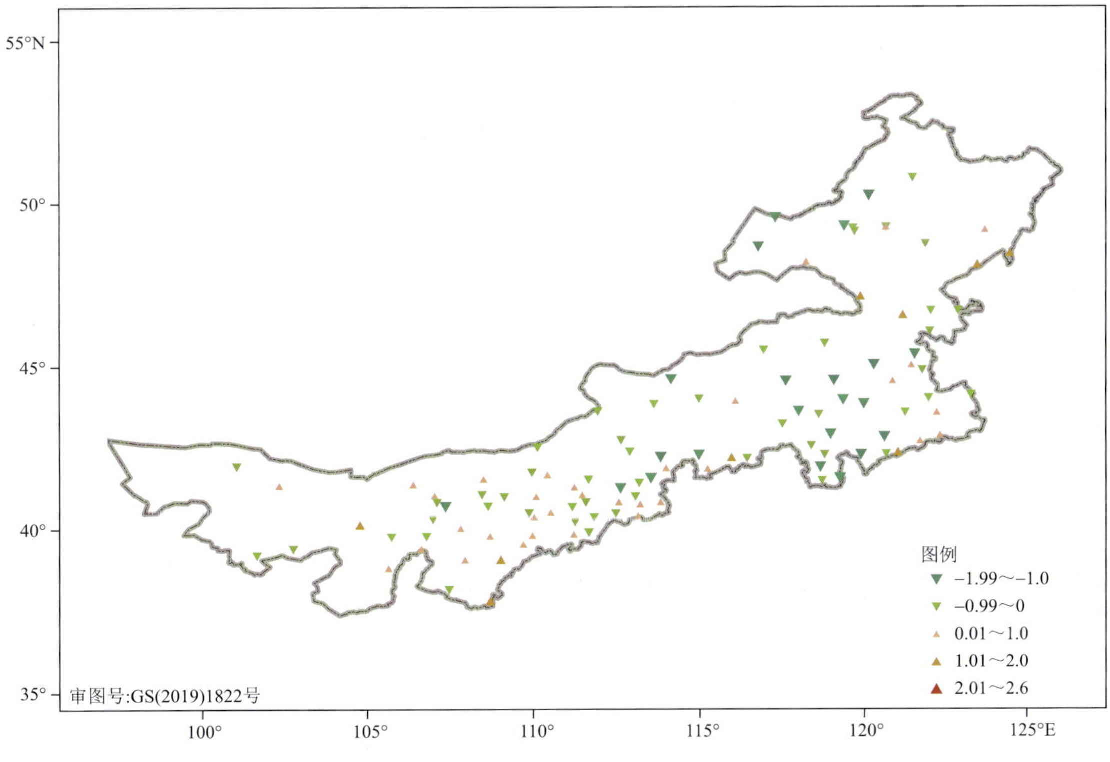


图 2.7 内蒙古 1981—2021 年降水量气候倾向率空间分布（单位：mm · a⁻¹）

表 2.3 内蒙古降水量气候均值(1981—2010 年)和 20 世纪 80 年代—21 世纪 10 年代降水距平

单位：mm

| 区域 | 气候均值 | 20 世纪 80 年代 | 20 世纪 90 年代 | 21 世纪 10 年代 | 2011—2021 年 |
|---|---|---|---|---|---|
| 全区 | 319.07 | 9.53 | 12.99 | −22.52 | 29.21 |
| 东部 | 396.62 | 26.5 | 22.9 | −49.4 | 43.77 |
| 中部 | 310.79 | 0.68 | 11.15 | −11.83 | 17.17 |
| 西部 | 201.97 | −6.79 | −0.61 | 7.4 | 21.18 |

## 2.3 风速

内蒙古年平均风速在 1.4～5.4 $m \cdot s^{-1}$，总的分布趋势是自东向西、自南向北增大(图 2.8)。风速最大的站点是巴彦淖尔市乌拉特后旗海力素，年平均风速为 5.4 $m \cdot s^{-1}$，呼和浩特市中部、南部，呼伦贝尔市根河市、小二沟，鄂尔多斯市准格尔旗年平均风速小于 2 $m \cdot s^{-1}$，是全区年平均风速最小的地区；其余大部分地区的年平均风速均在 2.0～4.0 $m \cdot s^{-1}$，锡林郭勒盟苏尼特右旗的朱日和，阿拉善盟的拐子湖，包头市的白云、满都拉，巴彦淖尔市乌拉特后旗年平

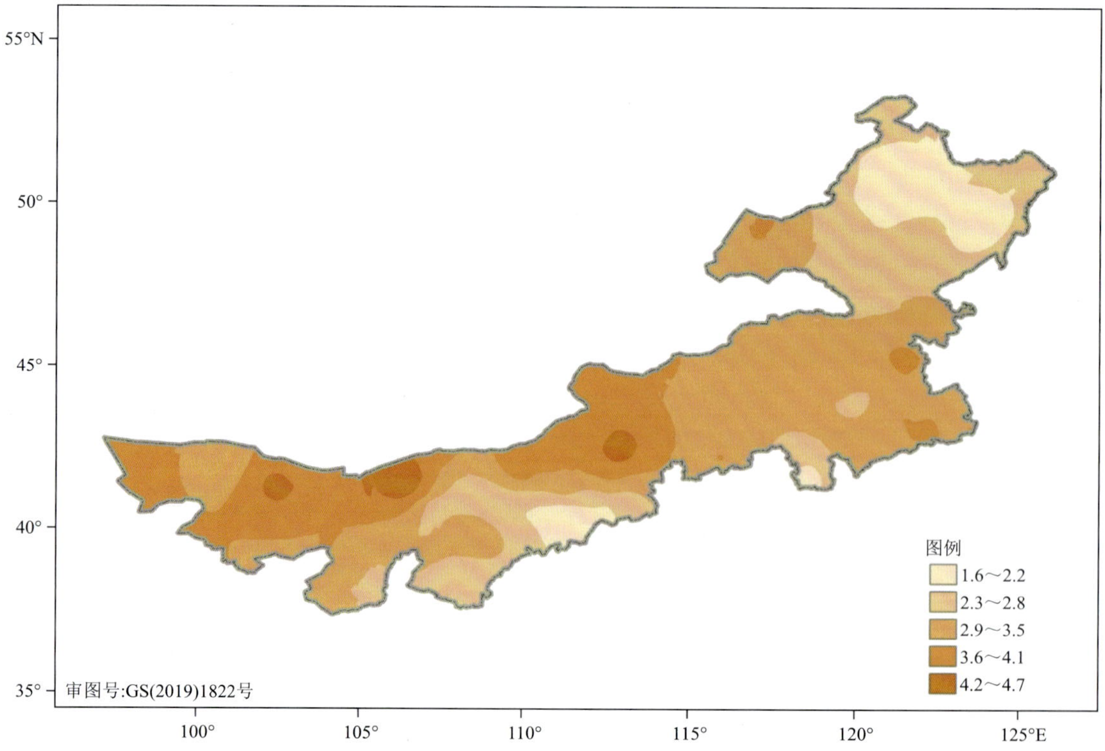


图 2.8 内蒙古年平均风速分布图(单位：$m \cdot s^{-1}$)

均风速在4.0～5.0 m·s$^{-1}$。近41 a(1981—2021年)内蒙古年平均风速呈现下降趋势(图2.9)，趋势率为−0.09 m·(s·10 a)$^{-1}$，西部地区下降速率最大为−0.12 m·(s·10 a)$^{-1}$，其中2011年、2012年平均风速为最小值2.6 m·s$^{-1}$，且2013—2021年，全区年平均风速逐渐增大，近6 a(2016—2021年)均在3 m·s$^{-1}$以上，三个不同分区也表现出相同的变化规律。

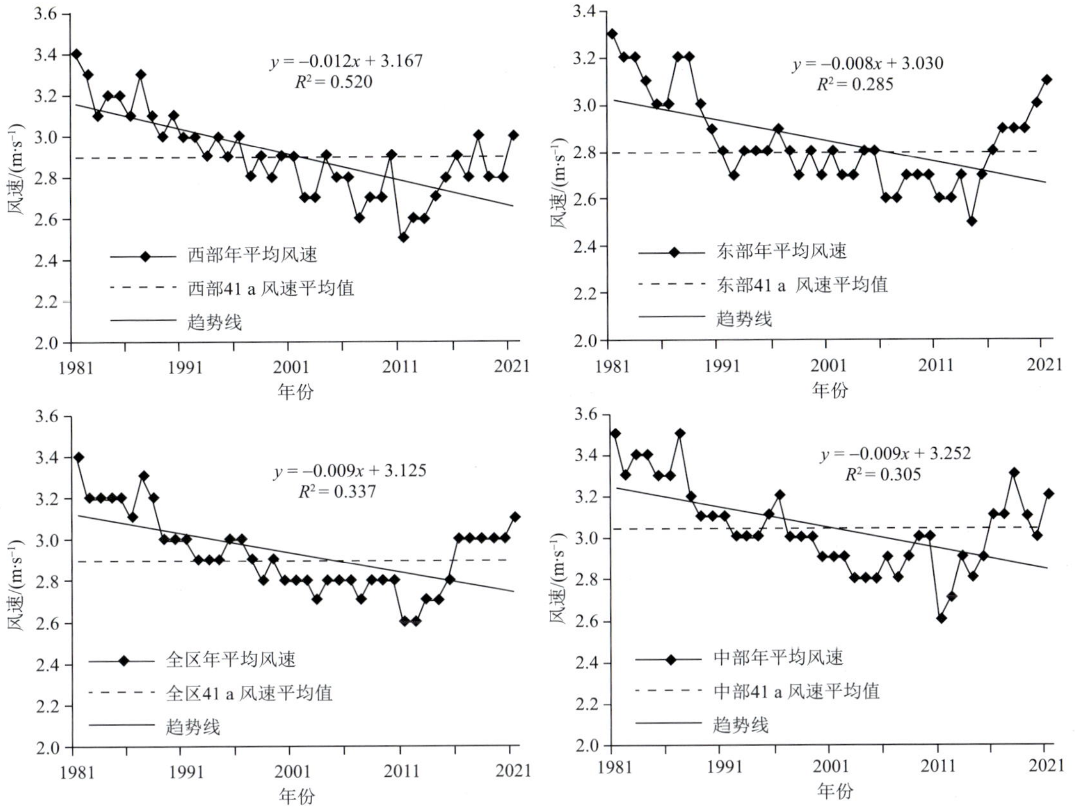


图2.9 内蒙古年风速变化曲线

从全区月平均风速变化来看(图2.10)，一年中月平均风速≥3 m·s$^{-1}$的月份有4个月，分别是3月、4月、5月、6月，其中4月的平均风速最大，峰值为3.7 m·s$^{-1}$，之后风速逐渐

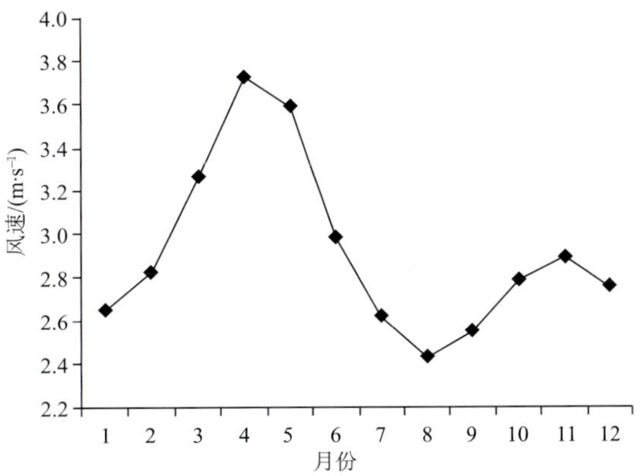


图2.10 月平均风速变化曲线

减小，8 月达到最小值 2.4 $m \cdot s^{-1}$。全区不同区域年代平均风速距平显示(表 2.4)，20 世纪 80 年代为明显的正距平，距平值在 0.22 $m \cdot s^{-1}$，20 世纪 90 年代之后均为负距平，21 世纪 10 年代负距平最明显为 −0.18 $m \cdot s^{-1}$。在 2011—2021 年 11 a 间，负距平值有所减小，说明近 10 多年来，全区风速有所增大。

表 2.4 内蒙古风速气候均值(1981—2010 年)和 20 世纪 80 年代—21 世纪 10 年代风速距平

单位：$m \cdot s^{-1}$

| 区域 | 气候均值 | 20 世纪 80 年代 | 20 世纪 90 年代 | 21 世纪 10 年代 | 2011—2021 年 |
|---|---|---|---|---|---|
| 全区 | 2.96 | 0.22 | −0.05 | −0.18 | −0.1 |
| 东部 | 2.87 | 0.24 | −0.09 | −0.16 | −0.08 |
| 中部 | 3.07 | 0.24 | −0.04 | −0.19 | −0.1 |
| 西部 | 2.96 | 0.22 | −0.04 | −0.19 | −0.19 |

此外，内蒙古大风日数呈现“中部多、东北西南少”的空间分布。中部地区是大风易发生地区，尤其是锡林郭勒盟与乌兰察布市交界处、中西部的包头市北部，与中东部的赤峰市北部，其中赤峰市北部是大风日数发生的最高地区；锡林郭勒盟西部、包头市北部等地区大风日数在 270 d 以上。内蒙古东北部和西部是大风发生极少的地区，尤其是呼伦贝尔市根河，只在 1976 年的 5 月 3 日出现了一次 22 $m \cdot s^{-1}$ 的大风。呼伦贝尔市北部、巴彦淖尔市南部以及鄂尔多斯市南部等地区大风日数均在 10 d 以下。内蒙古一半以上地区大风日数在 0～120 d，10%～20%的地区在 180 d 以上。

## 2.4 日照

内蒙古平均年日照时数在 2400～3600 h，从东向西、从南向北增大(图 2.11)。呼伦贝尔市大部、兴安盟、通辽市、赤峰市、锡林郭勒盟东部、乌兰察布市南部、呼和浩特市、包头市南部、鄂尔多斯市南部在 2400～3000 h，阿拉善盟大部在 3200～3400 h，其余地区在 3000～3200 h，其中呼伦贝尔牙克石最低为 2487 h，最高值出现在阿拉善盟的拐子湖和额济纳旗，达到 3342 h(胡亚男 等，2019)。

图 2.12 是近 41 a (1981—2021 年)内蒙古年日照时数变化图，日照时数平均值为 2940.6 h，年日照时数最高值为 3063.2 h(1999 年)，最低值为 2720.6 h(2021 年)，极差达到 342.6 h，占到历年平均的 11.6%。日照时数倾向率有减小的趋势，趋势率为 −20.36 $h \cdot (10\ a)^{-1}$。从全区月变化曲线来看(图 2.13)，东、中、西部地区最大值均出现在 5 月，对应值为 279 h、295 h、308 h，2 月、3 月三个分区的平均值几乎一致，其余所有月份均统一表现为西部>中部>东部。从全区日照时数年代际变化表(表 2.5)来看，不同区域在不同年代有所差异，20 世纪 80 年代，东部地区有明显的负距平，中部地区有明显的正距平，西部地区正距平不明显；20 世纪 90 年代，东部、中部、西部地区距平变化不明显；21 世纪 10 年代，东部地区有明显的正距平，中部地区有明显的负距平，西部地区正距平不明显；在 2011—2021 年 11 a 间，东部、中部、西部地

区均表现为明显的负距平，说明近10多年来，全区日照时数减少。

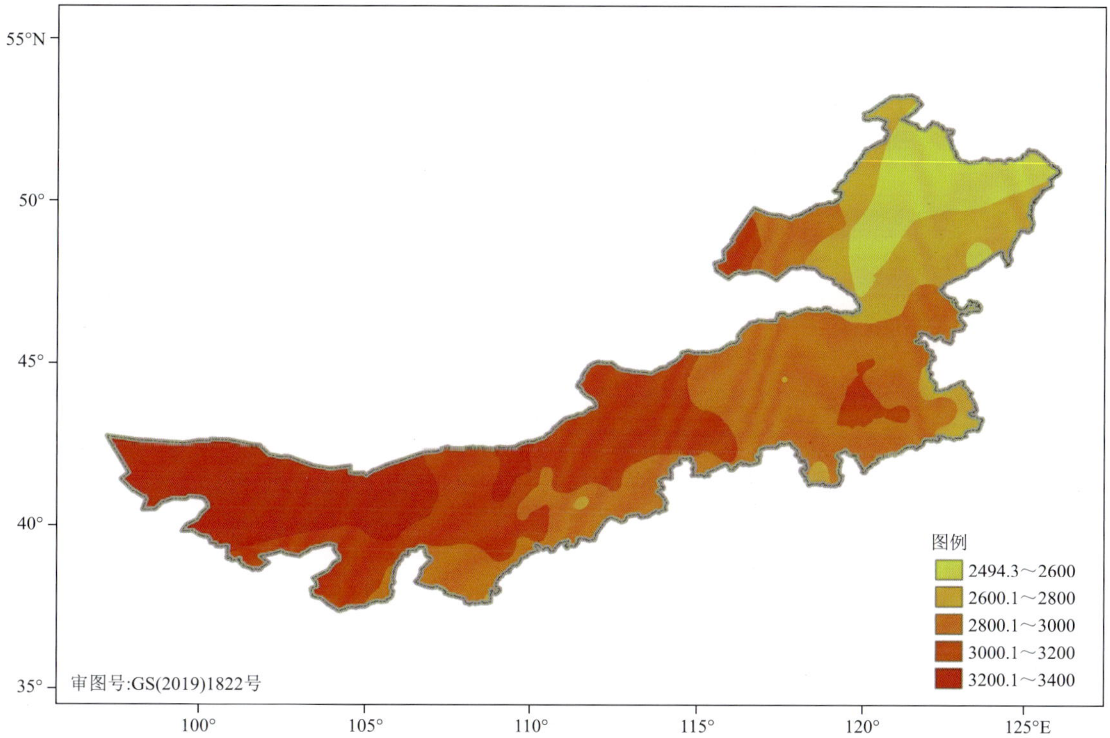


图 2.11　内蒙古年日照时数分布图(单位：h)

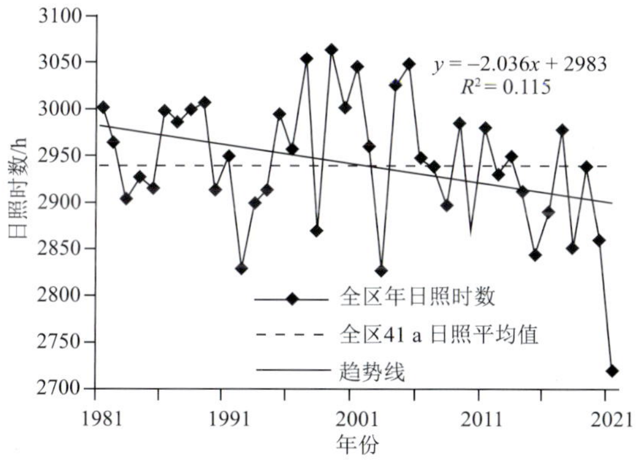


图 2.12　内蒙古年日照时数变化曲线

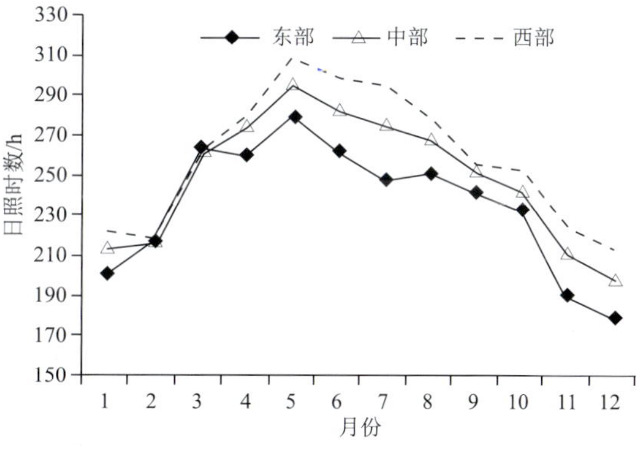


图 2.13　月日照时数年变化曲线

表 2.5　内蒙古日照时数气候均值(1981—2010年)和20世纪80年代—21世纪10年代日照时数距平

单位：h

| 区域 | 气候均值 | 20世纪80年代 | 20世纪90年代 | 21世纪10年代 | 2011—2021年 |
|---|---|---|---|---|---|
| 全区 | 2956.7 | 5.09 | −3.07 | −2.02 | −60.4 |
| 东部 | 2829.3 | −32.42 | 0.1 | 32.31 | −40.69 |
| 中部 | 2990.2 | 54.5 | −5.62 | −48.87 | −83.84 |
| 西部 | 3122.3 | 0.51 | −5.04 | 4.53 | −61.04 |

## 2.5 太阳辐射

1961—2017 年内蒙古年太阳总辐射量的逐年变化趋势如图 2.14 所示，年太阳总辐射量在 1965 年最高，为 6242 MJ・$m^{-2}$；在 2017 年最低，为 5807 MJ・$m^{-2}$，近 57 a 平均值为 6055 MJ・$m^{-2}$。从两次 5 a 滑动平均曲线来看，内蒙古年太阳总辐射量在 1961—1971 年表现为增加，1972—1983 年表现为减少，1983—1994 年有先增后减的小起伏，1994—2001 年表现为增加，2001 年之后一直表现为减小的趋势，尤其在 2011 年后下降趋势更加显著。内蒙古年太阳总辐射量大致经历了先增后减，再先增后减的趋势，在 20 世纪 60 年代以增加为主，20 世纪 70 年代和 80 年代主要表现为减少，20 世纪 90 年代—21 世纪 00 年代表现为增加。

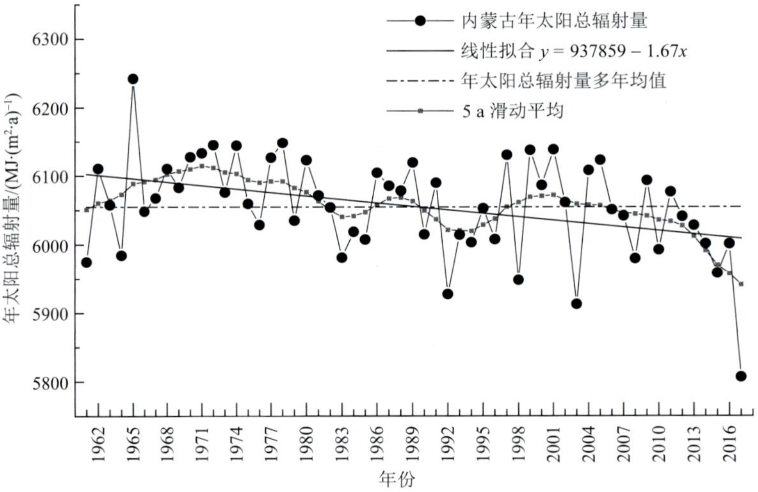


图 2.14 1961—2017 年内蒙古年太阳总辐射量逐年变化趋势

1961—2017 年平均内蒙古年太阳总辐射量的空间分布如图 2.15 所示，全区年太阳总辐射量介于 4858～6925 MJ・$m^{-2}$，平均值为 6055 MJ・$m^{-2}$。呈现由东北向西南递增的趋势，东西太阳总辐射量差异超过 2000 MJ・$m^{-2}$，这主要是因为内蒙古东部地区比西部地区云雨偏多且日照时数较短，所以年总辐射量相对较少。阿拉善盟年太阳总辐射量最高，为 6768 MJ・$m^{-2}$，考虑受到天文辐射量的影响，阿拉善盟南部年太阳总辐射量比西部较高，最高值在阿左旗的吉兰太，为 6925 MJ・$m^{-2}$。呼伦贝尔市年太阳总辐射量最低，为 5144 MJ・$m^{-2}$，其中最低值在牙克石市的图里河，为 4858 MJ・$m^{-2}$。

内蒙古 1—12 月月太阳总辐射量的变化趋势如图 2.16 所示，天文辐射由于受到太阳高度角的影响，太阳高度角越大，日照时间越长，得到的太阳辐照度越多，因此在夏季 7 月和 6 月太阳辐射量最大，分别为 1384 MJ・$m^{-2}$和 1377 MJ・$m^{-2}$，冬季 12 月和 1 月最小，分别为

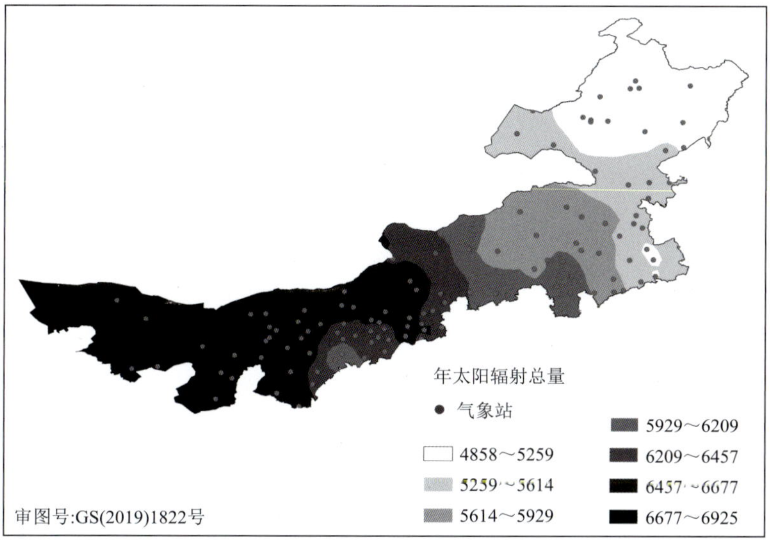


图 2.15 内蒙古年太阳总辐射量空间分布(单位：MJ·m⁻²)

338 MJ·$m^{-2}$和 380 MJ·$m^{-2}$。到达地面的太阳辐射经过云层的反射和散射、大气的吸收和散射等作用而衰减，5—8 月由于云层较多以及降水天气等影响，太阳辐射量衰减幅度更大。从月太阳总辐射量多年平均值来看，夏季最高，春季、秋季次之，冬季最低。其中，7 月太阳总辐射量最高，可达 734 MJ·$m^{-2}$，其次为 5 月和 6 月，分别为 731 MJ·$m^{-2}$和 709 MJ·$m^{-2}$；12 月太阳辐射量最低，为 257 MJ·$m^{-2}$，其次为 11 月和 1 月，分别为 286 MJ·$m^{-2}$和 285 MJ·$m^{-2}$。月太阳总辐射量的最大值和最小值的差异在冬季的 1 月和 12 月最小。

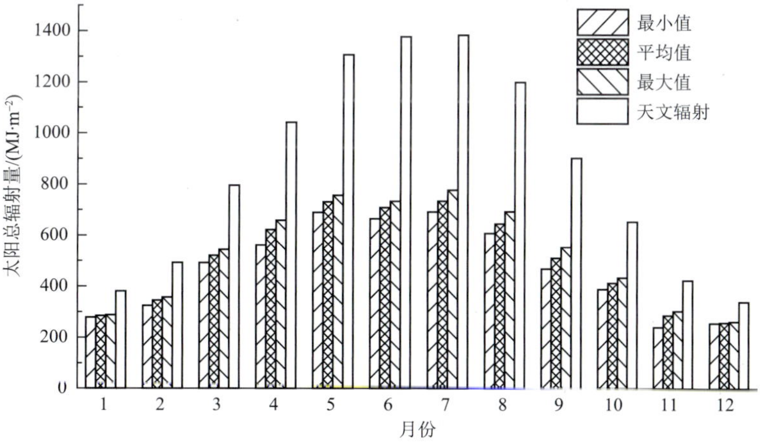


图 2.16 内蒙古月太阳总辐射量逐月变化

1961—2017 年平均四季太阳总辐射量空间分布如图 2.17 所示，四个季节的太阳总辐射量均符合由东北到西南递增的变化趋势，春季高值区主要分布在阿拉善盟东部、乌海市和巴彦淖尔市西部，阿拉善盟的吉兰太和巴音诺尔公最高，可达 713 MJ·$m^{-2}$；夏季高值区主要在阿拉善盟西部的额济纳旗和拐子湖一带，最高可达 761 MJ·$m^{-2}$；秋季高值区主要在阿拉善盟大部分地区，最高可达 475 MJ·m$^{-2}$；冬季与其他季节不同，由于冬季云量、降水和沙尘天气较其他季节少，因此地面接收到的太阳辐射与天文辐射的分布情况相似，高值区分布在阿拉善盟南部、乌海市和鄂尔多斯市南部，最高值在鄂尔多斯市的鄂托克前旗和河南，可达 383 MJ·m$^{-2}$。四个季节的太阳辐射低值区基本一致，主要分布在呼伦贝尔市、兴安盟、通辽市、赤峰市东北部以及锡林郭勒盟东北部，另外在鄂尔多斯市东部也出现低值。综上可知，夏季 7 月在阿拉善盟西北部的额济纳旗和拐子湖一带太阳总辐射量最高，太阳能资源的开发利用优势最大。

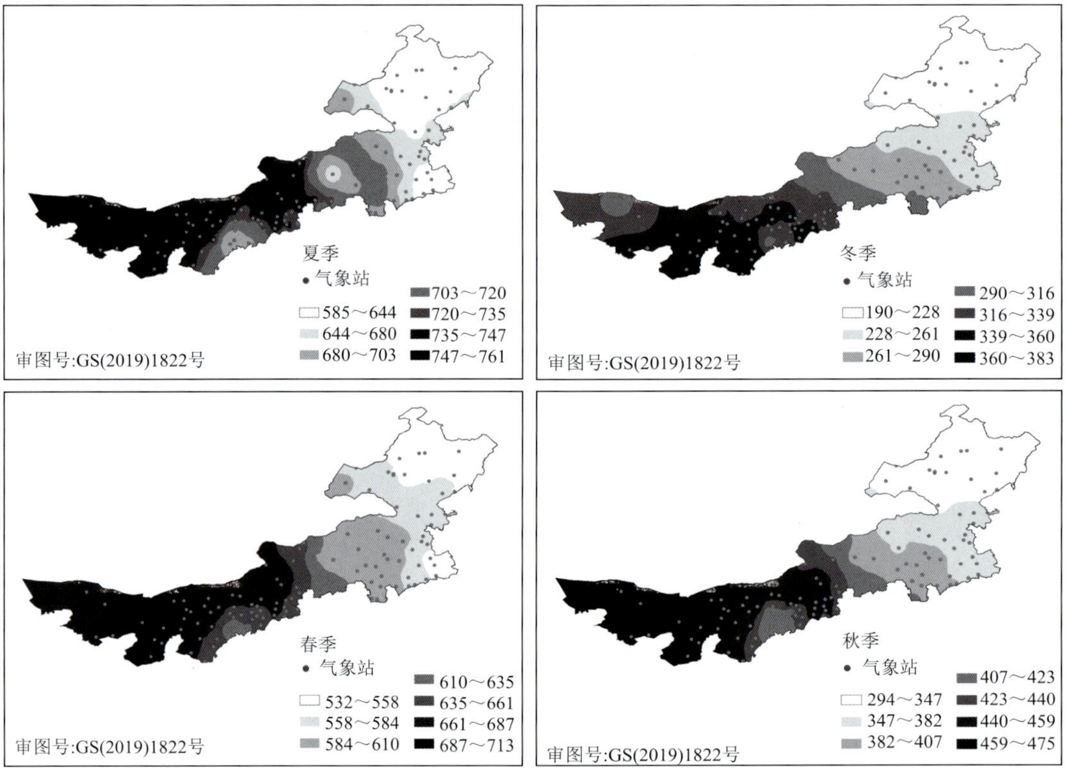


图 2.17　内蒙古 1961—2017 年平均四季太阳总辐射量空间分布(MJ·m$^{-2}$)

# 第 3 章
# 内蒙古风能太阳能气象观测

## 3.1 风能观测

风能是空气流动所产生的动能，也是太阳能的一种转化形式。由于太阳辐射造成地球表面各部分受热不均匀，引起大气层中压力分布不平衡，在水平气压梯度的作用下，空气沿水平方向运动形成风。风能是可再生清洁能源，储量大、分布广，但能量密度低且不稳定。目前，风能观测的主要方式为地面气象观测站、测风塔、高空测风和雷达测风等，雷达测风又分为声雷达、微波雷达（风廓线雷达）、激光雷达，以及星载激光雷达，不同的测风方法都有其各自的优势和缺点。

### 3.1.1 地面气象观测站

内蒙古自治区地面气象观测站共2602个，涉及全区12个盟市，其中国家气象站154个，区域站2447个。国家气象站包括国家基准气候站21个，国家基本气象站29个，国家一般气象站69个和其他气象站（无人站）35个。

根据《地面气象观测规范 风向和风速》（GB/T 35227—2017）规定，风向和风速的观测项目包括下列中的1项或多项：

（1）瞬时风速和瞬时风向；

（2）分钟平均风速和平均风向（或最多风向）；

（3）2 min平均风速和平均风向（或最多风向）；

（4）10 min平均风速和平均风向（或最多风向）；

（5）10 min平均最大风速和平均风向（或最多风向）、平均最大风速出现时间；

（6）极大风速和极大风向、极大风速出现时间。

其中风力用蒲福风力等级表示，参见表3.1，风向方位和角度范围参见表3.2。

表3.1 风力等级表

| 风力等级 | 名称 | 陆地上地物征象 | 相当于平地10 m高度处的风速/($m \cdot s^{-1}$) |
|---|---|---|---|
| 0 | 静风 | 静、烟直上 | 0.0～0.2 |
| 1 | 软风 | 烟能表示风向，树叶略有摇动 | 0.3～1.5 |
| 2 | 轻风 | 人面感觉有风，树叶有微响，旗子开始飘动，高的草开始摇动 | 1.6～3.3 |
| 3 | 微风 | 树叶及小枝摇动不息，旗子展开，高的草摇动不息 | 3.4～5.4 |
| 4 | 和风 | 能吹起地面灰尘和纸张，树枝动摇，高的草呈波浪起伏 | 5.5～7.9 |
| 5 | 劲风 | 有叶的小树摇摆，内陆的水面有小波，高的草波浪起伏明显 | 8.0～10.7 |
| 6 | 强风 | 大树枝摇动，电线呼呼有声，撑伞困难，高的草不时倾伏于地 | 10.8～13.8 |
| 7 | 疾风 | 全树摇动，大树枝弯下来，迎风步行感觉不便 | 13.9～17.1 |
| 8 | 大风 | 可折毁小树枝，人迎风前行感觉阻力甚大 | 17.2～20.7 |

续表

| 风力等级 | 名称 | 陆地上地物征象 | 相当于平地 10 m 高度处的风速/(m·s$^{-1}$) |
|---|---|---|---|
| 9 | 烈风 | 草房遭受破坏,屋瓦被掀起,大树枝可折断 | 20.8～24.4 |
| 10 | 狂风 | 树木可被吹倒,一般建筑物遭破坏 | 24.5～28.4 |
| 11 | 暴风 | 大树可被吹倒,一般建筑物遭严重破坏 | 28.5～32.6 |
| 12 | 飓风 | 陆上少见,其摧毁力极大 | 32.7～36.9 |
| 13 | | | 37.0～41.4 |
| 14 | | | 41.5～46.1 |
| 15 | | | 46.2～50.9 |
| 16 | | | 51.0～56.0 |
| 17 | | | 56.1～61.2 |
| 18 | | | ≥61.3 |

**表 3.2　风向方位、符号与相应角度数对照表**

| 风向方位 | 风向符号 | 风向记录度数/° | 风向角度范围/° |
|---|---|---|---|
| 北 | N | 360.0 | 348.76～11.25 |
| 北东北 | NNE | 25.5 | 11.26～33.75 |
| 东北 | NE | 45.0 | 33.76～56.25 |
| 东东北 | ENE | 67.5 | 56.26～78.75 |
| 东 | E | 90.0 | 78.76～101.25 |
| 东东南 | ESE | 112.5 | 101.26～123.75 |
| 东南 | SE | 135.0 | 123.76～146.25 |
| 南东南 | SSE | 157.5 | 146.26～168.75 |
| 南 | S | 180.0 | 168.76～191.25 |
| 南西南 | SSW | 202.5 | 191.26～213.75 |
| 西南 | SW | 225.0 | 213.76～236.25 |
| 西西南 | WSW | 247.5 | 236.26～258.75 |
| 西 | W | 270.0 | 258.76～281.25 |
| 西西北 | WNW | 292.5 | 281.26～303.75 |
| 西北 | NW | 315.0 | 303.76～326.25 |
| 北西北 | NNW | 337.5 | 326.26～348.75 |
| 静风 | C | 静风时,角度不定,其风速小于或等于 0.2 m·s$^{-1}$ | |

内蒙古自治区地面气象观测站风速、风向数据在时间尺度上分为分钟级、逐小时、日值、月值和年值资料。

(1)分钟级数据包括:1 min 平均风速、1 min 平均风向,瞬时风向、瞬时风速,最大风速、最大风速的风向、最大风速出现时间,极大风速、极大风速的风向、极大风速出现时间,最大阵风风速和最大阵风风向；

（2）逐小时数据包括：2 min 平均风速、2 min 平均风向，10 min 平均风速、10 min 平均风向，瞬时风向、瞬时风速，最大风速、最大风速的风向、最大风速出现时间，极大风速、极大风速的风向和极大风速出现时间；

（3）日值数据包括：2 min 平均风速、2 min 平均风向，10 min 平均风速，最大风速、最大风速的风向、最大风速出现时间，极大风速、极大风速的风向和极大风速出现时间；

（4）月值数据包括：2 min 平均风速，最大风速，最大风速的风向，最大风速≥ 5 $m \cdot s^{-1}$、10 $m \cdot s^{-1}$、12 $m \cdot s^{-1}$、15 $m \cdot s^{-1}$、17 $m \cdot s^{-1}$日数，极大风速、极大风速的风向，16 个风向和静风的出现频率，最多风向、最多风向出现频率、次多风向、次多风向的出现频率，16 个风向的平均风速和 16 个风向的最大风速；

（5）年值数据包括：最大风速，最大风速的风向，最大风速≥ 5 $m \cdot s^{-1}$、10 $m \cdot s^{-1}$、12 $m \cdot s^{-1}$、15 $m \cdot s^{-1}$、17 $m \cdot s^{-1}$日数，极大风速、极大风速的风向，16 个风向和静风的出现频率，16 个风向的平均风速，最多风向、最多风向出现频率、次多风向和次多风向的出现频率。

虽然地面气象观测站数据的时间分辨率较高，但风速、风向的观测局限于地面 10 m 高度，无法获得风机轮毂高度处的风速、风向，且受站点分布不均匀和站点气候代表性不佳的影响（周青 等，2013），不利于风能资源评估等工作。

### 3.1.2 测风塔

测风塔是一种对近地面气流运动情况进行观测、记录的塔形建筑物，多由风力发电企业、气象、环保部门建造，用于气象观测和大气环境监测。测风塔多为折架式结构和圆筒式结构，采用钢绞线斜拉加固方式，高度一般为 10～150 m，根据现行国家规定，测风塔高度普遍为 100 m，其优点是风荷载系数小，抗风能力强（最大抗风 60 $m \cdot s^{-1}$），由于塔身挡风面积小，采集数据相对客观准确，能将实测数据和实际数据的差距降到最低。《风电功率预测系统功能规范》（NB/T 31046—2013）规定，测风塔宜建设在风电场外 1～5 km 范围内，且不受风电场尾流效应影响，宜在风电场主导风向的上风向，位置应具有代表性；在塔体不同高度处安装风速计、风向标和温度、气压等监测设备，采集数据宜包括 10 m、50 m 和轮毂高度的风速、风向以及气温、气压等信息，全天候不间断地对场址风力情况进行观测。对于风电场来说，一方面，测风塔可以将实时测风数据传送至功率预测系统，定期向电网调度上报风电场风功率预测数据，另一方面，可以为风电场运行后评估和闭环考核提供基准标尺。

自 20 世纪 70 年代开始，我国陆续对全国风能资源的时空分布进行了两次普查；2004 年起，中国气象局组织全国气象部门进行第三次全国风能资源普查工作，历经两年半时间，基本掌握了我国风能资源空间分布状况和时间变化特征；2007 年中国气象局牵头启动全国风能资源详查和评价工作，2008 年 1 月起，中国气象局全面开展全国风能资源专业观测网的建设工作，截至 2009 年 5 月，我国风能资源专业观测网基本建成，为制定风电发展规划和建设风电场提供科学依据（李雁 等，2010）。

2009 年 5 月内蒙古自治区风能资源专业观测网建成，全区共计 71 座测风塔，包括

120 m测风塔 1 座，100 m 测风塔 7 座，以及 70 m 测风塔 63 座，覆盖了自治区风能资源丰富和较丰富的 18 个风能详查区，涉及自治区 11 个盟市(乌海市除外)。组网测风塔中 70 m 测风塔进行 10 m、30 m、50 m 和 70 m 梯度观测，100 m 测风塔进行 10 m、30 m、50 m、70 m 和 100 m 梯度观测，120 m 测风塔进行 10 m、30 m、50 m、70 m、100 m 和 120 m 梯度观测；数据种类分为 5 种，包括风温湿压采样数据、超声风采样数据、分钟数据、10 min 数据和状态监控数据，数据格式均为二进制(BIN)文件，包括头文件记录块和数据记录块两部分，观测要素为风向、风速、温度、湿度、气压和超声观测。其中，风温湿压每分钟采样数据的观测要素为各高度层 60 个风向、60 个风速、6 个温度、6 个湿度和 6 个气压；超声风采样数据的观测要素为各高度层 10 组 $U$、$V$、$W$ 和声学虚温采样值；分钟数据的观测要素为各高度层的风向2 min 平均值、风速 2 min 平均值、温度瞬时值、湿度瞬时值、气压瞬时值以及 $U$、$V$、$W$ 和声学虚温；10 min 数据的观测要素为各高度层风向 10 min 平均值、风速 10 min 平均值、10 min 风速标准偏差值、10 min 风速极大值、10 min 风速最大值、温度瞬时值、湿度瞬时值、气压瞬时值以及 $U$、$V$、$W$ 和声学虚温的 10 min 平均值。全区测风塔数据有利于掌握自治区风能资源状况及分布特征，科学规划风电产业发展，做好风电运行和管理工作，为提高风电资源评价和风电场建设提供科学依据。

风能资源数据库共享服务系统(王英 等，2012)是内蒙古风能资源详查与评估项目建设的主要内容之一，是内蒙古地区风能资源评估工作的数据支撑部分。系统采用 WebGIS 技术，把内蒙古地区风能观测网的观测数据、气象参证站历史资料发布给用户，达到了很好的数据展示和数据分析的效果。同时数据库的建成并投入业务应用，为气象部门做好内蒙古地区风功率预报和进一步开展风能资源开发利用提供了丰富可靠的资料依据。

风速计和风向标只能实现单点测量，借助测风塔可以实现对应高度层风场数据采集，但这类传统装置易受冰冻天气影响，测风塔的搭建和维护也需要花费大量的人力物力，还存在移动困难和前期征地手续复杂等问题。目前，国内测风塔普遍面临两个问题，一是缺乏全生命周期的测风规划，在测风塔选址时过于随意或不具备代表性，导致测风塔寿命较短；二是由于测风塔维护不到位，导致数据失真、丢失以及传输和处理不当，给风电场建设和运行维护带来巨大的投资风险和收益损失，从而被荒废、拆除或得不到重视。

### 3.1.3　风电场风机实况数据

截至 2022 年，内蒙古自治区气象服务中心为 380 家风电场提供气象数值预报，其中蒙西地区 222 家，蒙东地区 158 家。蒙西地区各风电场风机实况数据可通过网络专线以 SFTP 的形式从内蒙古电力调度中心数据服务器获取，观测要素为逐 15 min 风机轮毂高度风速、风向、环境温度、功率、运行状态等数据。

### 3.1.4　高空风观测

高空风观测(张霭琛，2000)通常指近地面层以上大气风场的探测，一般采用轨迹法，即根据随气流飘动的物体在空中运动的轨迹来测定风向、风速，要求测风的飘浮物体惯性很小，没有相对于空气水平运动的对象才能作为气流水平方向运动轨迹的示踪物，1809 年英国J. 沃利斯和T. 福雷斯特首创气球观测高空风，使用的示踪物是灌满氢气的气球，即气球法测风。气球法测风是把飞升气球看作随气流移动的质点，用地面设备（经纬仪或雷达）跟踪气球的飞升轨迹，读取时间间隔的仰角、方位角和斜距来确定其空间位置的坐标值，根据气球在某时段内位置的变化来推算水平位移，从而求出相应大气层中的平均风向、风速，在气球上升过程中可测得所经过各高度上的平均风向、风速。

气球法测风常用光学经纬仪、无线电经纬仪、一次雷达和二次雷达，以及导航系统等。其中，①光学经纬仪测风分为单经纬仪测风和双经纬仪测风。单经纬仪只能测定气球的角坐标，气球高度一是根据气球升速和升空历经时间来推算，二是根据无线电探空仪测得的气压、温度和湿度资料来推算；由于气球升速受大气湍流、垂直气流速度和空气密度随高度变化等因素的影响，前者计算的气球高度误差大，测风精度低，一般只在数千米高度以下使用，后者测风精度较高。双经纬仪测风是根据位于选定基线两端的两个经纬仪同步观测获得角坐标值，通过几何图解或计算得出各高度的平均风向和风速。光学经纬仪测风一般只适用于能见度较好的少云晴天，夜间必须在气球上挂灯笼或其他可见光源，阴雨天气则只能在可见气球的高度内测风。②无线电经纬仪测风是利用无线电定向原理，跟踪气球携带的探空发射机信号，测得角坐标数据，气球高度由无线电探空仪测量的温、压、湿值计算。无线电经纬仪测风适用于全天候，但是当气球低于无线电经纬仪最低工作仰角时，测风精度迅速降低。③雷达测风分为一次雷达测风和二次雷达测风。一次雷达测风是跟踪气球携带的无源反射靶，接收反射靶的反射信号来实现定位并计算风向和风速；二次雷达测风是跟踪气球携带的工作于应答状态的探空发射机信号来实现定位，同时获取角坐标和斜距，从而计算出高空风，无需依赖无线电探空仪探测的温、压、湿数据来推算气球高度，但当气球低于雷达最低工作仰角时，要放弃仰角数据。④导航测风是利用导航系统来测定风，通常用于船舶和飞机等活动观测平台。气球携带微型导航接收机，检出导航信号，并调制探空发射机将信号转发到地面被接收，根据信号确定气球轨迹，并计算出相应高度的风速、风向。

气象大数据云平台（天擎）的“高空探测基本参数资料”显示，内蒙古共12个高空气象观测站，包括海拉尔（呼伦贝尔市）、索伦（兴安盟）、通辽、赤峰、锡林浩特（锡林郭勒盟）、二连浩特（锡林郭勒盟）、呼和浩特、乌拉特中旗（巴彦淖尔市）、临河（巴彦淖尔市）、东胜（鄂尔多斯市）、巴彦诺日公国家高空气象观测站（阿拉善盟）和额济纳旗国家高空气象观测站（阿拉善盟）。使用的高空气象观测仪器为无线电探空仪，资料时间间隔为12 h，分别为00时和12时；观测要素包括温度、气压、相对湿度、风向、风速、水平能见度（人工）和总云量等气象要素，方位角、仰角和距离等参数，以及探空仪和气球施放等相关参数。“高空秒级资料”观测要素包括温度、气压、相对湿度、风向、风速，以及经纬度、位势高度、方位角、仰角和距离等参数。

高空测风方法的缺点在于，一方面，会受到大雾等低能见度天气的影响，而且在时间和高度上有一定的限制，数据资料时间间隔较长；另一方面，由于高空气象观测站点稀少且分布不均匀，气候代表性不佳。

### 3.1.5 雷达测风

目前，雷达测风主要有声雷达、微波雷达和激光雷达等。微波雷达以电磁波作为探测介质，常用波长为厘米波，能与大气中的大尺度粒子（如云、雨、冰等）相互作用产生回波，但无法与大气中的分子或气溶胶颗粒产生作用，在晴空条件或气溶胶粒子浓度较低时，会形成探测盲区，而且收发装置庞大，移动不便；多普勒声雷达与微波雷达测量原理相似，不同的是探测介质为声波，主要对边界层风场进行探测，但在夜间和高海拔地区易出现信噪比降低的情况，甚至无法测量；激光雷达以激光束作为探测介质，在晴天时测量效率较高，但在大雨、浓烟、浓雾等天气条件下衰减急剧加大，使得探测性能受影响。因此，不同的测风雷达均有其优势和缺点。

#### 3.1.5.1 声雷达

声雷达主要用于探测低层大气的温度和风场结构。由于声速和大气的温度、风速有关，当大气的温度、风速分布不均匀时会对声波散射，而且声波的散射率比电波或光波的散射率强 100 万倍，所以用声波来测量温度和风的脉动很灵敏。声雷达定向发射一定频率的强声脉冲，接收声散射回波，分析声散射回波强度，可以判断大气热力结构（如对流强弱、对流高度、逆温层等）和湍流情况，通过比较发射的声波和声散射回波频率的差异，可以计算风向、风速随时间和高度的变化。由于声波在大气中传播衰减很大，所以声雷达的探测高度受到限制，一般仅达 1 km 左右的高度。目前研制的声雷达有两种，一是单点声雷达探测系统，由天线、发射机、接收机组成，发射和接收共用同一天线，可用来测定风向、风速和混合层的厚度等，也可以研究温度层结的时空变化以及逆温的高度、结构和生消规律；二是多普勒声雷达，向大气发射声脉冲，通过分析不同时间反射回波信号强度、多普勒频偏来确定大气各分层的风速、风向和湍流结构，在测定湍流大气中三维风场时需要多个天线组阵探测。

用声雷达测量大气中的风速，首先要合理设计和选取声雷达参数，精确测量多普勒频偏值，其次要在声雷达回波信号中正确识别和提取可靠信号，以减少环境噪声对声雷达测风所造成的误差。此外，声波在大气中传输时，气象要素的平均量和湍流特性对风速测量的精度和可靠性会产生影响，因此有必要将声雷达探测的风速与气象仪器直接测量的风速进行对比，对声雷达测风误差做合理订正，能进一步提高声雷达探测精度和可靠性（吕乃平 等，1986）。

在国外，声雷达已广泛应用于风电领域，包括风资源测评、风机选址、风功率预测等，典型的产品主要有法国 Remtech 公司的 PA-XS 型声雷达、芬兰 Vaisa-la 公司 Triton 型声雷达、瑞典 AQSystem 公司 AQ510 型声雷达、美国 ART 公司 VT-1 型声雷达、德国 Scintec 公司 MFAS 型声雷达和德国 Metek 公司 PCS2000-24 型声雷达，共 6 型产品。国外引进的声雷达价格昂贵，且存在气象信息泄露的安全隐患，而国内声雷达研制又相对落后，因此国内声雷达在风电领域的应用也相对滞后。中国电子科技集团第三研究所在军用某型声雷达的基础上，针对风电场气象测量的需求，专门研制了 WFMS-200 型风电场气象监测声雷达，它是一款地面远程传感系统，可测量 10～200 m 高度的风速、风向和地面温、湿、压等气象信息，产品性能达到国外同类产品水平，价格大幅降低，完全自主可控，不存在气象信息泄露的隐患，具备在风电领域大规模推广应用的条件。

声雷达能探测 10～200 m 范围的风速、风向和垂直气流，测量精度能够满足风电场应用需求，可用于风资源测评、风机选址、风电场运行中的风功率实时监测等，与测风塔、风廓线雷达、激光测风雷达等手段相比，易于安装和维护，功耗低且寿命长，环境适应能力强，可以在极端气候条件下（包括－40 ～60 ℃极端环境）运行，是一种有效的风电场测风手段（张焕胜 等，2016）。

#### 3.1.5.2 微波风廓线雷达

风廓线雷达是通过向高空发射不同方向的电磁波束，接收并处理这些电磁波束因大气垂直结构不均匀而返回的信息进行高空风场探测的一种遥感设备。风廓线雷达利用多普勒效应能够探测其上空风向、风速等气象要素随高度的变化情况，能够提供以风场为主的多种数据产品，基本数据产品包括径向速度、谱宽、信噪比、水平风向、水平风速、垂直速度和反映大气湍流的折射率结构常数等廓线（周旭辉，2011）。风廓线雷达具有时空分辨率高、自动化程度高等优点，能够实时提供大气的三维风场信息，增加无线电-声探测系统（RASS），可实现对大气风、温等要素的连续遥感探测，是一种新的高空大气探测系统。与常规大气探测设备相比，风廓线雷达在探测精度、垂直分辨率和探测时间间隔等方面是其他观测系统所无法比拟的，间距适中、布局合理的风廓线雷达网在气象业务和气象研究、航天航空气象、环境监测、军事气象保障以及紧急突发事件保障、防灾减灾等方面都可以发挥重要作用。

风廓线雷达大体有三种分类方式。①根据天线制式的不同，风廓线雷达可以分为两大类，一类是采用相控阵天线的风廓线雷达，另一类是采用抛物面天线的风廓线雷达，其中相控阵风廓线雷达适用于各种高度的探测，成为目前普遍采用的技术体制，抛物面天线的风廓线雷达由于发射功率等技术条件的限制，探测高度仅限于边界层。②根据探测高度的不同，可以将风廓线雷达分为边界层风廓线雷达、对流层风廓线雷达以及中间层—平流层—对流层雷达（MST），其中，边界层风廓线雷达的探测高度一般在 3 km 左右，对流层风廓线雷达的探测高度一般在 12～16 km，MST 雷达的探测高度可以达到中间层。不同探测高度的风廓线雷达有不同的应用领域，MST 雷达一般用于高层大气科学研究，对流层风廓线雷达的组网观测资料更适合用于数值天气预报，边界层风廓线雷达主要用于边界层的观测，其探测资料更适合于中小尺度的大气科学研究、中小尺度短时预报、航空安全保障和空气质量预报等社会服务领域。③根据雷达工作频率的不同，可以将风廓线雷达分为甚高频（VHF）、超高频（UHF）和 L 波段三种类型。由于湍流散射机制的限制，探测高度越高选用的波长越长，由于探测高度与雷达波长之间存在着制约关系，因此按探测高度的分类方法和按雷达工作波长的分类方法存在一定的相关性。边界层风廓线雷达选用 L 波段、对流层风廓线雷达选用 UHF（P 波段）、探测高度在平流层以上的风廓线雷达选用 VHF。

风廓线雷达主要具有以下特点。

（1）获取资料的时间、空间分辨率高。风廓线雷达数据输出的时间间隔可以短到几分钟，数据的空间分辨率一般在几十米量级，可以给出较密的廓线资料，具有连续和实时的特点。

（2）获取资料的种类多，能够提供常规探测手段很难获取的气象信息。风廓线及其随时间的演变是风廓线雷达提供的基本气象资料，包括水平风廓线和垂直风廓线等。从连续的观测数据序列中，可以分析出切变线、大气重力波动和大气稳定度等信息，通过多波束的测量可以估算水平散度和变形量等更多的气象信息，从Doppler谱宽可以获取湍流信息，从雷达反射率可以得到反映湍流强度的湍流结构常数。总之，风廓线雷达在提供详细的风场结构及其随时间演变的同时，还能提供大量的可以用于大气科学研究和天气预报的有用信息。

(3)遥感方式。风廓线雷达属于遥感风速计，特别适合需要无球探测的场合，如机场的测风应用。

目前，中国风廓线雷达观测站约120个，风廓线雷达型号有LC和PA，产品类型为ROBS。中国风廓线雷达实时产品数据包括两部分内容，一部分是参考信息即测站基本参数，另一部分是产品数据实体部分，即每个采样高度上的所获得的数据，包括采样高度、水平风向、水平风速、垂直风速、水平方向可信度、垂直方向可信度和折射率结构常数$C_{n2}$。风廓线雷达小时平均产品要素数据的观测要素包括测站基本参数、采样高度、水平风向、水平风速、垂直风速、水平方向可信度、垂直方向可信度和折射率结构常数$C_{n2}$。

#### 3.1.5.3　激光测风雷达

激光测风雷达作为新型测风设备，利用多普勒原理获取风向、风速信息，具有能够探测晴空风场、测风范围广、探测精度高、时空分辨率高、机动性能好等优点，在风场精准探测领域具有重要应用前景。激光雷达以激光器为光源向大气发射激光脉冲，接收大气中粒子后向散射信号，通过分析发射激光的径向多普勒频移反演风速。激光雷达测风数据的质量一般不会受天气状况影响，但在高强度大气湍流时段需要对测风数据加以控制，降水会影响垂直风测量效果和水平风测量精度，气溶胶颗粒物浓度也会影响激光雷达的有效测风高度，颗粒物浓度越大，有效测风高度越高。由于激光雷达特殊的数据采样方式，在40 m以下的近地面层往往存在测风“盲区”，即无数据或数据不可靠。现今激光雷达测风技术日益成熟，风速测量精度可控制在0.1 m • $s^{-1}$，风向测量精度可控制在2°，有效测风高度可达200 m甚至更高(李正泉 等，2016)。

按照探测方式不同，激光雷达可分为相干探测和非相干探测。相干探测利用发射的激光信号和回波信号混频后的差频信号来反演大气风场，一般主要用于探测大气中低层和气溶胶浓度较高地区的风速；非相干探测技术是通过光学鉴频器或光谱仪将频率变化信息转化为功率、强度或功率空间分布信息，通过测量功率、强度或功率空间分布的变化来反演大气风场，一般非相干测风激光雷达用于探测距离较近的中高层风速。与非相干探测技术相比，相干探测有较高的探测灵敏度和探测精度，可以实现一些非相干探测无法实现的功能(吕乃平 等，1986)。

激光雷达主要具有以下优点。

(1)分辨率高，激光雷达可以获得极高的角度、距离和速度分辨率。通常角分辨率不低于0.1 mard，也就是说可以分辨3 km距离上相距0.3 m的两个目标，还可以同时跟踪多个目标；距离分辨率可达0.1 m，速度分辨率可达10 m • $s^{-1}$以内。分辨率高，是激光雷达最显著的优点，其多数应用都是基于此。

(2)隐蔽性好、抗有源干扰能力强。激光直线传播、方向性好、光束非常窄，只有在其传播路径上才能接收到，激光雷达的发射系统口径很小，且可接收区域窄，有意发射的激光干扰信号进入接收机的概率极低；另外，与微波雷达易受自然界广泛存在的电磁波影响的情况不同，自然界中能对激光雷达起干扰作用的信号源不多，因此激光雷达抗有源干扰的能力很强。

(3)低空探测性能好。微波雷达由于存在各种地物回波的影响，低空存在有一定区域的盲区，而对于激光雷达来说，只有被照射的目标才会产生反射，完全不存在地物回波的影响，因此可以“零高度”工作，低空探测性能强于微波雷达。

(4)体积小、质量轻。通常微波雷达的体积庞大，整套系统质量数以吨记，天线口径可达几米甚至几十米，而激光雷达的发射望远镜口径一般仅为厘米级，整套系统质量最小的只有几十千克，而且结构相对简单，容易维修和操作。

内蒙古激光测风雷达观测站点为锡林浩特(锡林郭勒盟)，可获取的激光测风雷达数据有 L0、L1 和 L2 三种，其中，L0 数据的时间分辨率为秒级数据，要素包括温度、湿度、气压、方位角和俯仰角，以及各高度(30～2895 m，间隔为 15 m)的径向风、谱宽、光谱强度和信噪比(SNR)；L1 数据的时间分辨率为 2 s，要素包括温度、湿度、气压、方向(用 E、S、W、N 表示)、方位角和俯仰角，各高度层(28～2743 m，间隔为 14 m)的风速、风向、信噪比 SNR(dB)和垂直风速($Z_{wind}$)；L2 数据的时间分辨率为 10 min，要素包括温度、湿度和气压，各高度层(28～2743 m，间隔为 14 m)的风速、风向、平均信噪比、标准偏差、最大风速、最小风速、$Z_{wind}$ 和 $Z_{wind}$ 标准偏差。

近些年，国内外激光雷达测风的研究重点主要在发展星载激光雷达上，但这是一项耗资巨大、技术水平要求很高的工程项目，必须在真实系统正式实施前对其技术方案进行充分的论证与研究。国际上发射卫星通常采用地基、机载、星载模拟、星载系统发射的设计思路，中国海洋大学按照这种思路先后完成了基于碘分子吸收滤波器的车载测风系统、飞行实验和地面印证实验、星载模拟等工作(刘智深 等，2015)。

(1)车载激光雷达系统

2007 年中国海洋大学在中国气象局重点工程项目的支持下，突破了各种技术难关，完成了我国第一台车载非相测风激光雷达。该雷达在硬件方面使用高重复频率的半导体泵浦激光器作为光源、碘分子吸收滤波器作为鉴频器，能够实现高时空、高精度、快速化的测量要求；在软件方面通过风场反演算法的改进和补充，突破了海面风场扫描的技术难点，使该系统能够更精准地测量大气风场。由于该雷达系统能够完成高时空分辨率风场的反演，填补了气象领域其他测量的空白，对于小尺度现象的观测和研究有重要意义。该系统曾被列入 2008 年奥运会比赛气象保障系统和神舟七号载人航天仓返回的气象保障系统，在 2008 年奥运会比赛过程中，该雷达系统反演了距离海面 10 m 高度处的风场，并将风场的反演结果、海面的浮标数据和梯度风塔数据进行比对，结果显示，激光测风雷达反演的风场、浮标和梯度测风塔的数据基本一致；在神舟七号返回舱着陆时，根据测风激光雷达提供的风场信息，实际着陆点和预计着陆点仅仅相差几米。

(2)机载激光雷达系统

机载测风激光雷达系统能够测量大气边界层和对流层的风场信息，是发展星载激光测风雷达重要一步，美国国家航空航天局(National Aeronautics and Space Administration，NASA)、美国国家海洋大气局(NOAA)以及欧洲德国航空航天中心(DLR)都把机载测风系统对比试验作为发展星载激光雷达系统的关键之一。在研究车载激光雷达系统的同时，中国海洋大学参与了欧洲太空署(ESA)机载(A2D)测风激光雷达系统的飞行实验和自行设计了一台机载测风雷达系统(ADL)。A2D 系统是按照 ALADIN 星载测风激光雷达系统的相同探测原理和技术，实现机载系统的设计、性能测试和风速测量，以此作为星载雷达系统发射前的充分技术论证，中国海洋大学参与了欧洲太空署(A2D)飞行实验，并完成了风速反演算法、激光海洋表面发射率、地面零风速校准、大气气溶胶探测参数反演等任务。2009 年中国海洋大学使用海监的运-12 飞机完成了机载测风雷达飞行任务，完成了 ADL 系统的性能测试任务，验证了系统的稳定性和风速测量的性能，获取了地面陆地、海洋、云的测量信号，并对大气气溶胶和粒子的消光系数和后向散射系数进行了研究。

(3)星载多普勒激光雷达

由于地基和机载的激光雷达的探测区域有限，无法得到全球风场，所以发展星载激光多普勒测风雷达十分重要，星载激光多普勒测风雷达不受区域的限制，可以持续性地追踪研究全球范围内水平尺度大到几千千米的气旋、小到几百米的龙卷，垂直尺度大到伸展至整个对流层的雷暴、小到几百米的热岛环流，对提高全球气候分析和数值天气预报都有积极作用，这是其他探测手段无法比拟的。

目前，对星载测风激光雷达研究时间最长、有研究基础的是美国国家航空航天局和欧洲太空署，美国 NASA 的马歇尔空间飞行中心(Marshall Space Flight Center，MSFC)和戈达德太空飞行中心(Goddard Space Flight Center，GSFC)于 1997 年先后对星载测风技术进行了探索，完成了最初的系统仿真、原理验证，欧洲太空署 1998 年提出“Living Planet Program”计划，其核心任务之一是 ADM-Aeolus(Atmospheric Dynamic Mission，大气动力学任务，也称风神卫星计划)，研究了星载测风激光雷达进行全球风廓线测量的可行性，在 1999 年全面启动全球第一台星载直接探测激光多普勒测风雷达计划，2007 年开始提出研制远程星载直接探测激光多普勒测风雷达(ALADIN)以用于全球风廓线观测。

近年来，星载测风激光雷达的研究取得重大突破，欧洲太空署的大气动力学任务——风神(ADM－Aeolus) 卫星搭载大气多普勒激光雷达(ALADIN) 于 2018 年 8 月成功发射，它不仅是全球首个星载测风激光雷达，也是首个气溶胶/云光学特性高光谱分辨率星载激光雷达(HSRL)，首次实现了从太空对全球大气风场的三维观测，是世界上第一颗全面监测全球风况的气象卫星(王天河 等，2020)。风神卫星的工作原理是通过携带的一部直径 1.5 m 的望远镜、一部散射接收组件和一台多普勒测风紫外激光雷达，发射紫外线波段激光脉冲，收集散射到大气层(20～30 km)光粒子，再测量光波多普勒效应，通过输出脉冲与反向散射信号间的延迟，就能计算出风的方向、速度和移动距离。风神卫星需要一直保持在 320 km 的太阳同步轨道上，飞行路径基本沿着地球昼夜分界线运行，大约每 90 min 绕地球一圈，每次主动探测持续 7 s，需要精准发射 700 个紫外激光脉冲，并实时收集散射的光粒子。风神卫星不仅能够在全球范围内测量风况，还能多层次观测大气风况，至少填补两项空白：一是能够在晴朗天气下测量风速，二是能够观测对流层顶(对流层与平流层之间的过渡层)。风神卫星还有助于改进对粉尘、空气中细小颗粒物活动的预报，可以帮助人类更深入地了解风如何影响地球表面与大气之间热能和湿度的交换，为研究气候变化发挥重要作用（高菲，2018）。

## 3.2 太阳能观测

太阳辐射是指太阳以电磁波的形式向外传递能量，太阳辐射所传递的能量称为太阳辐射能。地球大气上界太阳辐射光谱的 99 %以上在波长 0.15～4.0 μm 之间，由于太阳辐射波长较地面和大气辐射波长（3～120 μm）小得多，因此称太阳辐射为短波辐射，称地面和大气辐射为长波辐射。太阳活动和日地距离的变化等会引起地球大气上界太阳辐射能的变化，太阳辐射通过大气到达地面的部分被称为直接太阳辐射，经大气中的微尘、水汽等散射到达地面的部分被称为散射太阳辐射，散射太阳辐射和直接太阳辐射之和称为总辐射。

### 3.2.1 地面气象观测站

地面气象观测站关于太阳能的观测要素主要为日照时数，日照时数是指在一给定时间段内太阳直接辐照度达到或超过 120 $W \cdot m^{-2}$ 的各分段时间的总和，以小时为单位，记录精确到 1 位小数，也称实照时数，通常为地面日值资料。可照时数（天文可照时数），是指在无任何遮蔽条件下，太阳中心从某地东方地平线到进入西方地平线，其光线照射到地面所经历的时间，可照时数由公式计算，也可从天文年历或气象常用表查出；日照百分率＝（日照时数/可照时数）×100％，取整数。

日照时数的测量方法主要有烧痕法、直接辐射测量法、总辐射测量法和扫描法等，测量日照时数的日照仪主要有暗筒式（乔唐式）日照计、聚焦式（康培斯托式）日照计、Foster 日照传感器和 Marvin 日照计，后两种便于遥测，我国主要使用前两种，并已向遥测化发展（孙学金 等，2010）。

### 3.2.2 太阳辐射观测站

《地面气象观测规范　辐射》（GB/T 35231—2017）规定，辐射站的观测要素包括总辐射、直接辐射、散射辐射、反射辐射、长波辐射（包括大气长波辐射和地面长波辐射）和净全辐射。水平表面上，在 $2\pi$ 立体角内所接收到的太阳直接辐射和散射太阳辐射之和为总辐射，总辐射是辐射观测最基本的项目，用总辐射表测量；测量垂直太阳表面的辐射和太阳周围很窄的环形天空的散射辐射为太阳直接辐射，用直接辐射表测量；把来自太阳直射部分遮蔽后测得的辐射为散射辐射，感应面朝下接收的为反射辐射，散射辐射和反射辐射都是短波辐射，用总辐射表配上有关部件加以测量；长波辐射在白天和夜间均观测，使用感应面朝上和朝下的两台长波辐射表分别测量向上和向下的长波辐射；由天空（包括太阳和大气）向下投射的和由地表（包括土壤、植物、水面）向上投射的全波段辐射量之差为净全辐射（简称“净辐射”)，用净全辐射表测量，净全辐射为正表示地表增热，即地表接收到的辐射大于发射的辐射，净全辐射为负表示地表损失热量，是研究地球热量收支状况的主要资料。

内蒙古自治区共9个辐射观测站，涉及8个盟(市)，位于海拉尔(呼伦贝尔市)、索伦(兴安盟)、通辽(通辽市)、二连浩特(锡林郭勒盟)、锡林浩特(锡林郭勒盟)、呼和浩特国家基本气象站(呼和浩特市)、东胜区(鄂尔多斯市)、乌拉特中旗(巴彦淖尔市)和额济纳旗(阿拉善盟)，辐射观测站逐小时辐射资料的观测要素见表3.3。“中国基准辐射分钟资料”目前仅有锡林浩特站的观测数据，观测要素为太阳直接辐射、散射辐射、总辐射、反射辐射、大气长波辐射、地球长波辐射、紫外辐射(UVA、UVB)和光合有效辐射，观测内容为各要素辐照度1 min平均值、最大值和最小值。辐射观测站时间分辨率较高，但由于现有太阳辐射观测站点稀少，其空间分布与太阳能电站的实际情况存在差异。

表3.3　内蒙古逐小时辐射资料观测要素

| 总辐射 | 净全辐射 | 直接辐射 | 直接辐射 | 反射辐射 | 紫外辐射 | 其他要素 |
|---|---|---|---|---|---|---|
| 总辐射辐照度 | 净全辐射辐照度 | 直接辐射辐照度 | 直接辐射辐照度 | 反射辐射辐照度 | 紫外辐射辐照度 | 日照时数 |
| 总辐射(曝辐量) | 净全辐射(曝辐量) | 直接辐射(曝辐量) | 散射辐射(曝辐量) | 反射辐射(曝辐量) | 紫外辐射(曝辐量) | 大气浑浊度指标 |
| 总辐射辐照度最大值 | 净辐射辐照度最大值 | 直接辐射辐照度最大值 | 散射辐射辐照度最大值 | 反射辐射辐照度最大值 | | |
| 总辐射辐照度最大值出现时间 | 净辐射辐照度最大值出现时间 | 直接辐射辐照度最大值出现时间 | 散射辐射辐照度最大值出现时间 | 反射辐射辐照度最大值出现时间 | 紫外辐射辐照度最大值出现时间 | |
| | 净辐射辐照度最小值 | | | | | |
| | 净辐射辐照度最小值出现时间 | | | | | |

注：辐照度的单位为$W \cdot m^{-2}$，曝辐量的单位为$MJ \cdot m^{-2}$。

### 3.2.3　卫星辐射观测

地球通过吸收太阳辐射并向外发射长波辐射与外界进行能量交换，卫星可直接观测地气系统能量变化，即地球辐射收支(ERB)，其观测基本量包括直接入射太阳辐射、地气系统反射的短波辐射及发射的长波辐射。辐射收支的卫星观测用来定量研究地球与太空之间的能量交换，是研究驱动地球天气气候机制最基本的观测之一(张艳 等，2018)。

地球辐射收支观测的历史与航天发展几乎平行，被称为“卫星气象之父”的美国著名科学家Suomi于1958年首次提出卫星地球辐射收支观测概念，并在1959年发射的探索者6号(Explorer-6)卫星上第一次成功实现，开启了卫星气象的新纪元(Suomi，1958)。同年10月，Explorer-7卫星搭载了地球辐射收支观测仪器，持续观测7个月得到了很多开创性成果(House et al.，1986)。1964—1970年是7颗雨云(Nimbus)系列卫星的时代，它验证了大气科学试验的一些概念。Smith等(1986)提出了检验地球辐射收支的方法，改进的仪器搭载在 Nimbus-6 和 Nimbus-7 卫星上,包括宽波段非扫描和两轴扫描辐射计。雨云卫星数据在气候研究中起到了重要的作用,如起始于 1978 年太阳常数的连续准确观测、太阳能量的年平均变化特征、地球辐射收支的年平均特征及云的辐射作用、能量传输和年际变化等(Kyle et al.,1993)。20 世纪 80 年代科学家们提出了地球辐射收支试验(ERBE)计划,连续三颗业务卫星 ERBS、NOAA-9 和 NOAA-10 同时搭载了 ERBE 的宽波段非扫描和扫描仪器,实现了十余年的地球辐射收支长期观测(Barkstrom,1989)。20 世纪 90 年代云和地球辐射能量系统(CERES)的发展是地球辐射收支观测的一个飞跃,不仅延续了 ERBE 算法,更进一步关注云和辐射的相互作用,发展了更先进的仪器和科学算法(Wielicki et al.,1996)。2011 年发射的 Soumi NPP 和 2017 年发射的 NOAA-20 卫星都携带了 CERES 载荷,至今已连续积累 20 多年观测数据。欧洲于 2002 年第一个将地球辐射宽波段仪器(GERB) 搭载在静止卫星 Metersat 上,可获取更高时空分辨率卫星观测(Harris et al.,2005)。综上所述,国际上自 1978 年开启了在大气顶对太阳总辐照度进行高精度连续卫星监测,并实现了同期有多颗卫星重叠观测,为大气顶太阳总辐照度气候数据集的建立提供了有效的数据支持。

我国 2008 年发射的风云三号 A 星(FY-3A)搭载了地球辐射探测仪(earth radiation measurement,ERM)和太阳辐照度监测仪(solar irradiance monitor,SIM),是我国首次进行的地球辐射收支观测(Qiu et al.,2012)。风云三号气象卫星 FY-3,是第二代中国极轨气象卫星,采用三轴稳定姿态控制方式,星上携带多种有效载荷,具备全球、全天候、多光谱、三维、定量对地观测能力的极轨气象卫星,地球辐射探测仪(ERM)在短波和全波通道对地球的辐射总量、辐射亮度以及辐射收支进行探测,太阳辐射监测仪(SIM)在 0.2～50 μm 波段,通过观测太阳宽带辐射探测太阳辐射照度和地球辐射收支。至今经风云三号系列极轨气象卫星(A/B/C 卫星)连续监测获取了近 10 年的太阳总辐照度数据,提供了一套独立于欧美卫星的观测记录。

风云三号 C 星搭载地球辐射收支仪器包,其中的太阳辐射监测仪Ⅱ型(SIM-Ⅱ)以获取太阳全波段辐射能量为主要观测目标,可提供太阳总辐照度轨道产品和日产品。FY-3C/SIM-Ⅱ仪器增加了太阳自动跟踪功能和精密温控功能,改善入射光源和观测环境的稳定性,其太阳总辐照度产品的精度较 FY-3A/B 星有显著提高。SIM-Ⅱ发射前经外场定标,其观测结果可溯源至由世界辐射中心建立的世界辐射基准(WRR);在轨观测中利用备份探测器监测常规观测探测器的衰减特性,改善仪器在轨稳定性。FY-3C/SIM-Ⅱ于 2013 年 10 月开启在轨常规观测,观测时段覆盖了第 24 太阳活动周期由太阳活动峰年至谷年的变化过程,可初步给出太阳 24 周期的能量变化;同时对于太阳活动峰年中发生的强太阳活动事件可提供定量的监测结果。风云三号太阳总辐照度产品可用于构建我国自主的太阳总辐照度数据集,同时也为国际太阳总辐照度气候数据集建立提供可靠的数据补充,为太阳活动监测和气候变化定量应用等研究提供有力的数据支持(齐瑾 等,2018)。

### 3.2.4 全球高分辨率地表太阳辐射数据集

地表太阳辐射是地球系统的主要驱动因子,驱动着地球系统的能量、水和碳循环,是地表水文、生态、农业等陆表过程模拟的重要驱动数据,也是太阳能利用的重要指标。发展长时间序列、高分辨的地表太阳辐射数据集，对于地表过程的研究、太阳能电厂的选址、能源政策的制定和电网系统配置的优化等至关重要。2018 年国家青藏高原科学数据中心开始筹划制作全球高分辨率地表太阳辐射数据集，国家青藏高原科学数据中心基于最新国际卫星云气候计划—全球高分辨系列云产品（ISCCP-HXG）、再分析数据（ERA5）以及 MODIS 气溶胶和反照率等产品，利用改进的物理算法，生成全球高分辨率地表太阳辐射数据集。2020 年 1 月 10 日，中国科学院青藏高原研究所国家青藏高原科学数据中心研制的全球高分辨率地表太阳辐射数据集（1983 年 7 月—2017 年 6 月）正式上线，时间分辨率为 3 h，空间分辨率为 10 km，这是目前我国发布时间序列最长的地表太阳辐射数据，后续基于最新的云产品，会持续更新该数据集。

通过验证和其他全球卫星辐射产品比较表明，该数据集的精度通常比国际上通用的 ISCCP-FD（国际卫星云气候计划—通量数据集）、GEWEX-SRB（全球能量与水循环实验—地表能量收支）和 CERES（云和地球辐射能量系统）全球卫星辐射产品的精度率要高，空间分辨率（10 km）也远高于其他全球卫星辐射产品（100 km）。该数据集是地表过程模拟研究（如冰川、水文、生态、农业等模拟）主要输入数据，可用于制作与地学相关模型的陆面驱动数据集。同时，该数据集对于太阳能应用领域有重要意义，如太阳能电站的选址、太阳能应用系统的评估、太阳能发电量的预报模型的建立、建筑采光设计及电网集成与优化等都需要高精度长序列的太阳能数据。

# 第 4 章
# 内蒙古风能太阳能资源评估

# 4.1 风能资源评估

风是空气的流动现象，主要是由于太阳辐射造成地球各部分受热不均匀形成的。风能资源的形成受着多种自然因素的影响，其中天气气候背景、地形和海陆的影响至关重要。风能资源在时间和空间分布上存在着很强的地域性和时间性。对我国来说，风能资源丰富及较丰富的地区，主要分布在我国北部和沿海及岛屿两个大地带里，这主要是由形成大风的天气系统决定的。内蒙古自治区地处祖国北疆，地势较为平坦，终年处于高空西风带控制之下，是冷空气侵入我国的必经之地，风能资源十分丰富，是我国最大的成片风能资源丰富区，规划建设两个千万千瓦级风电基地，建设风电场总装机容量 5.0 千万 kW（包括蒙西 2.0 千万 kW 和蒙东 3.0 千万 kW）。

## 4.1.1 风能资源详查和综合评价简介

为了进一步查清我国风能资源及其分布，做好风电建设前期工作和项目储备，建立国家风能资源评价体系，提高风能资源评价技术能力，更好地满足我国风电产业发展的需要，国家发展和改革委员会、财政部和中国气象局于 2007 年联合印发《关于开展风能资源详查和评价工作的通知》，正式启动全国风能资源详查和评价工作，其中内蒙古自治区气象局负责开展全区的风能资源详查和评价工作。主要建设成果为：

（1）完成全区范围 18 个详查区域内 71 座测风塔（70 m、100 m、120 m 高度）的安装、调试、运行及后期维护工作，建立覆盖内蒙古自治区主要风能丰富区的风能资源专业观测网，并通过为期 2 a 的风能资源测量，获取开展风能资源详查和评价工作的基础数据；

（2）开展高分辨率风能资源数值模拟计算，给出了水平分辨率 1 km×1 km、离地面 150 m 高度以下 10 m 间隔的风能资源参数立体网格分布图谱；

（3）开展风能资源综合评价，对风能资源专业观测网实测数据、参考气象站历史测风资料、数值模拟计算结果、气候调研信息进行综合分析，对详查区域的风能资源分布特征进行综合评价，确定了潜在风电场的地理位置、范围、资源等级和气象风险等级，并给出资源等级及开发优先级；

（4）建立基于地理信息系统和网络技术的风能资源数据库，为风电发展规划、风电场选址和风电机组设计提供数据支持。

## 4.1.2 主要技术方法

### 4.1.2.1 技术依据

风能资源评估主要依据以下技术标准和规范：

（1）《风电场风能资源评估方法》（GB/T 18710—2002）；

（2）《风电场风能资源测量方法》（GB/T 18709—2002）；

(3)《风电场风测量仪器检定规范》(QX/T 73—2007)；

(4)《风电场气象观测及资料审核、订正技术规范》(QX/T 74—2007)；

(5)《地面气象观测规范　风向和风速》(GB/T 35227—2017)；

(6)《建筑结构荷载规范》(GB 50009—2001)。

#### 4.1.2.2　测风塔设置

根据国家发展和改革委员会《关于风能资源详查区域和风能资源专业观测网方案的批复》(发改能源〔2007〕3031 号)和中国气象局下发的《测风塔选址技术指南》要求，经过详细的实地勘察，选定了全区 71 座测风塔位置。测风塔定位于力求能够代表所在区域的风况特征，并尽量避开基本农田、经济林地、自然保护区、风景名胜区、矿产压覆区、墓地、居民点、军事禁区、规划项目建设区等不适宜建设风电场的区域。内蒙古自治区共有 18 个详查区，71 座测风塔。其中 70 m 测风塔 63 座，100 m 测风塔 7 座，120 m 测风塔 1 座(图 4.1)。

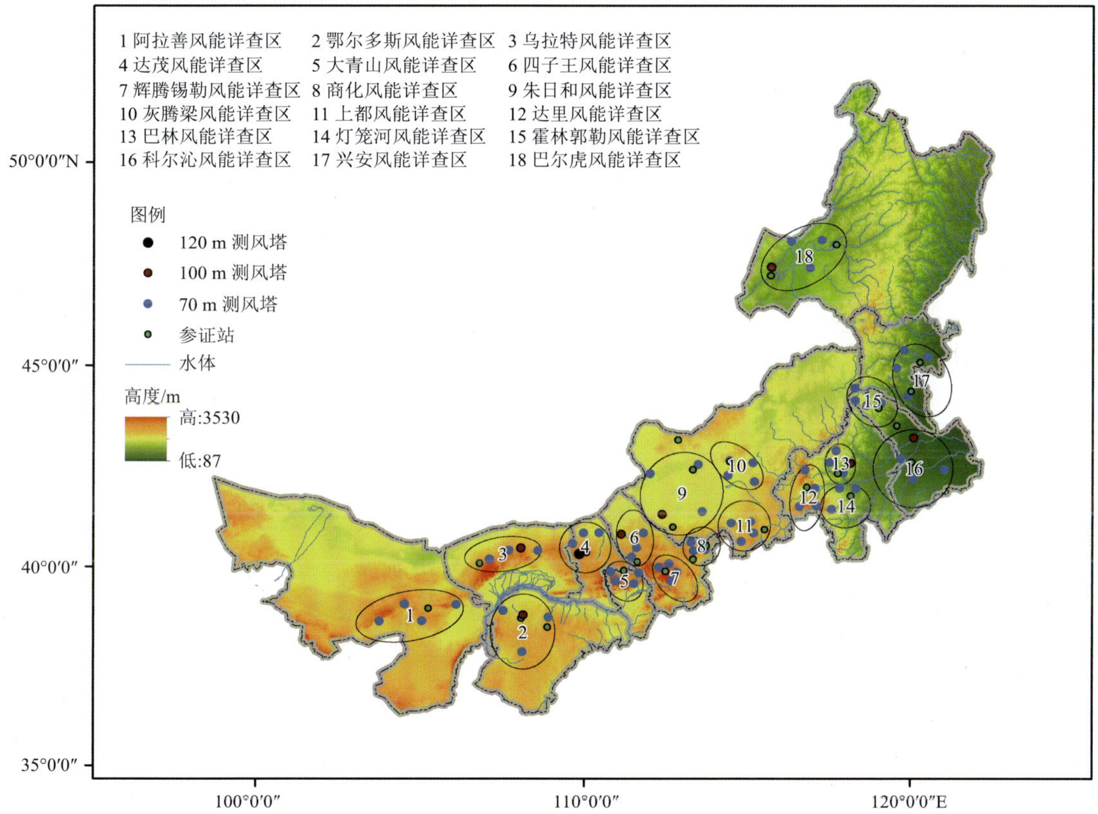


图 4.1　内蒙古自治区风能资源详查区布局示意图

根据国家标准《风电场风能资源测量方法》(GB/T 18709—2002)要求，结合当前主要风电机机型、轮毂高度以及未来风机发展趋势，并考虑当地气候特征和风能资源评估技术发展需要，确定各类测风塔仪器观测层次和设置。

(1)70 m 测风塔

①风速传感器安装在 10 m、30 m、50 m、70 m 高度；

②风向传感器安装在 10 m、50 m、70 m 高度；

③温湿度传感器安装在 10 m 和 70 m 高度；

④气压传感器安装在 8.5 m 高度。

(2)100 m 测风塔

①风速传感器安装在 10 m、30 m、50 m、70 m、100 m 高度；

②风向传感器安装在 10 m、50 m、70 m、100 m 高度；

③温湿度传感器安装在 10 m 和 70 m 高度；

④气压传感器安装在 8.5 m 高度。

(3)120 m 测风塔

①风速、风向传感器安装在 10 m、30 m、50 m、70 m、100 m、120 m 高度；

②超声风仪安装在 50 m、70 m、100 m、120 m 高度；

③温湿度传感器安装在 1.5 m、10 m、30 m、50 m、70 m、100 m、120 m 高度；

④气压传感器安装在 8.5 m 高度。

(4)超声测风仪设置

在需要安装超声风仪的测风塔上，超声风仪安装在 70 m 高度。

#### 4.1.2.3 观测仪器性能

根据相关国家规范提出的要求，确定风能观测仪器技术性能指标见表 4.1。

表 4.1 传感器技术性能表

| 测量要素 | 测量范围 | 分辨力 | 准确度 | 平均时间 | 采样速率 |
|---|---|---|---|---|---|
| 风速 | 0～60 m·s$^{-1}$ | 0.1 m·s$^{-1}$ | ±(0.5+0.03 $V$)m·s$^{-1}$ | 3 s<br>1 min | 1 次/s |
| 风向 | 0°～360° | 3° | ±5° | 2 min<br>10 min | |
| 温度 | −40～+50 ℃ | 0.1 ℃ | ±0.2 ℃ | 1 min | 6 次/min |
| 湿度 | 0～100% | 1 % | ±4%(≤80%)<br>±8%(>80%) | 1 min | 6 次/min |
| 气压 | 500～1100 hPa | 0.1 hPa | ±0.3 hPa | 1 min | 6 次/min |
| 超声风 | 0～60 m·s$^{-1}$ | 0.01 m·s$^{-1}$ | ±1.5% RMS | — | 10 次/s |

经过多方面的考察和比选，通过统一招标，内蒙古自治区风能资源观测网所有测风塔均采用 CAWS1000-GWS 型风能观测系统。

#### 4.1.2.4 风能观测数据的质量检验

(1)仪器精度控制

观测仪器在进入现场安装之前，均由观测仪器供应商进行测试和检定，中国气象局气象探测中心对观测仪器进行检定抽检；为确保观测仪器的准确性，风能观测网观测运行满一年度后，又对所有测风塔上的风速、风向传感器进行了年度检测，并根据检测结果对观测数据进行了修正。

(2)数据完整性检验

对观测记录进行完整性审查，给出逐月和年度数据的完整性描述，以数据完整率表示：

$$数据完整率=\frac{应测数据量-缺测数据量-无效数据量}{应测数据量}\times 100\% \qquad (4.1)$$

(3)数据合理性检验

一般检验：$0\ \mathrm{m\cdot s^{-1}}\leqslant$风速$\leqslant 75\ \mathrm{m\cdot s^{-1}}$；

$0°\leqslant$逐时风向$\leqslant 360°$，或者以 16 个方位之一表示。

特殊检验：对于梯度观测站，根据各观测层数据的一致性、合理性进行审查、判断；

对同时段各测风塔观测数据的一致性、合理性进行审查、判断；

根据重大天气过程如强冷空气、热带气旋等天气特征要素时空分布的合理性进行判断。

(4)数据检验结果

现场测风数据质量检验结果显示，在"样本数据"观测年度，内蒙古自治区 18 个风能资源详查区的 71 座测风塔数据质量整体较好，有 58 座测风塔的有效数据完整率在 90%以上，其中 22 座测风塔有效数据完整率达到了 100%；仅有 13 座测风塔的有效数据完整率在 70%～90%。通过对测风塔的实地调查和数据分析，结果表明，导致数据缺测的主要原因是仪器故障、操作失误、安全维护等因素。由于该项目所选仪器故障率较高，稳定性较差，操作不便，再加上出现故障后不能及时修复，导致个别塔缺测时间较长。此外，少数数据采集人员的不当操作以及测风塔仪器设备有被盗的情形，也导致个别测风塔数据有一定缺测。

#### 4.1.2.5　缺测和无效数据的插补订正

根据气象统计学理论，对测风塔缺测和无效数据进行插补订正，具体方法为：利用需要插补订正的测风塔已有的观测数据，与同塔其他高度层或者相邻测风塔或者相应参证气象站同时段的观测资料进行相关分析，在满足统计样本数量的前提下，进行相关计算和检验。

采用检验统计量 $F$ 来检验相关系数的可靠性：

$$F = R^2 \Big/ \left(\frac{1-R^2}{n-2}\right) \qquad (4.2)$$

式中，$R$ 为相关系数，$n$ 为样本量，通过给定 0.01 的信度，检验 $F$ 值。

根据《风电场气象观测及资料审核、订正技术规范》(QX/T 74—2007)推荐的方法，选取同期观测时段内的日平均风速样本，采用比值法计算出订正系数 $k$，则可以利用参证塔的完整风速数据推算出缺测数据。

通过上述对数据的检验和插补订正处理，从而得到了内蒙古自治区风能资源专业观测网 71 座测风塔完整的数据序列，作为分析计算的"样本数据"。

#### 4.1.2.6　数值模拟技术路线

风能资源长期数值模拟采用中尺度模式 WRF 和 CALMET 地形诊断模式相结合的方法，给出了全区水平分辨率 1 km×1 km、离地面 150 m 高度以下 10 m 间隔的风能资源参数立体网格分布；再利用包含 71 座测风塔的全区风能资源专业观测网获取的测风塔观测资料，对数值模拟结果进行合理性判断和精度检验，并进行相应的订正；之后根据实际地形地貌和土地利用数据，采用 GIS 空间分析技术，扣除不可利用的区域，得到风能资源潜在开发量和分布状况；最后根据我国大型风电场开发建设要求和不同地形、地貌条件下的风电机组布设密度，进一步细化各类地形条件下的可装机容量系数，从而得到不同等级风能资源的可装机容量。

### 4.1.2.7 模拟系统介绍

采用中国气象局风能资源数值模拟评估系统 WERAS/CMA 进行长期数值模拟。该系统是在大气边界层理论研究与工程应用工作的基础上，根据我国的天气气候特点，综合吸取丹麦和美国的数值模拟技术优势建立的，包括天气背景分类与典型日筛选系统，中尺度模式 WRF 和复杂地形动力诊断模式 CALMET 以及风能资源 GIS（地理信息系统）空间分析系统。

天气背景分类与典型日筛选的基本思路是：在大气边界层动力学和热力学基础上，考虑到近地层风速分布是天气系统与局地地形作用的结果，风速分布的变化是由天气系统运动与变化引起的。此外，大气边界层存在着明显的变化，日最大混合层厚度与天气系统的性质有关。因此，依据不受局地地形摩擦影响高度上的风向、风速和每日最大混合层高度，将评估区历史出现过的天气进行分类，然后从各天气类型中随机抽取5％的样本作为数值模拟的典型日，之后分别对每个典型日进行逐时数值模拟；最后根据各类天气型出现的频率，统计分析得到风能资源的气候平均分布。

风能资源长期数值模拟采用中尺度模式 WRF 和 CALMET 地形诊断模式相结合的方法，模拟时段 1979—2008 年，WRF 水平分辨率为 9 km×9 km，CALMET 水平分辨率 1 km×1 km。长期数值模拟选用的资料包括：NCEP/NCAR 再分析资料和常规气象站观测资料、90 m×90 m 分辨率地形资料以及土地利用和植被指数等资料。

### 4.1.2.8 名词定义

装机密度系数：在具备风能资源开发条件的区域，每平方千米可安装风电机组的容量。

潜在开发量：在风功率密度达到一定等级（如：200 $W \cdot m^{-2}$、300 $W \cdot m^{-2}$ 等）的风能资源覆盖区域内，考虑自然地理和国家基本政策对风电开发的制约因素后，计算出的风能资源储量。

技术开发量：所有装机密度系数超过 1.5 $MW \cdot km^{-2}$ 的潜在开发量的总和。

技术开发面积：技术开发量覆盖区域面积的总和。

### 4.1.2.9 风能资源储量 GIS 空间分析方法

计算技术开发量首先要计算装机密度系数和潜在开发量。计算潜在开发量时采用 GIS 空间分析技术，结合地形、土地利用等地理信息数据，划定不可开发和限制开发风能资源的区域，最终得到风能资源可开发区的位置、面积和潜在开发量，其中需要完全剔除的不可开发风能资源区域包括：

（1）年平均风功率密度小于一定等级的区域，如年平均风功率密度＜200 $W \cdot m^{-2}$ 或＜300 $W \cdot m^{-2}$ 的区域；

（2）海拔高度大于 3500 m 的区域；

（3）地形坡度大于 30％的区域；

（4）水体；

(5)湿地；

(6)沼泽地；

(7)沙漠；

(8)自然保护区；

(9)历史遗迹；

(10)国家公园；

(11)矿产；

(12)城市及居民区；

(13)城市周围 3 km 的缓冲区；

(14)基本耕地。

在限制开发风能资源的区域中，其可开发的程度由风电可利用率来衡量，其中草地的风电可利用率为 80%，森林为 20%，灌木丛为 65%。

装机密度系数主要受地形、地貌影响，平缓、简单地形上的装机容量远大于起伏、复杂地形的装机容量。通过调查各类地形风电场的装机容量情况，参考美国 NREL 在张北地区开展风能资源评估工作时的方法(Kline et al.，2008)，建立了坡度与装机密度系数的关系，见表 4.2。

表 4.2　装机密度系数与地形坡度关系

| GIS 坡度/° | 装机密度系数/(MW·km$^{-2}$) |
|---|---|
| 0～3 | 5 |
| 3～6 | 2.5 |
| 6～30 | 1.5 |

### 4.1.3　内蒙古风系形成的原因

从时间分布来看，内蒙古自治区大风主要出现在冬、春季节；从空间分布来看，大风主要出现在内蒙古西部及中部的偏北地区。受大尺度天气系统和山川、河谷、湖泊等地形地貌的影响，风向变化比较复杂。大兴安岭以西、阴山山脉以北的内蒙古高原风力较大且主要盛行西北风或西风，而大兴安岭以东、阴山山脉以南的广大地区，由于受到地形阻挡作用，风力相对较弱，风向变化较为复杂。巴彦淖尔市北部、乌兰察布市北部和锡林郭勒盟西部等地区由于地势较高，地形平坦而开阔，植被低矮且稀疏，同时影响内蒙古地区的大风天气主要路径为西路、西北路、北路和东北路冷空气，这四路冷空气都可以影响这一地区，使该地区极易形成大风天气，从而形成了内蒙古高原北部较其他地区更为丰富的风能资源。

大风天气是大气自身运动演变的结果。一是气压梯度力的作用：形成大风必须要有较强的水平气压梯度，当气压梯度力达到一定程度时，便会形成大风。二是变压场的作用：变压场对风有影响，这种变压风有时几乎沿变压梯度吹，当变压梯度大时风速也大，会造成大风，如冷锋后最大风速常出现在变压中心附近梯度最大的地区。三是高空急流的作用：高空急流对内蒙古大风的产生起到很重要的作用，当急流核位于槽后时，在急流出口区的左侧有强的正绝对涡度平流，使气旋强烈发展，同时伴随有强烈的锋生，有利于寒潮大风的生成。四是动量下传作用：在气层不稳定时，当高空有强冷平流时，越来越多的动量下传，使地面风速加大。

在内蒙古西、中部与蒙古国接壤的地区，绵延分布着两条准东西走向的山脉，形成向东敞开的喇叭口地形。一条是位于蒙古高原南缘的阿尔泰山山脉，另一条是位于内蒙古中部的阴山山脉。这两条山脉之间形成了明显的峡谷地形，并与阿尔泰—萨彦岭山地南侧喇叭口附近的峡谷连接，形成了绵延近 2000 km 的狭长地带。这一狭长地带对低层气流产生了很大的影响，它改变了近地层大气的流向（即地面风向），使之形成较为一致的“峡谷气流”；同时，它又强迫气流沿山壁形成绕流，导致气流增强，即地面风速增强，从而容易形成大风。内蒙古西、中部偏北地区大部位于上述的狭长地带中，所以容易出现大风。

### 4.1.4 内蒙古风能资源综合评价结论

#### 4.1.4.1 全区风能资源分布特征

根据内蒙古风能资源观测网观测数据和气象站长序列数据分析以及长期数值模拟成果，全区各地平均风速和风功率密度季节变化明显，一般以春、冬季较大，秋季次之，夏季最小。全区风能资源丰富区主要分布在以阿拉善高原、巴彦淖尔高原、鄂尔多斯高原、乌兰察布高原、锡林郭勒高原、呼伦贝尔高原为主体的高原区，以及在大兴安岭、阴山和贺兰山等山脉两侧的缓山丘陵区和西辽河平原。

图 4.2 是经过精度检验和合理性判断订正后得到的内蒙古 70 m 高度年平均风功率密度分布图。参照《风电场工程风能资源测量与评估技术规范》(NB/T 31147—2018)规定的风功率密度等级标准，全区 3 级及其以上风能资源所覆盖的面积超过自治区面积的一半，其中 3 级（即 350～460 $W \cdot m^{-2}$）风能资源主要分布在大兴安岭两侧缓山丘陵地区及通辽市南部、锡林郭勒盟西南部、乌兰察布市四子王旗北部、鄂尔多斯市北部以及阿拉善盟东北部；4 级（即 460～570 $W \cdot m^{-2}$）风能资源主要分布在呼伦湖西侧的新巴尔虎右旗和满洲里市、锡林郭勒盟中部和东北部、乌兰察布市中南部、阿拉善盟额济纳旗西北部；5 级（即 570～690 $W \cdot m^{-2}$）风能资源主要分布在巴彦淖尔市的乌拉特中旗和乌拉特后旗、包头市的达茂旗以及赤峰市翁牛特旗。虽然大兴安岭、阴山、贺兰山等山脉上的风能资源都超过了 5 级，但受地形影响，大部分区域风能资源可开发利用率比较低。

受大尺度天气系统和山川、河谷、湖泊等地形地貌的共同影响，大兴安岭以西、阴山山脉以北的内蒙古高原主要盛行西北风或西风，而大兴安岭以东、阴山山脉以南地区，由于受到地形阻挡作用，风力相对较弱，风向变化较为复杂。从风向的季节分布来看，内蒙古冬季受蒙古高压影响，多为偏西和偏北风；夏季则受大陆低压和副热带高压的影响，多偏南风；春秋两季蒙古高压减弱、大陆低压形成，呼伦贝尔市和兴安盟的大部分地区、通辽市和赤峰市的北部、锡林郭勒盟和乌兰察布市的北部以及阿拉善盟等地以偏北风为主，其余地区风向以西南风居多。总的来看，全区风向以偏西和偏北风占主导，西南风则处于次主导地位。

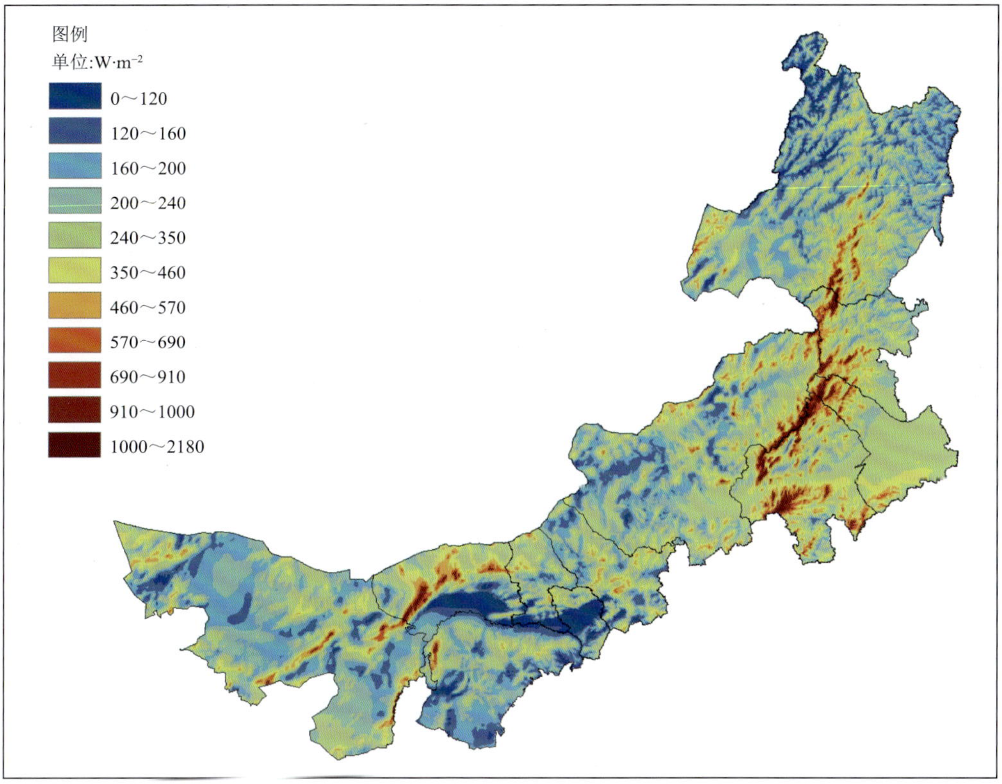


图 4.2 内蒙古风能资源长期数值模拟 70 m 高度年平均风功率密度分布

#### 4.1.4.2 风能资源潜在开发量、技术开发量和潜在装机容量

表 4.3 是内蒙古自治区及各盟市风能资源潜在开发量、技术开发量及技术开发面积列表。根据内蒙古风能资源详查和评价结果,内蒙古自治区 70 m 高度风能资源潜在开发量约 16.5 亿 kW,技术开发量约 14.6 亿 kW,约占全国陆地风能资源技术开发量总量(25.7 亿 kW)的 57%,居全国首位。以离地面 70 m 高度上风能资源储量为例,全区风能资源技术可开发面积约 39.5 万 $km^2$,其中东部地区(赤峰市、通辽市、兴安盟、呼伦贝尔市)潜在开发量约 7.6 亿 kW,技术开发量约 6.1 亿 kW,技术可开发面积约 17.2 万 $km^2$;中部地区(锡林郭勒盟、乌兰察布市、呼和浩特市)潜在开发量约 4.8 亿 kW,技术开发量约 4.5 亿 kW,技术可开发面积约 12.5 万 $km^2$;西部地区(包头市、鄂尔多斯市、巴彦淖尔市、乌海市、阿拉善盟)潜在开发量约 4.1 亿 kW,技术开发量约 4.0 亿 kW,技术可开发面积约 9.7 万 $km^2$。

应用 GIS 空间分析系统,考虑自然地理、土地资源、交通、电网以及国家或地方发展规划等诸多因素的制约,最终得到内蒙古风能资源可开发区的位置、面积和风电场潜在装机容量(表 4.4)。

如表 4.4 所示,内蒙古自治区 70 m 高度上 400 $W \cdot m^{-2}$以上的技术开发量为 41111 万 kW,技术开发面积达 111201 $km^2$;300 $W \cdot m^{-2}$以上的技术开发量为 145967 万 kW,技术开发面积达 394919 $km^2$;250 $W \cdot m^{-2}$以上的技术开发量为 156887 万 kW,技术开发面积达 421665 $km^2$;200 $W \cdot m^{-2}$以上的技术开发量为 172897 万 kW,技术开发面积达 460951 $km^2$。

表 4.3 内蒙古自治区及各盟市风能资源潜在开发量、技术开发量及技术开发面积

| 行政区域名称 | 潜在开发量/(万 kW) | | | 技术开发量/(万 kW) | | | 技术开发面积/km² | | |
|---|---|---|---|---|---|---|---|---|---|
| | 50 m | 70 m | 100 m | 50 m | 70 m | 100 m | 50 m | 70 m | 100 m |
| 内蒙古自治区 | 133569 | 164778 | 208501 | 114789 | 145967 | 189196 | 308193 | 394919 | 508826 |
| 阿拉善盟 | 22096 | 22387 | 28914 | 21908 | 22239 | 29036 | 50860 | 51453 | 66390 |
| 乌海市 | 212 | 226 | 262 | 180 | 197 | 239 | 511 | 551 | 653 |
| 巴彦淖尔市 | 10869 | 10950 | 11188 | 10498 | 10560 | 10648 | 26614 | 26497 | 26828 |
| 鄂尔多斯市 | 2258 | 2397 | 3217 | 2229 | 2373 | 3216 | 6021 | 6406 | 8618 |
| 包头市 | 3893 | 4618 | 5502 | 3695 | 4483 | 5442 | 10076 | 12319 | 15057 |
| 呼和浩特市 | 1253 | 1398 | 1435 | 689 | 735 | 796 | 2080 | 2123 | 2289 |
| 乌兰察布市 | 7844 | 8054 | 10860 | 6757 | 7138 | 10074 | 18792 | 19734 | 27282 |
| 锡林郭勒盟 | 29062 | 38961 | 45202 | 26868 | 37110 | 44547 | 75159 | 103573 | 123759 |
| 赤峰市 | 15805 | 19448 | 22968 | 11342 | 15131 | 18408 | 31875 | 42761 | 51838 |
| 通辽市 | 10213 | 18667 | 22045 | 9020 | 17590 | 21400 | 25603 | 50182 | 60834 |
| 兴安盟 | 6921 | 9810 | 10629 | 4607 | 7345 | 8318 | 13399 | 21269 | 23898 |
| 呼伦贝尔市 | 23142 | 27860 | 46280 | 16996 | 21065 | 37072 | 47202 | 58051 | 101379 |

表 4.4 内蒙古各等级风能资源技术开发量和技术开发面积

| 高度 | $\geqslant$400 W·m$^{-2}$ | | $\geqslant$300 W·m$^{-2}$ | | $\geqslant$250 W·m$^{-2}$ | | $\geqslant$200 W·m$^{-2}$ | |
|---|---|---|---|---|---|---|---|---|
| | 技术开发量/(万 kW) | 技术开发面积/km² | 技术开发量/(万 kW) | 技术开发面积/km² | 技术开发量/(万 kW) | 技术开发面积/km² | 技术开发量/(万 kW) | 技术开发面积/km² |
| 70 m | 41111 | 111201 | 145967 | 394919 | 156887 | 421665 | 172897 | 460951 |

内蒙古装机密度系数达到 4～5 MW·km$^{-2}$的地区主要分布在阿拉善盟北部、巴彦淖尔市北部、乌兰察布市四子王旗、赤峰市翁牛特旗、呼伦贝尔市大兴安岭以西地区。装机密度系数达到 3～4 MW·km$^{-2}$的地区主要分布在包头市达茂旗、锡林郭勒盟、通辽市除北部山地丘陵区以外的地区、兴安盟东部和南部、呼伦贝尔市新巴尔虎右旗。装机密度系数为 2～3 MW·km$^{-2}$的地区所占面积很小，在全区各地零星分布。装机密度系数小于 2 MW·km$^{-2}$的地区主要位于山地丘陵地带，分布在呼伦贝尔市的根河市、牙克石市、兴安盟的阿尔山市、通辽市的霍林郭勒、赤峰市的阿鲁科尔沁旗、巴林左旗、巴林右旗、林西县、喀喇沁旗、宁城县、乌兰察布市的凉城县、兴和县、察右前旗。这些地区虽然多年平均风速和风功率密度都较高，但受地形条件影响装机密度系数不大。

## 4.2 太阳能资源评估

太阳能资源是指可转化成热能、电能、化学能等以供人类利用的太阳能。继水能和风能之后，太阳能资源的开发利用技术也逐渐成熟起来，随着光伏发电成本的不断降低，太阳能资源开发利用进入大规模发展时期。众所周知，太阳能是可以就地取用、取之不竭、用之不尽的清洁可再生能源，有着广阔的利用前景。合理开发利用太阳能资源，可以有效减轻对化石燃料的依赖，有利于改善生态环境和应对全球气候变化，将助力我国2030年碳达峰、2060年碳中和目标的实现。

内蒙古自治区地处97°12′—126°04′E，37°24′—53°23′N，横跨经度28°52′，纵占纬度15°59′，境内平原、山地与高原呈镶嵌排列的带状分布，是全国可再生能源最富集的地区之一，不仅风能资源储量位居全国首位，太阳能资源储量也十分丰富，而且风能和太阳能在时空上具有很好的互补性。太阳能资源分布具有明显的区域性，主要受气候环境条件的制约。由于内蒙古经纬度跨度大、地形复杂，导致不同地区之间的太阳辐射差异明显。但是全区太阳辐射观测站点稀少，目前仅有8个国家级太阳辐射观测站，所以依靠辐射观测资料来描述太阳辐射的空间分布有很大的局限性。在目前的技术条件下，一个100 MW的太阳能光伏电站占地大约4 $km^2$。因此，对于资源评估的空间分辨率而言，需要提供至少1 km×1 km的资源评估数据。为了准确科学地评估内蒙古自治区太阳能资源开发潜力，推动太阳能资源的合理开发利用，保护生态环境，促进经济社会的可持续发展，内蒙古自治区气候中心建立了太阳能资源评估技术标准和业务系统，并进行全区太阳能资源的普查和评估，为大规模开发利用太阳能资源提供科学依据。

### 4.2.1 太阳能资源评估技术方法

大量现有的太阳辐射估算模型是依据常规日射观测站资料建立的，总体上包括经验统计模型和理论模型两大类，其核心问题都是模拟大气（即天空因素）对太阳辐射的影响，探讨水平面太阳辐射的拟合估算，没有考虑复杂的地形因素对太阳辐射空间分布的影响。实际地形并非水平，而是相对起伏的。对于起伏不平的地面（坡面），由于太阳光线的入射角不同，其上太阳辐射的到达量有显著的差异。近年来，起伏地形上太阳辐射研究取得了较大进展。依据山区太阳辐射形成机理，综合考虑天空因素和地形因素对太阳辐射空间分布的影响，将地表非均匀因素分为地形起伏和下垫面性质多样两方面，建立了起伏地形下太阳辐射计算模型，利用数字高程模型（DEM）数据和地面气象观测资料，结合遥感反演的地表反照率，实现了太阳辐射的分布式模拟，为起伏地形条件下太阳辐射场的计算提供了一种切实可行的方法。

#### 4.2.1.1 水平面总辐射计算模型

根据国家标准《太阳能资源评估方法》（GB/T 37526—2019）的规定，水平面总辐射的计算式可表达为：

$$Q = Q_0(a_G + b_G \cdot s) \tag{4.3}$$

式中：$Q$ 为水平面总辐射量，单位为千瓦时每平方米（$kW \cdot h \cdot m^{-2}$）；$Q_0$ 为水平面天文辐射量，单位为千瓦时每平方米（$kW \cdot h \cdot m^{-2}$），计算方法参见《太阳能资源评估方法》（GB/T 37526—2019）的附录 B；$a_G$，$b_G$ 为经验系数，计算方法参见 GB/T 37526—2019 的附录 C；$s$ 为日照百分率，单位为%。

#### 4.2.1.2 水平面太阳直接辐射和散射辐射的计算模型

依据曾燕（2008）提出的计算模型，水平面太阳直接辐射和散射辐射的计算式为：

$$Q_b = Q_0(a_G + b_G \cdot s)(1 - a)[1 - e^{-b \cdot s^c/(1-s)}] \tag{4.4}$$

$$Q_d = Q_0(a_G + b_G \cdot s)\{a + (1 - a)[1 - e^{-b \cdot s^c/(1-s)}]\} \tag{4.5}$$

式中：$Q_b$、$Q_d$ 分别为水平面直接辐射量和散射辐射量，单位为千瓦时每平方米（$kW \cdot h \cdot m^{-2}$）；$Q_0$ 为水平面天文辐射量，单位为千瓦时每平方米（$kW \cdot h \cdot m^{-2}$）；$a_G$，$b_G$，$a$，$b$，$c$ 为经验系数；$s$ 为日照百分率，单位为%。

#### 4.2.1.3 起伏地形下天文辐射分布式计算模型

任意坡面上的太阳高度角计算式如下：

$$\sin h_s = \cos\theta = u \cdot \sin\delta + v \cdot \cos\delta \cdot \cos\omega + w \cdot \cos\delta \cdot \sin\omega \tag{4.6}$$

$$u = \sin\varphi \cdot \cos\alpha - \cos\varphi \cdot \sin\alpha \cdot \cos\beta \tag{4.7}$$

$$v = \sin\varphi \cdot \sin\alpha \cdot \cos\beta + \cos\varphi \cdot \cos\alpha \tag{4.8}$$

$$w = \sin\alpha \cdot \sin\beta \tag{4.9}$$

式中：$\delta$ 为太阳赤纬；$\omega$ 为太阳时角；$\varphi$ 为地理纬度；$\alpha$ 为坡度，即坡面与水平面的夹角；$\beta$ 为坡向；$h_s$ 为坡向为 $\beta$ 和坡度为 $\alpha$ 的坡面上的太阳高度角；$\theta$ 为光线入射角，即倾斜面的法线与太阳光线的夹角。

起伏地形下计算点的日天文辐射量的计算式为：

$$Q_{0d\alpha\beta} = \frac{T}{2\pi}\left(\frac{1}{\rho}\right)^2 I_0\left\{u\sin\delta\left[\sum_{i=1}^{m}(\omega_{ssl} - \omega_{srl})\right] + v\cos\delta\left[\sum_{i=1}^{m}(\sin\omega_{ssl} - \sin\omega_{srl})\right] - w\cos\delta\left[\sum_{i=1}^{m}(\cos\omega_{ssl} - \cos\omega_{srl})\right]\right\} \tag{4.10}$$

式中：$Q_{0d\alpha\beta}$ 为日天文辐射量；$T$ 为一天的时长，即 1440 min；$\left(\frac{1}{\rho}\right)^2$ 为日地距离订正系数；$I_0$ 为太阳常数，即 0.082 $MJ \cdot m^{-2} \cdot min^{-1}$；$m$ 为可照时段的数目；$\omega_{ssl}$ 和 $\omega_{srl}$ 分别为坡面在可照时段 $l$ 的起始和终止太阳时角。

对每一个网格点计算其日天文辐射量，之后累加，可获得其逐月的天文辐射总量。

#### 4.2.1.4 起伏地形下太阳直接辐射分布式计算模型

起伏地形下太阳直接辐射的计算式为：

$$\frac{Q_{0\alpha\beta}}{Q_0} = \frac{Q_{b\alpha\beta}}{Q_b} \tag{4.11}$$

式中：$Q_{0\alpha\beta}$ 为起伏地形下天文辐射量；$Q_0$ 为水平面天文辐射量；$Q_{b\alpha\beta}$ 为起伏地形下太阳直接辐射量；$Q_b$ 为水平面直接辐射量。整理得到：

$$Q_{b\alpha\beta}=\frac{Q_b}{Q_0}\cdot Q_{0\alpha\beta}=K_b\cdot Q_{0\alpha\beta} \tag{4.12}$$

式中，$K_b$ 为水平面直接辐射与水平面天文辐射之比，称为直接透射率，表示大气对太阳直接辐射的消减程度。

#### 4.2.1.5　起伏地形下太阳散射辐射分布式计算模型

在散射辐射各向异性的前提下，起伏地形中散射辐射的计算式为：

$$Q_{d\alpha\beta}=Q_0\cdot(K_t-K_b)\cdot[K_b\cdot R_b+V\cdot(1-K_b)] \tag{4.13}$$

式中：$Q_{d\alpha\beta}$ 为起伏地形下散射辐射量；$Q_0$ 为水平面天文辐射量；$K_t$ 为晴空指数，即水平面太阳总辐射量与水平面天文辐射量之比；$K_b$ 为直接透射率，即水平面直接辐射与水平面天文辐射之比；$R_b$ 为转换因子，即为起伏地形下天文辐射量与水平面天文辐射量之比；$V$ 为地形开阔度。

起伏地形中，某点的地形开阔度 $V$ 是 $2\pi$ 圆周内方位数值积分和的平均值：

$$V=\frac{1}{n}\sum_{i=0}^{n-1}(1-\sin\alpha_i) \tag{4.14}$$

式中：$\alpha_i$ 为某点在某个方位上的最大仰角；$n$ 为方位角离散的个数。

#### 4.2.1.6　地形反射辐射的计算模型

山地接收的周围地形投射来的太阳反射辐射量取决于周围山地的反射能力和地形的开阔度，其计算式为：

$$\begin{cases}Q_{r\alpha\beta}=a_s\cdot(Q_b+Q_d)\cdot(1-V)=Q\cdot a_s\cdot(1-V) & V\leqslant 1\\ Q_{r\alpha\beta}=0 & V>1\end{cases} \tag{4.15}$$

式中：$Q_{r\alpha\beta}$ 为地形反射辐射量；$Q$ 为水平面总辐射量；$a_s$ 为周围地表反射率平均值。

周围山地地表反照率采用 Valiente(1995)给出的公式计算地表反照率：

$$a_s=0.545\,\rho_{CH1}+0.320\,\rho_{CH2}+0.035 \tag{4.16}$$

式中：$\rho_{CH1}$ 、$\rho_{CH2}$ 分别为 NOAA-AVHRR 通道 1 和 2 的观测值。

#### 4.2.1.7　起伏地形下太阳总辐射计算模型

起伏地形下，地面接收到的太阳总辐射由直接辐射、散射辐射和周围地形反射辐射三部分组成，即：

$$Q_{\alpha\beta}=Q_{b\alpha\beta}+Q_{d\alpha\beta}+Q_{r\alpha\beta} \tag{4.17}$$

式中：$Q_{\alpha\beta}$ 为起伏地形下太阳总辐射；$Q_{b\alpha\beta}$ 为起伏地形下太阳直接辐射量；$Q_{d\alpha\beta}$ 为起伏地形下散射辐射量；$Q_{r\alpha\beta}$ 为地形反射辐射量。

#### 4.2.1.8　内蒙古太阳能资源评估业务系统

基于数字高程模型(DEM)数据和遥感影像，在综合考虑天文因素、大气因素、宏观地理因素、局地地形因素(坡向、坡度、地形相互遮蔽)的基础上，建立依托常规气象站观测资料的起伏地形下太阳总辐射模型，并与南京信息工程大学联合研制了“内蒙古自治区太阳能资源评估业务系统”，作为内蒙古自治区太阳能资源计算和评估平台，生成 500 m×500 m 分辨率的内蒙古全区及 12 个盟市太阳能总辐射空间分布图。

### 4.2.2 太阳能资源空间分布

采用起伏地形下太阳总辐射计算模型，模拟了内蒙古 30 a(1989—2018 年)平均太阳总辐射、直接辐射、散射辐射和地形反射辐射。

内蒙古自治区年平均总辐射约为 1533 $kW \cdot h \cdot m^{-2}$，年平均日辐射量在 4.2 $kW \cdot h \cdot m^{-2}$(约合 15.1 $MJ \cdot m^{-2}$)左右，大部分地区年太阳总辐射在1400 $kW \cdot h \cdot m^{-2}$以上，属于太阳能资源很丰富区。内蒙古自治区境内分布着高原、山地和平原三种主要不同的地貌类型，总辐射在平原和高原地区的空间分布比较均匀，而大兴安岭、阴山山地的地形起伏较大，太阳辐射的分布则表现出高值区与低值区相间分布的非地带性特征。内蒙古年总辐射量的空间分布具有明显的地带性规律，总体呈现由东北向西南递增的趋势特点，其中呼伦贝尔市东北部地区年总太阳辐射相对较小，在 1000～1400 $kW \cdot h \cdot m^{-2}$；呼伦贝尔市西部、兴安盟、通辽市、赤峰市、锡林郭勒盟中东部、乌兰察布市南部、呼和浩特市南部及鄂尔多斯市东北部的广大地区，总辐射呈现明显的东西向递增趋势，年总辐射量在 1400～1600 $kW \cdot h \cdot m^{-2}$；锡林郭勒盟西部一直到阿拉善盟，总辐射由西向东递增趋势更为明显，年总辐射量均在 1600 $kW \cdot h \cdot m^{-2}$以上，其中最西端的阿拉善盟西部地区年总辐射量在 1750 $kW \cdot h \cdot m^{-2}$以上，是全区总辐射量最高的地区。在内蒙古境内，大兴安岭东北—西南向贯穿东部地区，阴山山脉东西向横亘在中西部，山地地形起伏较大，阴坡、阳坡接收到的辐射量差异大，表现出更多高值、低值区相间分布的非地带性特征(图 4.3)。

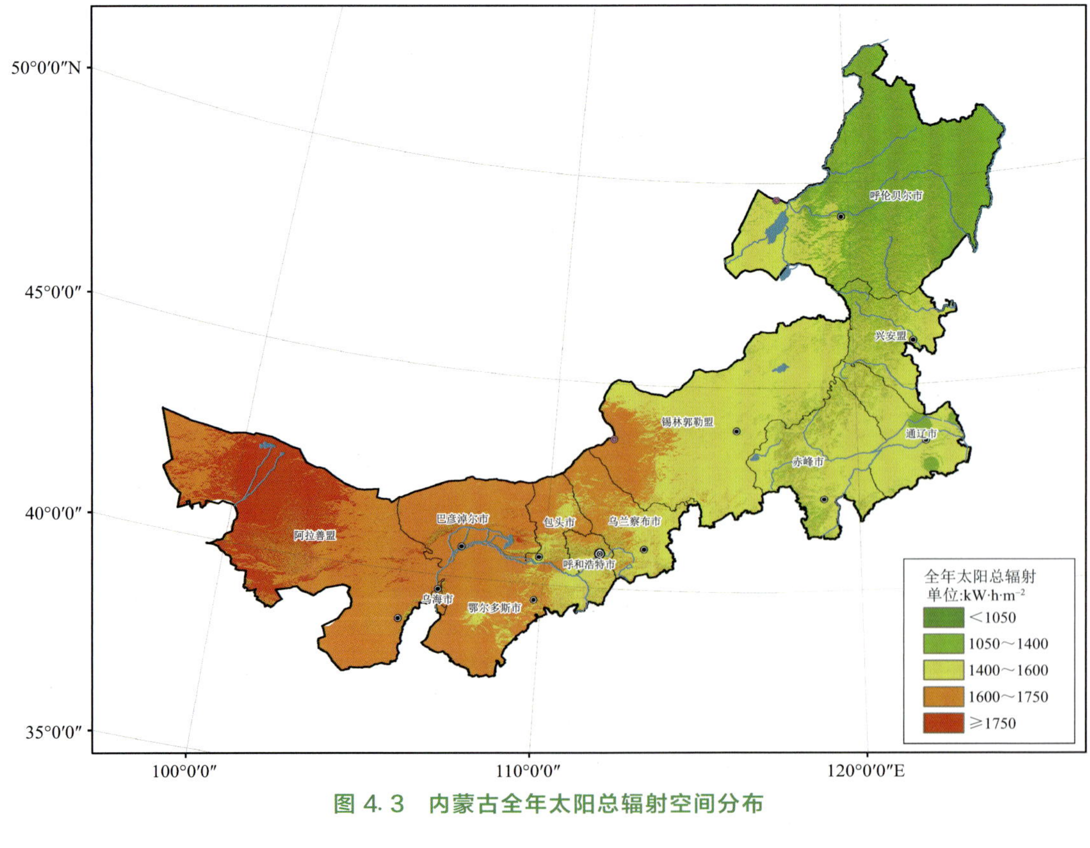


图 4.3 内蒙古全年太阳总辐射空间分布

### 4.2.3 太阳能资源丰富程度评估

根据中华人民共和国国家标准《太阳能资源等级 总辐射》(GB/T 31155—2014)中的有关规定,以太阳总辐射年总量为指标,按照不同等级进行太阳能资源丰富程度评估。内蒙古自治区太阳能资源非常丰富,其中资源一般区面积占全区总面积的 0.3%,零星分布于贺兰山、阴山以及大兴安岭等山地地区的沟谷地带;资源丰富区约占全区总面积的 18%,分布于内蒙古东北部的呼伦贝尔及兴安盟地区;资源很丰富区约占全区总面积的 72%,分布于内蒙古自治区大部分地区;资源最丰富区约占全区总面积的 8%,主要分布于内蒙古西部的巴彦淖尔市和阿拉善盟的部分地区(图 4.4)。

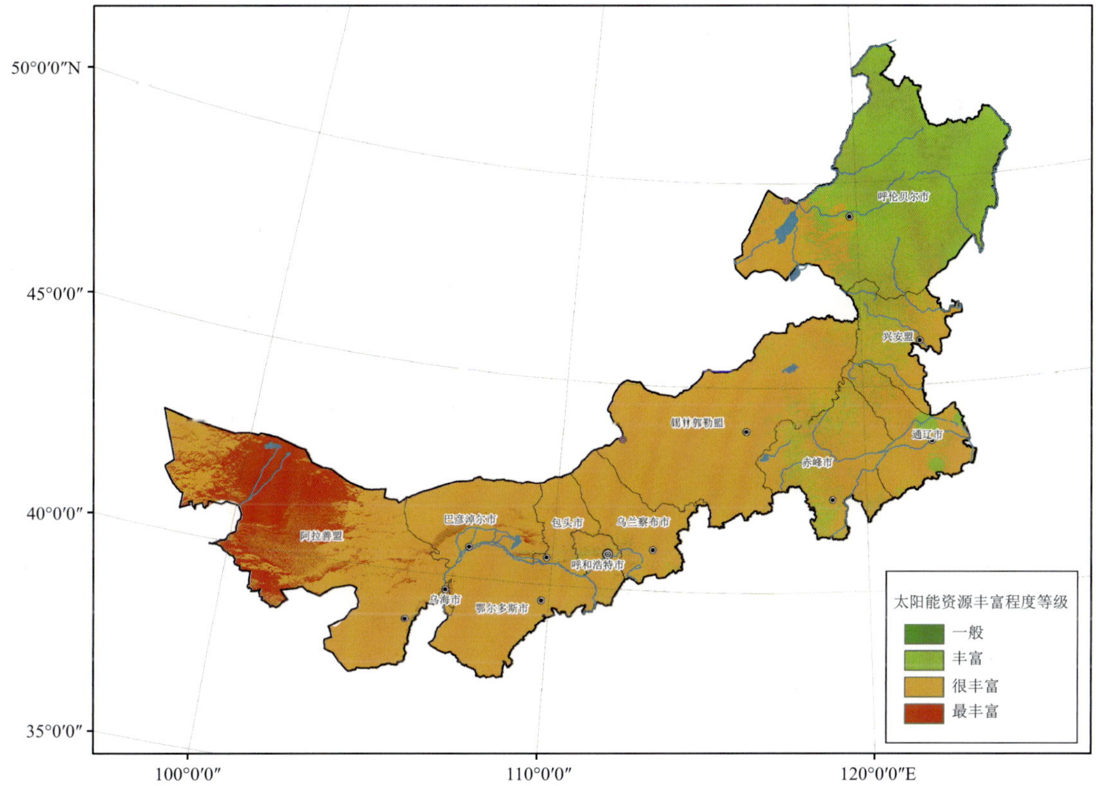


图 4.4 内蒙古自治区太阳能资源丰富程度等级分布

### 4.2.4 太阳能资源稳定度评估

按照中华人民共和国国家标准《太阳能资源等级 总辐射》(GB/T 31155—2014)中的有关规定,太阳能资源稳定程度用各月平均日辐照量的多年平均值,然后求最小值与最大值之比。

如图 4.5 所示,内蒙古自治区太阳能资源稳定程度一般,呈现出纬向分布规律。阿拉善盟南部、鄂尔多斯南部太阳能资源稳定,这可能是由于当地纬度低及地形简单造成的,稳定等级面积约占全区总面积的 12%;呼伦贝尔、兴安盟大部地区、锡林郭勒盟东北地区太阳能资源欠稳定，约占全区总面积的 32%，这可能是由于该地区纬度高导致其冬季日照时间短，以及地处大兴安岭地区地形复杂共同导致的。内蒙古自治区大部分地区太阳能稳定程度等级为一般，但阴山、贺兰山等地由于地形原因稳定程度等级为欠稳定，稳定度一般等级面积约占全区总面积的 54%；稳定度很稳定等级面积约占全区总面积的 2%，零星分布于地形起伏较大的山地。总体看来，内蒙古自治区的太阳能资源稳定度等级为一般，主要受地域性的气候影响，全年四季分明，夏季雨热同期、冬季寒冷漫长，春秋季干燥多风，太阳能资源在各季节之间的分配不均衡，在开发利用太阳能资源时应予以重视，并可通过工程措施加以调节。

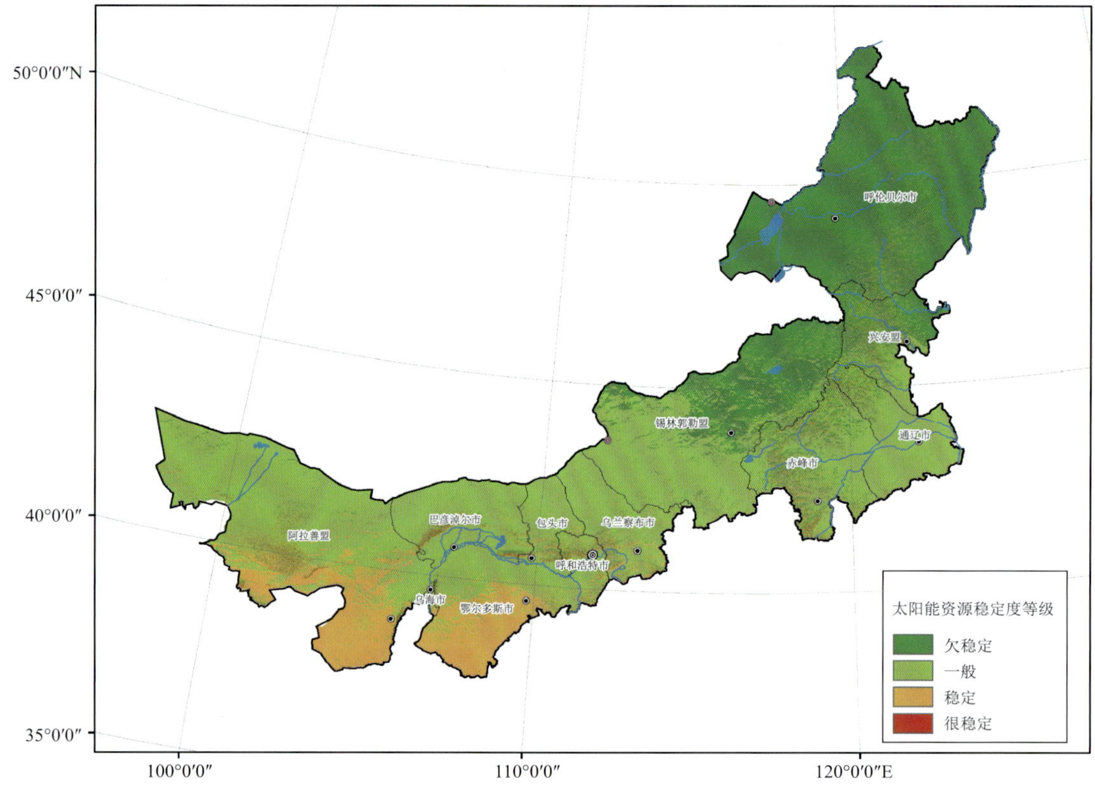


图 4.5　内蒙古自治区太阳能资源稳定度等级分布

## 4.2.5　直射比等级

按照中华人民共和国国家标准《太阳能资源等级　总辐射》(GB/T 31155—2014)中的有关规定，直射比就是水平面直接辐射和总辐射年辐照量的多年平均值(一般取 30 a 平均)之比。如图 4.6 所示，内蒙古自治区直射比等级为高和很高，其中呼伦贝尔市中东部、鄂尔多斯西南部、阿拉善左旗南部以及呼和浩特市中部的直射比等级为高，内蒙古其他大部分地区直射比等级为很高，即水平面直接辐射和总辐射年辐照量的多年平均值的比值在 0.6 以上，说明内蒙古绝大部分地区直接辐射占主导，太阳能资源禀赋好、可利用量大，非常适合发展光伏、光热发电产业。

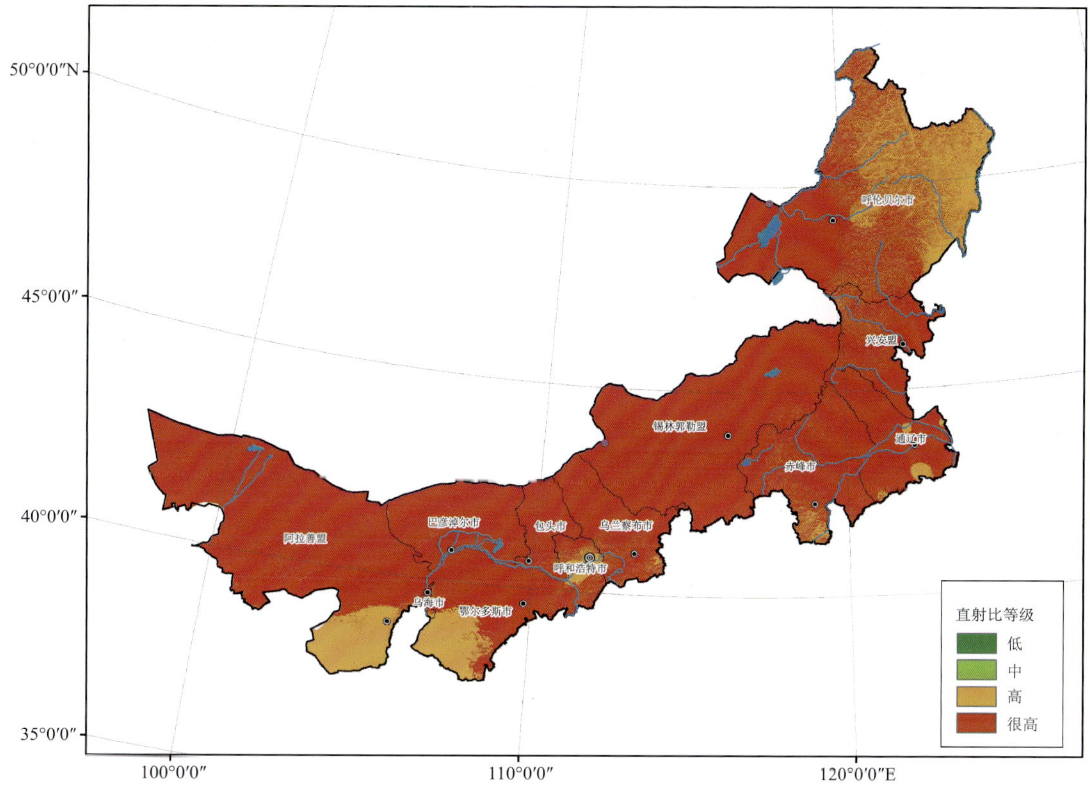


图 4.6 内蒙古自治区直射比等级分布

### 4.2.6 太阳能资源储量估算

根据全区太阳能资源储量估算结果，内蒙古自治区太阳能资源总储量约为 1.88×$10^7$ 亿 kW·h（占全国总储量的 13.3%），相当于 2310 亿 t 标准煤，太阳能资源年可利用量为 1.68×$10^7$ 亿 kW·h，相当于 2060 亿 t 标准煤，大约是 2008 年全国一年能源消耗总量的 72 倍。如果按照陆地面积的 1%、转换效率平均按 20%（张正敏 等，2004）计算太阳能资源可获得量，则全区一年太阳能资源可获得量约为 37600 亿 kW·h。太阳能资源最丰富区的面积为 25.5 万 $km^2$，资源储量约为 4.6×$10^6$ 亿 kW·h；太阳能资源很丰富区的面积为 77.3 万 $km^2$，资源储量约为 1.21×$10^7$ 亿 kW·h；太阳能资源丰富区的面积为 15.5 万 $km^2$，资源储量约为 2.1×$10^6$ 亿 kW·h。

全区各盟市太阳能资源储量详见表 4.5。从区域分布来看，东部地区（赤峰市、通辽市、兴安盟、呼伦贝尔市）太阳能资源总储量约相当于 881.1 亿 t 标准煤，可利用量约相当于 842.8 亿 t 标准煤；中部地区（锡林郭勒盟、乌兰察布市、呼和浩特市）太阳能资源总储量约相当于 538.2 亿 t 标准煤，可利用量约相当于 537.5 亿 t 标准煤；西部地区（包头市、鄂尔多斯市、巴彦淖尔市、乌海市、阿拉善盟）太阳能资源总储量约相当于 880.8 亿 t 标准煤，可利用量约相当于 873.5 亿 t 标准煤。

表 4.5　内蒙古各盟市太阳能资源储量

| 盟市 | 平均总辐射量/($MJ \cdot m^{-2} \cdot a^{-1}$) | 总储量/(亿 kW·h) | 相当总储量/(亿 t 标准煤) | 可利用量/(亿 kW·h) | 相当可利用量/(亿 t 标准煤) |
|---|---|---|---|---|---|
| 呼伦贝尔市 | 5096.04 | $4.10\times10^6$ | 504.2 | $3.96\times10^6$ | 486.7 |
| 兴安盟 | 5334.27 | $0.86\times10^6$ | 105.5 | $0.82\times10^6$ | 101.3 |
| 通辽市 | 5210.02 | $0.88\times10^6$ | 108.3 | $0.81\times10^6$ | 100.5 |
| 赤峰市 | 5405.24 | $1.33\times10^6$ | 163.1 | $1.25\times10^6$ | 154.3 |
| 锡林郭勒盟 | 5704.24 | $3.29\times10^6$ | 404.7 | $3.26\times10^6$ | 401.3 |
| 乌兰察布市 | 5952.80 | $0.90\times10^6$ | 110.4 | $0.85\times10^6$ | 105.2 |
| 呼和浩特市 | 5763.69 | $0.27\times10^6$ | 33.1 | $0.25\times10^6$ | 31.0 |
| 包头市 | 6096.61 | $0.47\times10^6$ | 57.4 | $0.45\times10^6$ | 55.3 |
| 鄂尔多斯市 | 5972.02 | $1.38\times10^6$ | 170.2 | $1.37\times10^6$ | 168.9 |
| 巴彦淖尔市 | 6490.55 | $1.16\times10^6$ | 142.4 | $1.14\times10^6$ | 140.6 |
| 乌海市 | 6320.66 | $0.03\times10^6$ | 3.5 | $0.02\times10^6$ | 3.2 |
| 阿拉善盟 | 6411.45 | $4.12\times10^6$ | 507.3 | $4.11\times10^6$ | 505.5 |

# 第 5 章
# 风能太阳能气象预报预测

# 5.1 短期预报

风能太阳能短期预报是指中尺度数值模式输出的风电场或光伏电站次日零时起到未来72 h的近地面分层温、湿、风场以及到达地表短波辐射、地面气压、降水量等风功率、光伏发电功率预报所需气象要素预报。由于近地层风场及到达地表短波辐射具有显著的波动性和不确定性特征，中尺度数值模式的预报性能往往不足以满足风能太阳能短期预报产品的准确率需求，为此中尺度数值模式与统计订正方法相结合的风能太阳能短期预报成为减轻风电并网压力，提升风电场运行效率的有效手段之一，长期以来一直是国内外专家学者致力研究的课题，统计订正方法也由早期的传统统计订正方法逐渐发展至人工智能领域。

内蒙古先后基于MM5、BJ_RUC、WRF、CMA_Meso等多种中尺度数值模式，实现了风电场包括风机轮毂高度的不同高度层(地面到350 m、13个高度层气象要素)短期预报产品以及光伏电站地面以及高空21个气象要素的短期预报产品输出，预报产品可覆盖西北、华北、东北地区，并开展了多种订正方法的适用性研究与集成应用。

## 5.1.1 风能短期预报

### 5.1.1.1 相似卡尔曼滤波订正

卡尔曼滤波器是Kalman在1960年提出的一种滤波算法，是采用状态方程和量测方程组成的线性随机系统的状态空间模型来描述滤波器，并利用状态方程的递推性，按线性无偏最小均方差估计准则，采用递推算法对滤波器的状态变量作最佳估计，从而求得滤掉噪声的有用信号的最佳估计。

将卡尔曼滤波系统应用于天气预报领域，其基本公式为：

$$\boldsymbol{\beta}_t = \boldsymbol{\phi}_{t-1}\boldsymbol{\beta}_{t-1} + \boldsymbol{w}_{t-1} \tag{5.1}$$

$$\boldsymbol{Y}_t = \boldsymbol{X}_t\boldsymbol{\beta}_t + \boldsymbol{v}_t \tag{5.2}$$

式中：$\boldsymbol{\beta}_t = [\beta_1, \beta_2, \cdots, \beta_m]_t^{\mathrm{T}}$，为回归系数，即卡尔曼滤波系统中的状态向量，$\boldsymbol{\phi}$为状态转移矩阵，$\boldsymbol{w}$为输入噪声，$\boldsymbol{v}$为状态量测噪声；式(5.2)中，$\boldsymbol{Y}_t = [y_1, y_2, \cdots, y_n]_t^{\mathrm{T}}$，为测量向量，即预报量，$\boldsymbol{X}_t$为预报因子矩阵，见式(5.3)。

$$\boldsymbol{X}_t = \begin{bmatrix} x_{11} & x_{12} & \cdots & x_{1m} \\ x_{21} & x_{22} & \cdots & x_{2m} \\ \vdots & \vdots & & \vdots \\ x_{n1} & x_{n2} & \cdots & x_{nm} \end{bmatrix}_t \tag{5.3}$$

式(5.1)称为状态方程，式(5.2)称为量测方程。考虑到由季节和气候等原因所引起的$\beta$变化是渐进的，且有随机性，将状态变化过程假定为随机游动，即假定$\boldsymbol{\phi}$为单位矩阵，则状态方程简化为：

$$\boldsymbol{\beta}_t = \boldsymbol{\beta}_{t-1} + \boldsymbol{v}_{t-1} \tag{5.4}$$

输入噪声 $\boldsymbol{w}$ 和状态量测噪声 $\boldsymbol{v}$ 都是随机向量，假定为互不相关、均值为零且方差分别为 $\boldsymbol{W}$、$\boldsymbol{V}$ 的独立白噪声，应用最小二乘法，得到卡尔曼滤波的递推方程组如下：

$$\boldsymbol{Y}'_t = \boldsymbol{X}_t \boldsymbol{\beta}'_{t-1} \tag{5.5}$$

$$\boldsymbol{R}_t = \boldsymbol{C}_{t-1} + \boldsymbol{W} \tag{5.6}$$

$$\boldsymbol{\sigma}_t = \boldsymbol{X}_t \boldsymbol{R}_t \boldsymbol{X}_t^{\mathrm{T}} + \boldsymbol{V} \tag{5.7}$$

$$\boldsymbol{A}_t = \boldsymbol{R}_t \boldsymbol{X}_t^{\mathrm{T}} \boldsymbol{\sigma}_t^{-1} \tag{5.8}$$

$$\boldsymbol{\beta}'_t = \boldsymbol{\beta}'_{t-1} + \boldsymbol{A}_t (\boldsymbol{Y}'_t - \boldsymbol{Y}'_t) \tag{5.9}$$

$$\boldsymbol{C}_t = \boldsymbol{R}_t - \boldsymbol{A}_t \boldsymbol{\sigma}_t \boldsymbol{A}_t^{\mathrm{T}} \tag{5.10}$$

方程组中，$\boldsymbol{Y}'_t$ 为 $t$ 时刻的预报值，$Y_t$ 为 $t$ 时刻的观测值，$\boldsymbol{X}_t$ 为预报因子，$\boldsymbol{X}_t^{\mathrm{T}}$ 为预报因子 $\boldsymbol{X}_t$ 的转置矩阵，$\boldsymbol{\beta}'_{t-1}$ 为回归系数的估计值，$\boldsymbol{R}_t$ 为 $\boldsymbol{\beta}'_{t-1}$ 外推值的误差方差阵，$\boldsymbol{C}_{t-1}$ 为 $\boldsymbol{\beta}'_{t-1}$ 滤波值的误差方差阵，$\boldsymbol{W}$、$\boldsymbol{V}$ 分别为输入噪声和状态量测噪声的方差阵，$\boldsymbol{\sigma}_t$ 是预报误差方差阵，$\boldsymbol{\sigma}_t^{-1}$ 为 $\boldsymbol{\sigma}_t$ 的逆矩阵，$\boldsymbol{A}_t$ 为增益矩阵。

卡尔曼滤波方法的优点在于能够快速适应天气过程、季节的变化及模式的升级，较好地订正模式的偏差，尤其适合边界层风场精细预报高时空分辨率的要求。以内蒙古华电玫瑰营风电场（HDMGY）测风塔 55 m 高度逐时风速为实况，选取 MM5 数值预报模式输出的风机轮毂高度（50 m）风速和地面气压为订正因子，按月进行测风塔位置风速预报的卡尔曼滤波订正（图 5.1、图 5.2）。数据长度为 2011 年 11 月—2012 年 10 月、2014 年 1—12 月。采用相关系数[式（5.11）]增长百分比[式（5.12）]和平均绝对误差[式（5.13）]下降百分比[式（5.14）]来衡量风速订正效果，2012 年相关系数（$R$）提高 35.7%，平均绝对误差（$e_a$）降低 28.4%，2014 年相关系数平均提高 10.8%，平均绝对误差降低 13.2%。2014 年模型的改进效果没有 2012 年的改进效果明显，可能与 2014 年的实况资料缺失较多有关。

$$R = \frac{\sum_{i=1}^{N}(x_{\mathrm{f}} - \overline{x}_{\mathrm{f}})(x_{\mathrm{o}} - \overline{x}_{\mathrm{o}})}{\sqrt{\sum_{i=1}^{N}(x_{\mathrm{f}} - \overline{x}_{\mathrm{f}})^2}\sqrt{\sum_{i=1}^{N}(x_{\mathrm{o}} - \overline{x}_{\mathrm{o}})^2}} \tag{5.11}$$

$$I_R = \frac{R_{\mathrm{correction}} - R_{\mathrm{model}}}{R_{\mathrm{model}}} \times 100\% \tag{5.12}$$

$$e_{\mathrm{a}} = \frac{1}{N}\sum_{i=1}^{N} |(x_{\mathrm{f}} - x_{\mathrm{o}})|_i \tag{5.13}$$

$$D_e = -\frac{(e_{\mathrm{a}})_{\mathrm{correction}} - (e_{\mathrm{a}})_{\mathrm{model}}}{(e_{\mathrm{a}})_{\mathrm{model}}} \times 100\% \tag{5.14}$$

式中，$x_{\mathrm{f}}$、$x_{\mathrm{o}}$ 分别为预报风速和观测风速，$\overline{x}_{\mathrm{f}}$、$\overline{x}_{\mathrm{o}}$ 分别为预报风速和观测风速的平均值，$N$ 表示统计时段内样本总量，$i$ 表示统计时段内样本序号，$I_R$ 为相关系数的增长百分比，$R_{\mathrm{model}}$、$R_{\mathrm{correction}}$ 分别为订正前后预报与实况的相关系数，$(e_{\mathrm{a}})_{\mathrm{model}}$、$(e_{\mathrm{a}})_{\mathrm{correction}}$ 分别为订正前后预报与实况的平均绝对误差，$D_e$ 是平均绝对误差的下降百分比。

相似误差订正方法的主要思想是将根据时间顺序排列的预报变换到相似空间上，以求寻找到与当前预报最相似（用具体的距离来定义）的历史预报，同时由于可以得到历史预报的真实模拟误差，从而估计出当前预报的模拟误差。在相似空间中根据与当前预报的相似

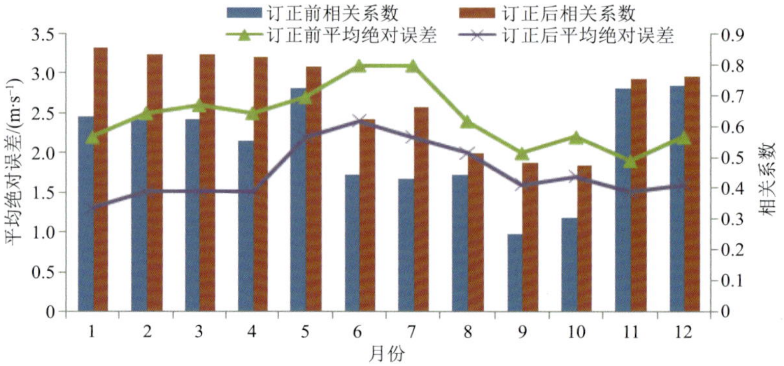


图 5.1　2011 年 11 月—2012 年 10 月 HDMGY 测风塔位置风速预报卡尔曼滤波订正前后对比

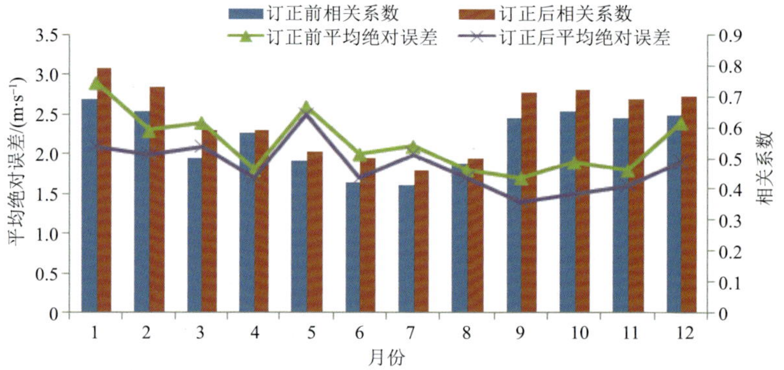


图 5.2　2014 年 1—12 月 HDMGY 测风塔位置风速预报卡尔曼滤波订正前后对比

度对历史预报进行分级，从距离当前预报最远到最近分别是最差的相似预报和最好的相似预报，针对当前预报的订正对与之最接近的相似预报提供更大的权重。如果找到和定义恰当的相似预报选择标准，可以在预报误差剧烈变化的情况下，同样起到订正作用。因此，相似误差订正方法的关键点就是定义合适的距离来度量历史预报和当前预报的相似程度，以期刻画出天气过程的相似度。相似误差订正方法的优点在于通过寻找与当前预报相似的历史预报来进行误差订正，将根据时间顺序排列的预报变换到相似空间上，克服了一般基于时间顺序的误差订正方法的不足，可以处理由于天气系统的剧烈转变引起的预报误差的快速变化。

特定时间和特定地点的预报与同一个地点以前所有时间的历史预报之间的距离定义为：

$$\| F_t \cdot A_{t'} \| = \sum_{i=1}^{N_v} \frac{\omega_i}{\sigma_f} \sqrt{\sum_{j=-\tilde{t}}^{\tilde{t}} (F_{i,t+j} - A_{i,t'+j})^2} \tag{5.15}$$

式中，$F_t$ 是给定时间 $t$ 需要订正的当前预报，$A_{t'}$ 是 $F_t$ 起报之前的在 $t'$ 时刻的历史预报，$N_v$ 和 $\omega_i$ 分别是相关物理变量的矢量和它们的权重，$\sigma_f$ 是针对某个变量过去预报的时间序列的标准差，$\tilde{t}$ 是计算距离的时间窗（有效影响的范围）长度的一半，$F_{i,t+j}$ 和 $A_{i,t'+j}$ 是对某个给定变量在时间窗内的当前预报和历史预报的具体值。

订正后的预报定义为相似历史预报的观测值的加权平均：

$$N_t = \sum_{i=1}^{N_a} \gamma_i O_{i,t_i} \tag{5.16}$$

式中，$N_t$ 是在时间 $t$ 对预报的订正值，$N_a$ 是相似历史预报的数目，$\{O_{i,t_i}\}_{i=1,2,\cdots,N_a}$ 是最好的 $N_a$ 个相似预报的观测值，$t_i$ 是相似预报起报的时间。每个相似预报的权重 $\gamma_i$ 为：

$$\gamma_i = \frac{\dfrac{1}{\|F_t \cdot A_{i,t_i}\|}}{\sum\limits_{j=1}^{N_a} \dfrac{1}{\|F_t \cdot A_{j,t_j}\|}} \tag{5.17}$$

相似预报和当前预报之间的距离越短，即越相似，其观测值所占的权重就越大，所有权重的总和为1。

选取华电玫瑰营风电场(HDMGY)测风塔50 m风速、地面气压为订正因子，通过敏感性试验确定模型参数：时间窗 $2\tilde{t}$ 为2 h，风速权重为1，气压权重为0.1，相似预报的样本量 $N_a$ 为25。将前2个月的预报数据作为历史预报样本，进行2014年3—11月相似误差订正，结果如图5.3所示，$R$ 提高了2.3%，平均绝对误差(MAE)降低了3.9%。

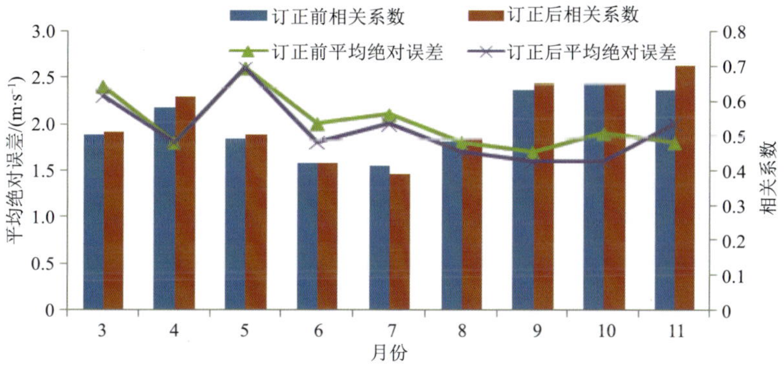


图5.3　2014年3—11月HDMGY测风塔位置风速预报相似误差订正前后对比

将相似误差订正模型与卡尔曼滤波订正模型相结合，即先将根据时间顺序排列的预报变换到相似空间上，寻找到与当前预报最相似的历史预报，将历史预报作为订正因子，再利用状态方程的递推性，按线性无偏最小均方差估计准则，采用递推算法对滤波器的状态变量作最佳估计。因此，相似卡尔曼滤波方法既能处理由于天气系统的剧烈转变引起的预报误差的快速变化，又能够快速适应天气过程、季节的变化及模式的升级。

以HDMGY为研究区，选取50 m风速、地面气压为订正因子，时间窗 $2\tilde{t}$ 为2 h，风速权重为1，气压权重为0.1，相似预报的样本量 $N_a$ 为25。将前2个月的预报数据作为历史预报样本，进行2014年3—11月相似卡尔曼滤波订正，$R$ 提高了43.9%，MAE降低了28.3%，见图5.4。

#### 5.1.1.2　多模型集成订正

目前衡量模型订正效果的方法普遍采用研究周期内订正风速、模式预报风速与实况风速之间相关系数、误差等的对比，这种评估方式往往忽略了多数统计订正方法对低、高风速

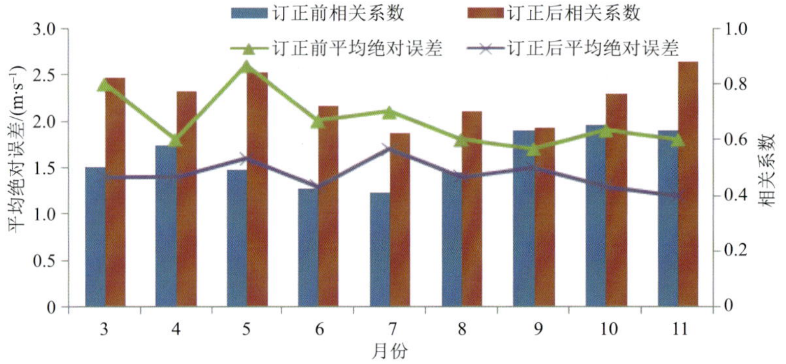


图 5.4 2014 年 3—11 月 HDMGY 测风塔位置风速预报相似卡尔曼滤波订正前后对比

段订正能力有限的问题。近地层风场易受复杂下垫面和复杂湍流过程影响，具有显著的波动性和不确定性特征，当风电机组在低风速段（$2\sim4\ \mathrm{m\cdot s^{-1}}$）或高风速段（$\geqslant25\ \mathrm{m\cdot s^{-1}}$）运行时，受阵风的影响，风电机组可能会频繁启停，增加风电机组损耗的同时，也加大了风电场的运行成本。大规模风电机组启停，可能会由于超出电网调节能力而影响电网的有功功率供需平衡和频率稳定。因此，对于风电机组切入、切出风速段的改善能力是衡量订正模型优劣的重要指标。

以内蒙古中部中节能聚隆风电场为实验风电场，该风电场位于内蒙古兴和县境内，兴和县平均海拔 1500 m 左右，以西北气流为主导，常年风速较大，平均风速 $>17.0\ \mathrm{m\cdot s^{-1}}$ 的大风日数较多，年平均大风日数 45 d，2020 年该风电场测风塔 70 m 高度平均风速为 $9.0\ \mathrm{m\cdot s^{-1}}$，风资源丰富。分别针对随机森林、相似误差订正及概率密度匹配方法，开展不同订正方法对风电场风速预报的适用性研究。在进行全风速段误差分析的同时，划分风电零发、风电低发、风电高发、风电满发及风电切出等风速等级，进行风速分级误差及准确率评判，为优选合理的风速订正方法提供一定的参考。此外，参照不同风速等级下各成员预报准确率和平均绝对误差进行风速预报权重判别，尝试开展多种模型的集成应用，以期实现风速预报的最优订正（徐丽娜 等，2022b）。

随机森林算法中定义风速预测训练集合 $X_i \rightarrow Y_i$。其中，$X_i$ 为模型构建期第 $i$ 时刻的影响因子 $\{I_{i1}, I_{i2}, \cdots, I_{m}\}$ 构建的特征向量 $\boldsymbol{I}$，$Y_i$ 为模型构建期第 $i$ 时刻的实测风速。通过训练样本中的特征向量 $\boldsymbol{X}$ 和其对应的实测值 $\boldsymbol{Y}$ 中某个特征的搜索，完成分类模型构建，即建立单棵回归决策树。在单棵决策树构建的基础上，构建整个随机森林，生成的随机森林是多元非线性回归分析模型，随机森林预测值是所有决策树预测值的平均值。

决策树的建立将向量空间分裂为两部分 $\boldsymbol{R}_1$、$\boldsymbol{R}_2$：

$$
\begin{aligned}
\boldsymbol{R}_1(j,s) &= \{\boldsymbol{I} \mid I_j \leqslant s\} \\
\boldsymbol{R}_2(j,s) &= \{\boldsymbol{I} \mid I_j > s\}
\end{aligned}
\tag{5.18}
$$

式中，$j$ 为分裂变量，$s$ 代表进行分裂时的值。进行向量空间分裂变量和分裂值搜索的目标函数为：

$$
z: \min_{j,z}\left[\min_{c_1} \sum_{x_i \in R_1(j,z)} (y_i - c_1)^2 + \min_{c_2} \sum_{x_i \in R_2(j,z)} (y_i - c_2)^2\right] \tag{5.19}
$$

式中，$z$ 为实测风速的最小方差，$y_i$ 为第 $i$ 个样本的实测风速，$x_i$ 为第 $i$ 个样本的影响因子向量的对应值，$c_1$ 为第一部分实测风速均值，$c_2$ 为第二部分实测风速均值。

概率密度匹配方法的主要思想是通过调整预报值，使其和地面观测的概率密度分布一致来达到订正预报系统误差的目的。对于测风塔观测风速与天气研究和预报模式（WRF）预报风速而言，当样本量足够大时，可以分别得到两者稳定的累积概率密度分布。累积概率密度为 $P$ 时，对应的测风塔观测风速与 WRF 预报风速分别记为 OBS($P$)与 WRF($P$)，此时两者具有稳定的差值：

$$\Delta r(P) = \mathrm{WRF}(P) - \mathrm{OBS}(P) \tag{5.20}$$

通过计算各时次测风塔观测风速的累积概率密度以及该概率密度所对应的 WRF 预报风速和测风塔观测风速，便可求得该时次的 $\Delta r$，以此对各时次 WRF 预报风速进行订正，得到订正值$\mathrm{WRF_c}$：

$$\mathrm{WRF_c} = \mathrm{WRF} - \Delta r \tag{5.21}$$

分别从 WRF 输出要素中筛选出 70 m 风速、70 m 气温、70 m 相对湿度、地面气压构建特征向量，建立随机森林订正模型；选取 WRF 输出 70 m 风速和地面气压为订正因子，建立相似误差订正模型；选取 WRF 输出 70 m 风速建立概率密度匹配模型。

采取分季节检验方式，进行全风速误差检验。研究期内，即 2020 年 1 月 1 日—12 月 31 日，样本总数为 8254，有效样本率为 94.2%。模型验证期各季的样本量为春季 624、夏季 720、秋季 720、冬季 744，各季有效样本率为春季 84%、夏季 97%、秋季 97%、冬季 100%。

从模型验证期的检验结果来看，3 种方法在各季对 WRF 风速预报具有不同程度的订正效果。以秋季的订正结果（图 5.5）为例，可见随机森林（RF）方法可以有效改善 WRF 误差较大的问题，但同时也会带来将误差过分放大的情况，这可能是随机森林进行回归时不能够做出超越训练集数据范围的预测，导致在某些特定噪声的数据进行建模时出现过度拟合造成的。而相似误差订正（ACE）和概率密度匹配（PDF）方法虽然对较大误差的改善能力不及 RF 方法，但是较好地控制了误差过分放大问题，尤其是 PDF 方法，模型的负回报概率明显小于其他两种方法。各季订正前后的相关系数（表 5.1）均通过了信度 0.01 的显著性检验，RF 方法订正后相关系数较 WRF 略有下降，这可能是由于随机森林在解决回归问题时，不能给出一个连续的输出，导致了相关系数的下降，而 ACE 方法和 PDF 方法订正后相关系数较 WRF 有所提升。ACE 方法订正后的平均绝对误差（表 5.1）小于 RF 和 PDF 方法，而春、秋两季 PDF 方法的订正效果好于 RF 方法，夏、冬两季 RF 方法的订正效果好于 PDF 方法。这可能与实验风电场模型构建期实测风速的概率密度分布特征有关。春、秋两季，实验风电场实测风速分布范围更广，模型模拟出的累计概率密度分布与实际较为吻合，夏、冬两季，实验风电场实测风速分布范围相对集中，模型模拟出的累计概率密度分布与实际存在一定偏差，从而导致春、秋两季的订正效果好于夏、冬两季。全年来看，RF 方法的平均绝对误差提升率为 6.7%～36.7%，ACE 方法的平均绝对误差提升率为 11.1%～34.7%，PDF 方法的平均绝对误差提升率为 3.7%～20.6%，在预报误差较小的夏季，3 种方法的平均绝对误差提升率均较低，在预报误差较大的冬季，3 种方法对平均绝对误差也均有较大程度的提升。

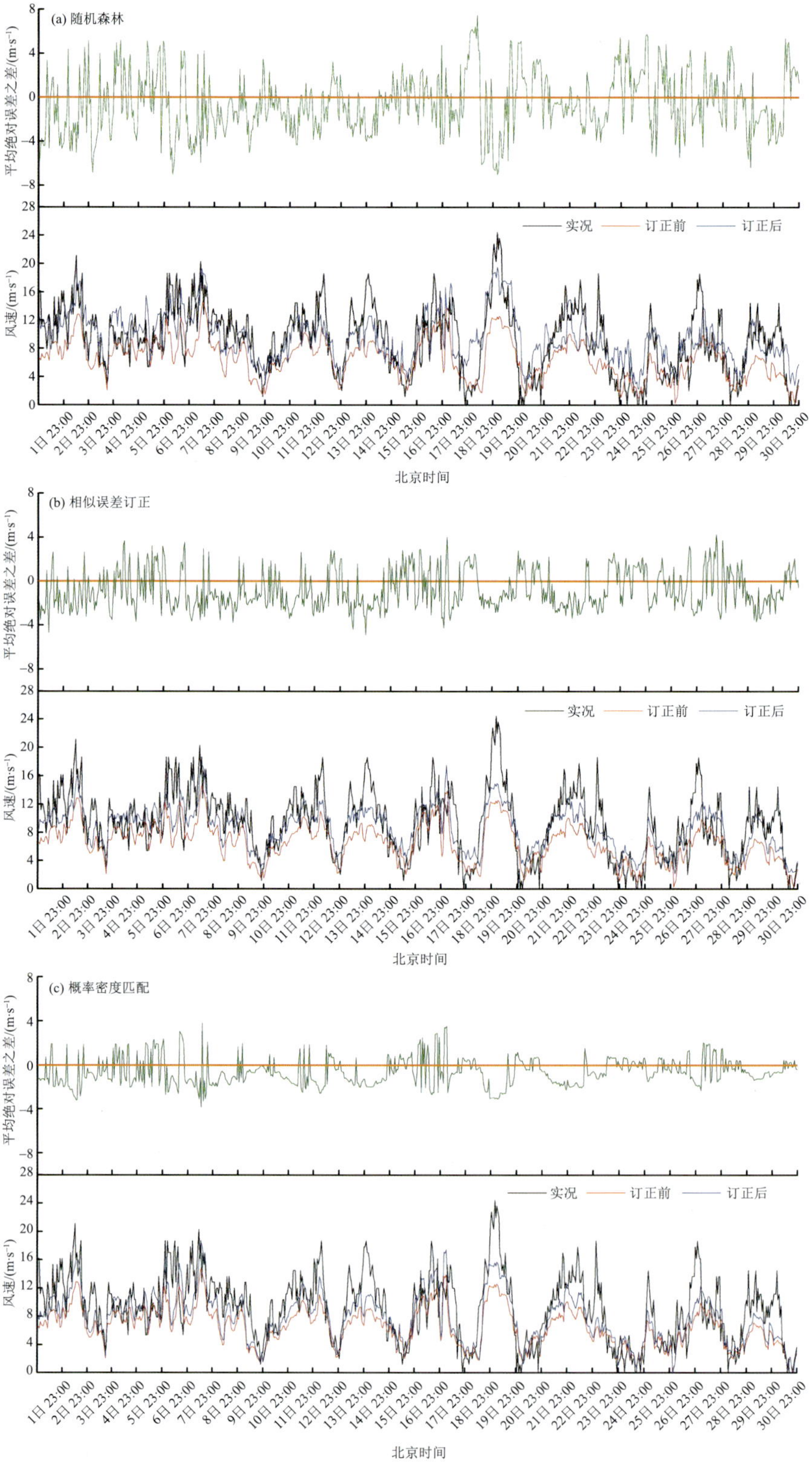


**图 5.5　秋季模型验证期风速预报的订正结果**

**注：平均绝对误差之差为订正后平均绝对误差减订正前平均绝对误差**

表 5.1　订正后的平均绝对误差及平均绝对误差提升率

| 季节 | 相关系数 | | | | 平均绝对误差/($m \cdot s^{-1}$) | | | | 平均绝对误差提升率/% | | |
|---|---|---|---|---|---|---|---|---|---|---|---|
| | 订正前 | 订正后 | | | 订正前 | 订正后 | | | | | |
| | | RF | ACE | PDF | | RF | ACE | PDF | RF | ACE | PDF |
| 春季 | 0.72 | 0.69 | 0.75 | 0.72 | 3.0 | 2.8 | 2.5 | 2.7 | 6.7 | 16.7 | 10.0 |
| 夏季 | 0.43 | 0.40 | 0.40 | 0.43 | 2.7 | 2.5 | 2.4 | 2.6 | 7.4 | 11.1 | 3.7 |
| 秋季 | 0.75 | 0.68 | 0.76 | 0.74 | 3.4 | 2.8 | 2.6 | 2.7 | 17.6 | 23.5 | 20.6 |
| 冬季 | 0.65 | 0.64 | 0.65 | 0.66 | 4.9 | 3.1 | 3.2 | 3.9 | 36.7 | 34.7 | 20.4 |

注：RF 为随机森林方法，ACE 为相似误差订正方法，PDF 为概率密度匹配方法。

由于各季模型验证期强风样本数量有限，因此进行分风速区间误差检验时采用全季检验方式，即将各季模型验证期的样本合并，按照实测风速区间进行分级误差检验。首先根据典型风电机组的功率曲线，按照风机出力情况将测风塔实测风速划分为[0,3)、[3,8)、[8,12)、[12,25)、[25,+∞)5 个等级，分别对应风电零发、风电低发、风电高发、风电满发及风电切出。为了更为详细地掌握不同方法的误差订正能力，同时考虑到≥25 $m \cdot s^{-1}$的样本数量太少，难以获得具有统计意义的分析结果，因此，进一步将上述风速等级细化调整为[0,3)、[3,5)、[5,8)、[8,12)、[12,16)、[16,20)、[20,+∞)7 个风速区间。全年模型验证期各风速区间的样本数量见表 5.2。

表 5.2　全年模型验证期各风速区间的样本数量

| 风速区间/($m \cdot s^{-1}$) | 样本数量 |
|---|---|
| [0,3) | 206 |
| [3,5) | 317 |
| [5,8) | 748 |
| [8,12) | 888 |
| [12,16) | 392 |
| [16,20) | 187 |
| [20,+∞) | 70 |

图 5.6 为不同方法对不同区间风速的订正效果对比。可见，实测风速在 5 $m \cdot s^{-1}$以下时，WRF 的预报误差较小（小于 2 $m \cdot s^{-1}$），3 种订正方法均具有负回报；当风速≥5 $m \cdot s^{-1}$时，随着风速的增加，WRF 预报误差随之增大，此时，3 种订正方法开始产生正回报，且随风速的增加，RF 方法的平均绝对误差提升率较为稳定，ACE 方法的平均绝对误差提升率略有下降，这可能是高风速区间的历史样本数量有限造成的。针对 ACE 方法而言，只有历史上相似状态提供的信息才能有效订正当前的预报误差，不相似的状态可能会提供错误的订正信息（任宏利 等，2005），而 RF 方法在训练过程中则具有较强的抗干扰能力，对于不平衡的数据集来说，可以平衡数据集的误差，从而可以较好地维持其准确度。PDF 方法的平均绝对误差提升率则有所上升，这与高风速时模式预报表现为稳定的负偏差有关。针对不同风速区间，3 种订正方法的订正能力不尽相同，当风速＜5 $m \cdot s^{-1}$时，PDF 方法明显优于 RF 和

ACE 方法，当 5 $\mathrm{m \cdot s^{-1}}$≤风速<16 $\mathrm{m \cdot s^{-1}}$时，RF 和 ACE 方法优于 PDF 方法，当风速≥16 $\mathrm{m \cdot s^{-1}}$时，ACE 方法的订正能力开始下降，PDF 方法的订正能力有所提升。从实测风速与 WRF 预报风速的概率密度分布(图 5.7)上可以看到，实测风速与 WRF 预报风速均具有明显的非正态分布特征，WRF 可预报风速在 0～20 $\mathrm{m \cdot s^{-1}}$，对低风速区间风速预报概率偏低，高风速区间风速预报能力明显不足。由于 PDF 方法适用于误差大小对数据本身的数值范围具有较强依赖性的产品订正，而如图 5.7 所示，研究期内 WRF 预报普遍存在小风天气预报偏大，大风天气预报偏小的特点，当风速<5 $\mathrm{m \cdot s^{-1}}$与风速≥16 $\mathrm{m \cdot s^{-1}}$时，研究期内 WRF 的系统性偏差特征总体较为一致，即当风速<5 $\mathrm{m \cdot s^{-1}}$时，尤其是[0,3)风速等级下，WRF 存在明显的正系统性偏差特征，平均为 1.5 $\mathrm{m \cdot s^{-1}}$；当风速≥16 $\mathrm{m \cdot s^{-1}}$时，WRF 存在明显的负系统性偏差特征，平均为－8.7 $\mathrm{m \cdot s^{-1}}$。因此 PDF 方法在[0,5)、[16,+∞)风速等级下相对于 RF 和 ACE 方法表现出较强的订正能力，而当 5 $\mathrm{m \cdot s^{-1}}$≤风速<16 $\mathrm{m \cdot s^{-1}}$时，WRF 的正负偏差不确定，导致 PDF 方法的订正能力有限。

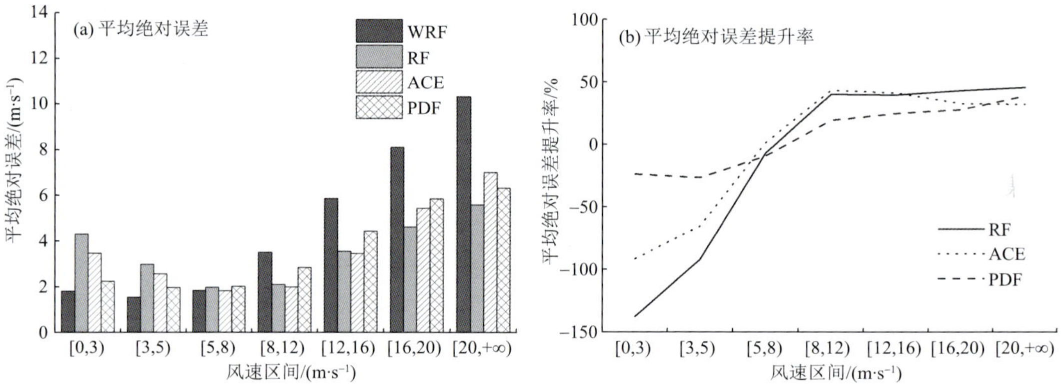


图 5.6 不同风速区间的订正结果对比

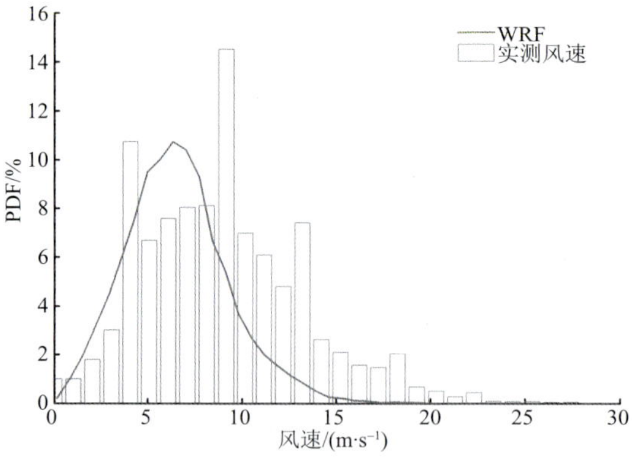


图 5.7 实测风速与 WRF 预报风速的概率密度分布

参照气象行业标准《风电场风速预报准确率评判方法》(QX/T 243—2014)中风速预报准确率定义[式(5.22)]，分风速区间准确率检验同样采取全季检验方式。从不同风速区间预报准确率(图 5.8)来看，当风速<5 $\mathrm{m \cdot s^{-1}}$时，3 种订正方法的准确率均不及原始 WRF 预

报，当风速≥5 m·s⁻¹时，3 种订正方法的准确率均较原始 WRF 预报有不同程度的提升，尤其当风速≥8 m·s⁻¹，订正后风速预报的准确率得到明显改善，当风速≥20 m·s⁻¹时，PDF 方法的准确率最佳。

$$f_a = \frac{N_A}{N_A + N_B + N_C} \tag{5.22}$$

式中，$N_A$、$N_B$、$N_C$ 分别为评价时段内某一风速段的正确预报次数、空报次数和漏报次数。

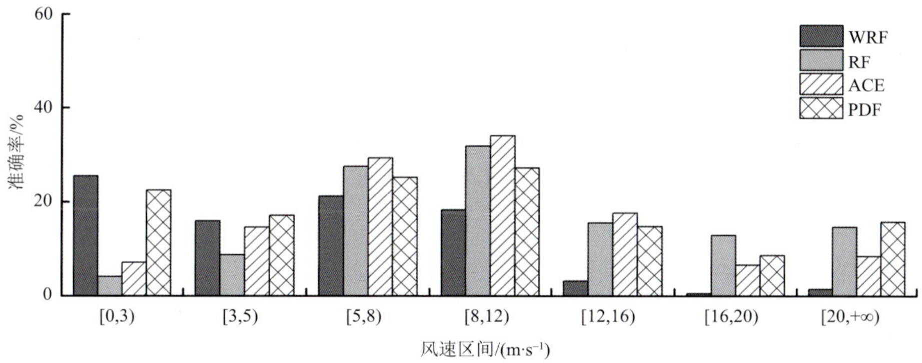


**图 5.8 不同风速区间预报准确率对比**

集合预报和集成预报是天气预报技术的发展方向，集成预报可以通过一种数学模型将多种相互独立的单模型预报结果或参数进行整合分析，最终得到最理想的预报结果。常用的集成预报方法有权重集成、回归集成、概率集成及判别集成等。

参照各季的平均误差提升率对 3 种方法进行分季节加权集成，集成预报（Integrating Forecast，IF）的相关系数及平均绝对误差均略高于或持平于最优成员（表 5.3）。可见，分季节对 3 种订正方法进行加权集成可以发挥集成成员各自的优势，从整体上改善预报性能，但是从集成前后的风速时序图（图 5.9）上可以看到，分季节集成后并不能有效改善 WRF 预报在[0,3)低风速较实况偏大的情况。

**表 5.3 分季节集成成员权重与集成后的相关系数、平均绝对误差**

| 季节 | 集成权重 | | | 相关系数 | | 平均绝对误差/(m·s⁻¹) | |
|---|---|---|---|---|---|---|---|
| | RF | ACE | PDF | 集成前最优 | 集成后 | 集成前最优 | 集成后 |
| 春季 | 0.3 | 0.4 | 0.3 | 0.75 | 0.76 | 2.5 | 2.4 |
| 夏季 | 0.3 | 0.4 | 0.3 | 0.43 | 0.46 | 2.4 | 2.3 |
| 秋季 | 0.33 | 0.34 | 0.33 | 0.75 | 0.76 | 2.6 | 2.5 |
| 冬季 | 0.4 | 0.4 | 0.2 | 0.66 | 0.66 | 3.1 | 3.1 |

考虑到 WRF 预报与 3 种订正模型在不同风速区间下各自的优势，利用全年验证期样本，在实测风速等级判别的前提下，将原始 WRF 预报、RF 订正预报、ACE 订正预报和 PDF 订正预报作为 4 个成员进行集成，不同风速区间下各成员权重及检验结果见表 5.4。

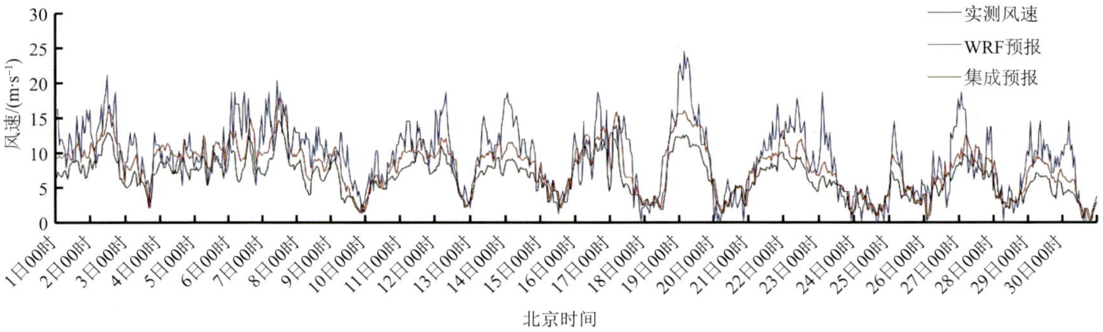


图 5.9 分季节集成前后风速时序变化

表 5.4 分风速区间集成成员权重

| 风速区间/(m·s⁻¹) | 集成权重 | | | |
|---|---|---|---|---|
| | WRF | RF | ACE | PDF |
| [0,5) | 1 | 0 | 0 | 0 |
| [5,16) | 0.1 | 0.3 | 0.4 | 0.2 |
| [16,+∞) | 0 | 0.4 | 0.3 | 0.3 |

集成后按季进行检验：各季相关系数依次为 0.80、0.60、0.81、0.74，平均绝对误差依次为 2.2 $m \cdot s^{-1}$、2.1 $m \cdot s^{-1}$、2.3 $m \cdot s^{-1}$、3.0 $m \cdot s^{-1}$，优于分季节的集成方法。图 5.10 为分风速区间集成后不同区间预报风速的平均绝对误差和准确率与 WRF 预报之间的对比，可见，考虑风速区间的集成方法对不同风速区间下的 WRF 预报均具有较好的改善作用。值得指出的是，在[0,5)风速区间下，集成后空报次数($N_B$)由 649 次降至 261 次，由于空报次数($N_B$)的减小，使得分风速区间集成后的预报准确率得以有效提升，从而优于分季节集成方式。

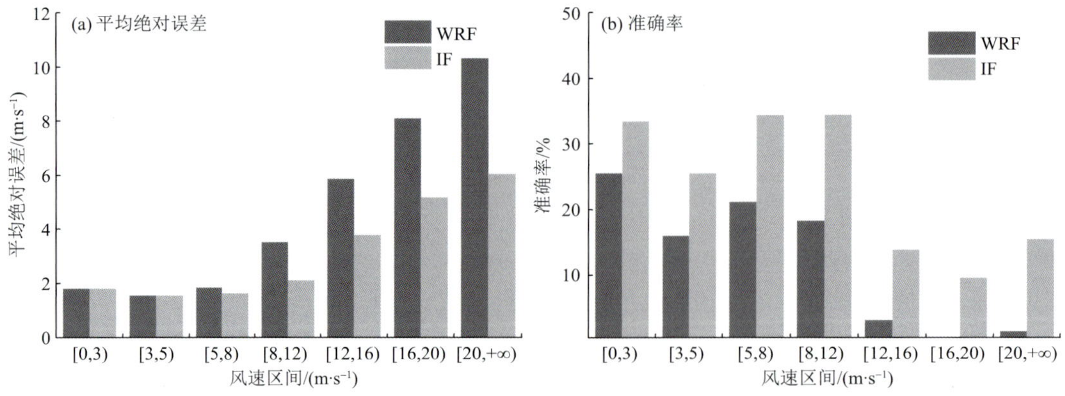


图 5.10 分风速区间集成后的平均绝对误差和准确率
(注：IF 为分风速等级集成预报)

### 5.1.2　太阳能短期预报

以内蒙古自治区中西部地区为研究区域，选取国电鸿嘎鲁和国华道勒光伏电站为实验电站，采用对比分析法，确定预报订正技术，建立预报订正模型。数据采用 2017 年光伏电站辐射监测、基于 WRF 的太阳能模式预报的逐 15 min 数据，辐射监测数据主要来源是光伏电站，由于光伏电站辐射监测设备型号、数据维护程度有较大差异，在使用以前对辐射监测数据进行了质量控制，质量控制方法主要是使用了监测数据内部一致性检验和记录不能超出气候学界限值的方法来剔除奇异值。具体方法如下。

(1)进行内部一致性检验同期数据需满足以下几点：

①总辐照量≥净全辐照量；

②总辐照量≥散射辐照量；

③总辐照量与(散射辐照量＋直接辐照量)差的绝对值≤总辐照量的 20%。

(2)记录不能超出气候学界限值：

①日出前和日落后不应有辐射值；

②连续超过 8 个时次(2 h)数据相同确定为异常值。

将数据按照季节(12 月—次年 2 月为冬季、3—5 月为春季、6—8 月为夏季、9—11 月为秋季)划分，每个季节的有效样本数在 8000 个左右。预报数据为基于 WRF 的太阳能模式预报数据，时间段选取与辐射监测数据相同时间。

#### 5.1.2.1　预报因子筛选

利用模式预报结果与光伏电厂辐射监测数据进行相关性分析，以确定订正预报模式因子。表 5.5 与表 5.6 分别对国电鸿嘎鲁和国华道勒两个光伏电站的 14 个预报因子与光伏电站辐射监测数据做了各个季节的相关性检验，从表 5.5 中可以看出，所有预报因子都通过了 99%的置信水平，其中相关性最好的分别是太阳短波辐射、太阳散射辐射和太阳直接辐射，在各个季节中都达到或者接近了 0.9 的相关性。从表 5.6 中可以看出，2 m 比湿、高云、2 m 露点温度、中云、低云在相关性检验中没有通过 99%的置信水平，其中相关性最好的仍然是太阳短波辐射、太阳散射辐射和太阳直接辐射这三个变量。从以上的结果中可以看出，模式预报因子与监测数据间的关系，为建立订正模型时预报因子的选择提供帮助。

表 5.5　国电鸿嘎鲁各季节预报变量与监测辐射量的相关系数及置信度为 99%检验结果

| | 春季 | | 夏季 | | 秋季 | | 冬季 | |
|---|---|---|---|---|---|---|---|---|
| | Pearson 相关性 | 置信度检验是否通过 | Pearson 相关性 | 置信度检验是否通过 | Pearson 相关性 | 置信度检验是否通过 | Pearson 相关性 | 置信度检验是否通过 |
| 2 m 比湿 | −0.103** | 是 | −0.139** | 是 | −0.043** | 是 | −0.116** | 是 |
| 2 m 气温 | 0.239** | 是 | 0.438** | 是 | 0.235** | 是 | 0.264** | 是 |
| 雨云冰雪混合比 | −0.082** | 是 | −0.089** | 是 | −0.074** | 是 | −0.079** | 是 |
| 太阳短波辐射 | 0.891** | 是 | 0.926** | 是 | 0.917** | 是 | 0.889** | 是 |
| 2 m 相对湿度 | −0.327** | 是 | −0.362** | 是 | −0.371** | 是 | −0.407** | 是 |

续表

| | 春季 | | 夏季 | | 秋季 | | 冬季 | |
|---|---|---|---|---|---|---|---|---|
| | Pearson相关性 | 置信度检验是否通过 | Pearson相关性 | 置信度检验是否通过 | Pearson相关性 | 置信度检验是否通过 | Pearson相关性 | 置信度检验是否通过 |
| 高云 | −0.089** | 是 | −0.130** | 是 | −0.098** | 是 | −0.062** | 是 |
| 中云 | −0.105** | 是 | −0.093** | 是 | −0.087** | 是 | −0.085** | 是 |
| 低云 | −0.107** | 是 | −0.105** | 是 | −0.079** | 是 | −0.085** | 是 |
| 地面气压 | 0.070** | 是 | 0.032** | 是 | −0.032** | 是 | 0.075** | 是 |
| 2 m露点温度 | −0.128** | 是 | −0.144** | 是 | −0.058** | 是 | −0.105** | 是 |
| 温度露点差 | 0.344** | 是 | 0.399** | 是 | 0.366** | 是 | 0.415** | 是 |
| 风速 | 0.182** | 是 | 0.231** | 是 | 0.220** | 是 | 0.259** | 是 |
| 太阳散射辐射 | 0.911** | 是 | 0.885** | 是 | 0.921** | 是 | 0.915** | 是 |
| 太阳直接辐射 | 0.912** | 是 | 0.911** | 是 | 0.927** | 是 | 0.905** | 是 |

注：** 表示通过了置信水平 99%的相关性检验。

**表 5.6 国华道勒各季节预报变量与监测辐射量的相关系数及置信度为 99%检验结果**

| | 春季 | | 夏季 | | 秋季 | | 冬季 | |
|---|---|---|---|---|---|---|---|---|
| | Pearson相关性 | 置信度检验是否通过 | Pearson相关性 | 置信度检验是否通过 | Pearson相关性 | 置信度检验是否通过 | Pearson相关性 | 置信度检验是否通过 |
| 2 m比湿 | −0.001 | 否 | −0.153** | 是 | 0.026* | 否 | −0.035** | 是 |
| 2 m气温 | 0.317** | 是 | 0.407** | 是 | 0.294** | 是 | 0.226** | 是 |
| 雨云冰雪混合比 | −0.043** | 是 | −0.117** | 是 | −0.067** | 是 | −0.036** | 是 |
| 太阳短波辐射 | 0.904** | 是 | 0.918** | 是 | 0.933** | 是 | 0.891** | 是 |
| 2 m相对湿度 | −0.288** | 是 | −0.367** | 是 | −0.317** | 是 | −0.295** | 是 |
| 高云 | −0.020 | 否 | −0.155** | 是 | −0.060** | 是 | −0.038** | 是 |
| 中云 | −0.051** | 是 | −0.029** | 是 | 0.006 | 否 | −0.034** | 是 |
| 低云 | −0.055** | 是 | −0.103** | 是 | −0.027* | 否 | −0.047** | 是 |
| 地面气压 | 0.033** | 是 | 0.028** | 是 | −0.063** | 是 | 0.046** | 是 |
| 2 m露点温度 | −0.013 | 否 | −0.161** | 是 | 0.043** | 是 | −0.026* | 否 |
| 温度露点差 | 0.346** | 是 | 0.417** | 是 | 0.353** | 是 | 0.302** | 是 |
| 风速 | 0.240** | 是 | 0.175** | 是 | 0.197** | 是 | 0.227** | 是 |
| 太阳散射辐射 | 0.922** | 是 | 0.888** | 是 | 0.929** | 是 | 0.929** | 是 |
| 太阳直接辐射 | 0.923** | 是 | 0.909** | 是 | 0.939** | 是 | 0.913** | 是 |

注：** 表示通过了置信水平 99%的相关性检验。

#### 5.1.2.2 多元回归订正模型的建立

多元回归模型见式(5.23)，考虑到回归模型建立时预报因子较多，而且是每 15 min 建立一个方程，建立的回归方程组也较多，理论上每个季节应该建立 96 个方程组来订正计算 24 h 的模式预报。建立模型的过程中使用了 14 个预报因子，采用逐步回归的方式，选取最优预报因子，建立不同时刻的方程组，考虑到每个光伏电站的预报效果不同，每个季节的预报误差也不同，最后决定四个季节分别建立不同的方程组，其中每个季节建立 96 个方程组，方程组中 $R^2$ 分别为 0.4～0.96 不等，大部分回归显著。建模使用的数据是每个季度前两个月的数据作为建模数据，最后一个月数据通过订正模型预报进行检验。以下为国电鸿嘎鲁和国华道勒两个光伏电站建立各个季节的多元回归模型方程组，由于太阳辐射量集中在日出后到日落前，其他时段为 0，所以方程组只列出了有太阳辐射的时间段，方程组前面的数字由 1，2，3，…，96 组成（00:00，00:15，00:30，…，23:45），代表了不同时刻建立的预报方程组。

$$Y = a + b1X_1 + b2X_2 + \cdots + bnX_n \qquad (5.23)$$

式中，$Y$ 为预报值，$a$ 为常数项，$\{b_1, b_2, \cdots, b_3, b_n\}$ 为回归系数，$\{x_1, x_2, \cdots, x_n\}$ 为所选预报因子，$n$ 为预报因子所构成的向量维物。

#### 5.1.2.3　相似误差订正模型建立

通过前面对 14 个预报因子的相关性分析结果，确定相关性较高的预报因子作为相似误差模型订正因子，最后选取太阳短波辐射、太阳直接辐射、太阳散射辐射为订正因子，通过敏感性试验确定模型参数为：时间窗 $2\tilde{t}$ 为 3 h，订正因子权重为 1、0.3、0.3，相似预报的样本量 $N_a$ 为 25。将每一季度前 2 个月的预报数据作为历史预报样本，进行最后一个月的相似误差订正。

#### 5.1.2.4　订正模型检验

订正检验使用每个季节最后一个月的数据对模式预报进行订正，其结果作为检验对象，表 5.7 和表 5.8 分别为国电鸿嘎鲁和国华道勒两个光伏电站的检验结果，使用相关系数、均方根误差和相对均方根误差作为检验指标。从表 5.7 可以看出，回归订正模型和相似误差订正模型相关性较好、均方根误差都有所减小，其中秋季误差减小较多，订正后效果较好，两种订正模型效果相近。从表 5.8 中的各个指标来看，相似误差订正模型依然效果较好，回归订正模型的效果较差，除秋季较好之外，其他季节订正效果都不理想，而且出现较大范围的偏差。

表 5.7　国电鸿嘎鲁各季节模式预报与订正模型结果对比检验

| 季节 | 预报 | 相关系数 | 均方根误差 | 相对均方根误差 |
|---|---|---|---|---|
| 春季 | 模式预报 | 0.937 | 317.72 | 0.647 |
| | 相似误差订正 | 0.937 | 227.39 | 0.463 |
| | 回归模型订正 | 0.929 | 233.64 | 0.475 |
| 夏季 | 模式预报 | 0.921 | 358.82 | 0.768 |
| | 相似误差订正 | 0.918 | 247.93 | 0.531 |
| | 回归模型订正 | 0.932 | 224.95 | 0.482 |
| 秋季 | 模式预报 | 0.926 | 440.56 | 1.181 |
| | 相似误差订正 | 0.95 | 177.71 | 0.477 |
| | 回归模型订正 | 0.948 | 181.19 | 0.486 |
| 冬季 | 模式预报 | 0.906 | 447.37 | 1.104 |
| | 相似误差订正 | 0.929 | 236.74 | 0.584 |
| | 回归模型订正 | 0.936 | 215.24 | 0.531 |

**表 5.8 国华道勒各季节模式预报与订正模型结果对比检验**

| 季节 | 预报 | 相关系数 | 均方根误差 | 相对均方根误差 |
|---|---|---|---|---|
| 春季 | 模式预报 | 0.93 | 185.28 | 0.742 |
| | 相似误差订正 | 0.932 | 110.07 | 0.44 |
| | 回归模型订正 | 0.541 | 489.36 | 1.96 |
| 夏季 | 模式预报 | 0.925 | 181.01 | 0.825 |
| | 相似误差订正 | 0.931 | 102.58 | 0.467 |
| | 回归模型订正 | 0.713 | 206.14 | 0.939 |
| 秋季 | 模式预报 | 0.941 | 72.86 | 0.627 |
| | 相似误差订正 | 0.974 | 39.14 | 0.337 |
| | 回归模型订正 | 0.961 | 48.21 | 0.415 |
| 冬季 | 模式预报 | 0.919 | 111.72 | 0.827 |
| | 相识误差订正 | 0.966 | 51.59 | 0.382 |
| | 回归模型订正 | 0.588 | 589.78 | 4.364 |

从国电鸿嘎鲁和国华道勒订正结果来看，两种订正模型在国电鸿嘎鲁（图 5.11—图 5.14）的订正预报效果较好，与实况监测数据的吻合度较高，但是春季和夏季回归订正模型出现个别极值点。而国华道勒（图 5.15—图 5.18）的相似误差订正效果较好，秋季回归订正模型效果相对较好，其中冬季和春季回归订正模型预报效果较差，极值点很多，而且数据偏差较大。

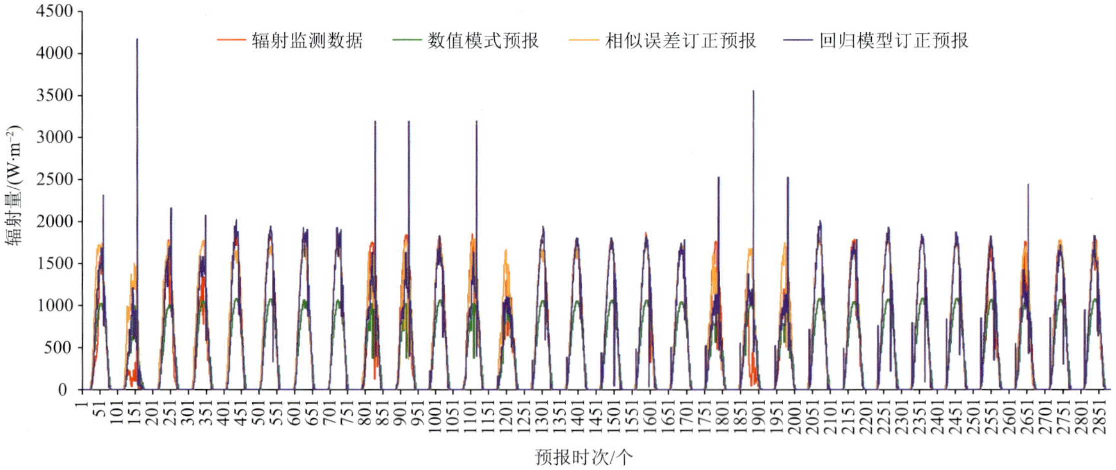


**图 5.11 国电鸿嘎鲁春季模式预报与模型订正结果对比**

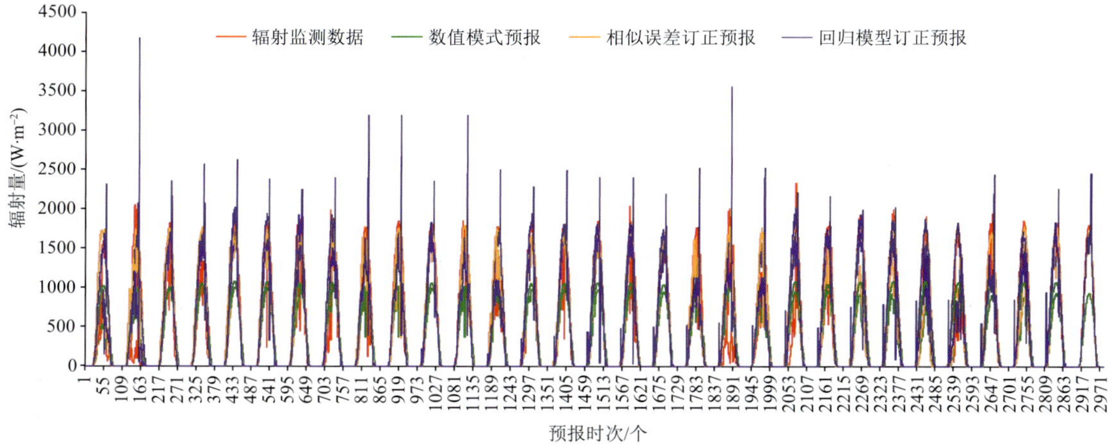


图 5.12　国电鸿嘎鲁夏季模式预报与模型订正结果对比

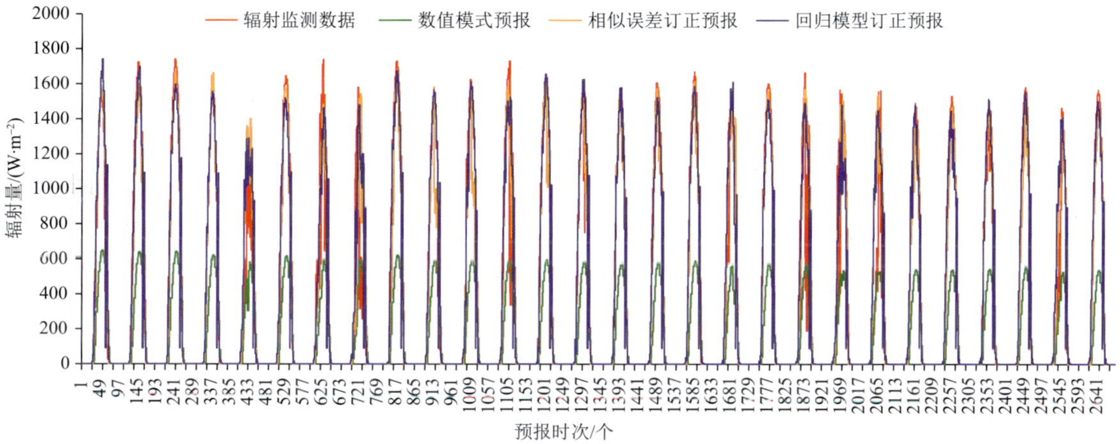


图 5.13　国电鸿嘎鲁秋季模式预报与模型订正结果对比

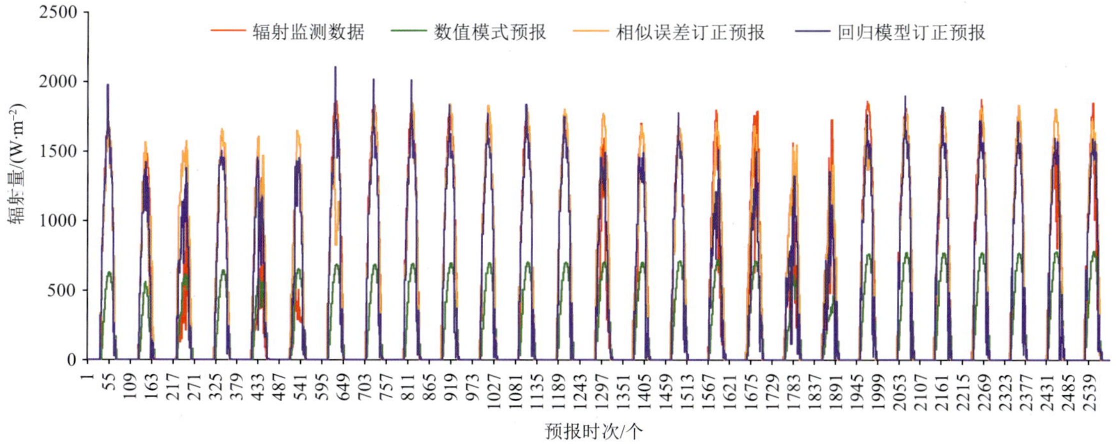


图 5.14　国电鸿嘎鲁冬季模式预报与模型订正结果对比

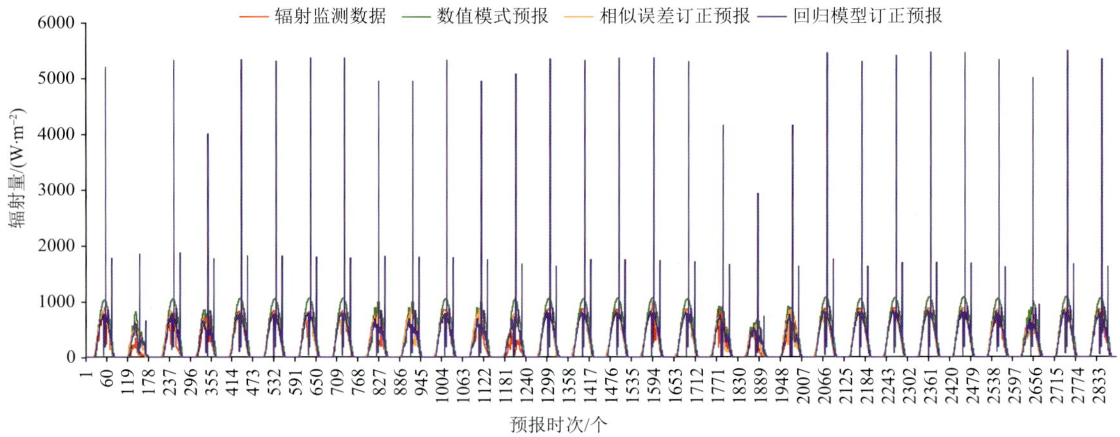


**图 5.15 国华道勒春季模式预报与模型订正结果对比**

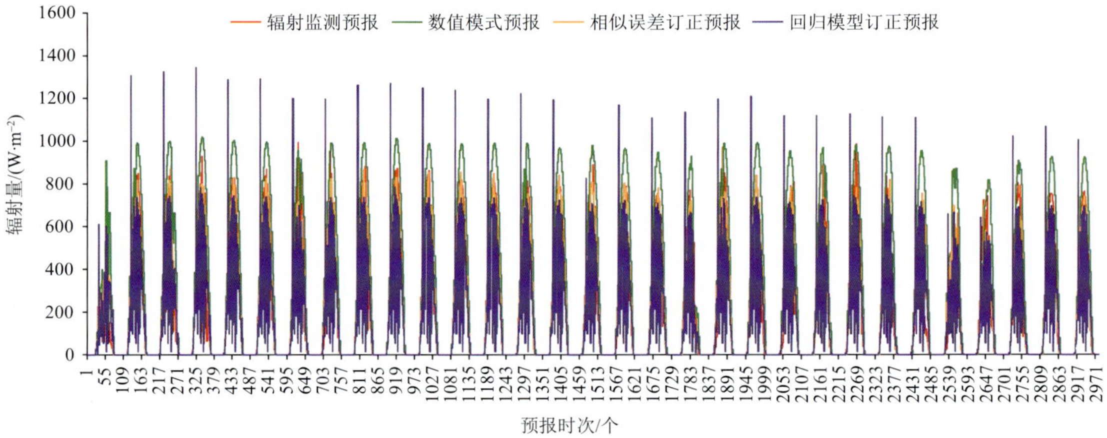


**图 5.16 国华道勒夏季模式预报与模型订正结果对比**

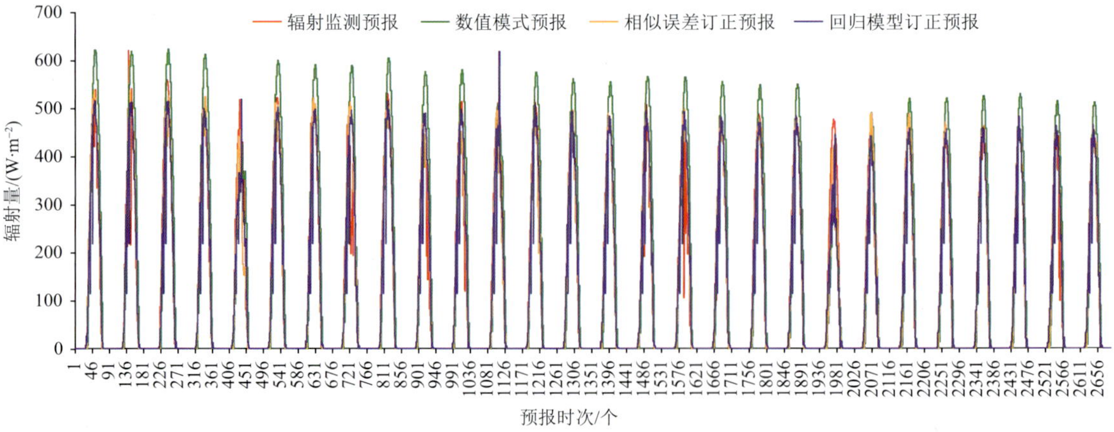


**图 5.17 国华道勒秋季模式预报与模型订正结果对比**

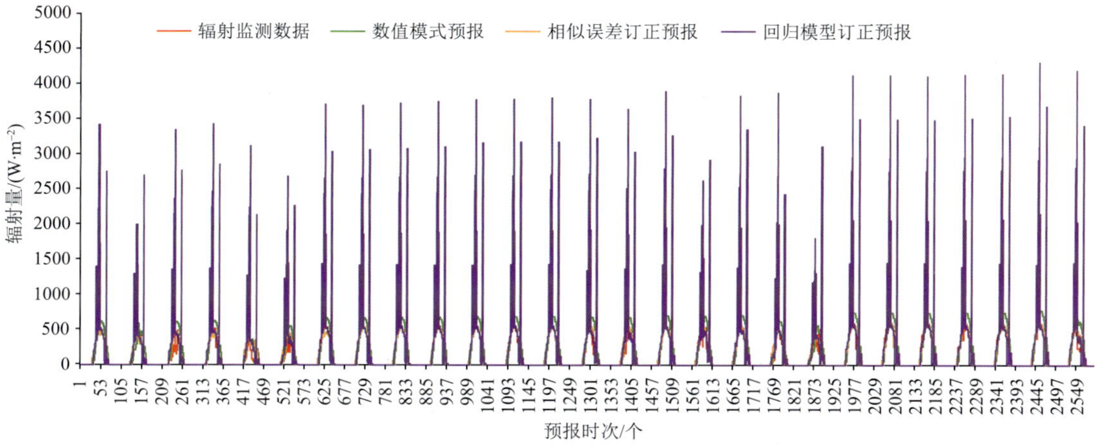


图 5.18 国华道勒冬季模式预报与模型订正结果对比

综上所述，相似误差订正法效果和稳定性要优于多元回归模型订正法，订正后的预报结果可以有效提高模式预报的准确性。

## 5.2 中期预测

由于风能、太阳能等新能源发电方式具有波动性和间歇性的特点，大规模新能源发电可能对电力系统造成严重的冲击，风能太阳能中期预测可以为合理配置电力系统旋转备用容量、降低新能源电站发电成本、缓解新能源发电消纳问题提供科学信息。风能太阳能中期预测是指风电场或光伏电站次日零时起到未来 240 h 的近地面分层温、湿、风场以及到达地表短波辐射、地面气压、降水量等风功率、光伏发电功率预报所需气象要素预报。

由于中尺度数值预报产品准确率随预报时效的延长下降明显，因此我们尝试基于智能网格预报，采取"分步施策"方式，开展风电机组轮毂高度风速中期预测产品研发，即首先采用机器学习方法，对智能网格 10 m 风速预报进行客观订正，以减小其系统误差；再对订正后的 10 m 风速预报进行时间降尺度，将时间分辨率由 3 h 降至 1 h；最后基于分类风切变模拟技术，将 10 m 风速预报推算至风机轮毂高度(图 5.19)，旨在发挥智能网格预报优势，发展更为有效的中期风速预测技术，同时也为探索风能气象服务可依赖的多源数值模式预报产品提供参考。

从中国区域到全球的无缝隙智能网格预报业务体系已初步建成，设计研发了不同预报时效及不同预报尺度的无缝隙、精细化网格预报技术框架，包括：对 0～4 h 预报时效，主要基于雷达拼图和 GRAPES-Meso 模式预报，发展临近分钟及滚动外推预报技术；对 4～24 h 预报时效，主要基于 GRAPES-Meso、GRAPES-3 km 等高分辨率中尺度模式系统，发展逐小时滚动订正的短时预报技术；对 1～10 d 预报时效，主要基于多中心全球确定性和集合中期数值模式系统，发展订正和集成的中短期预报技术等。

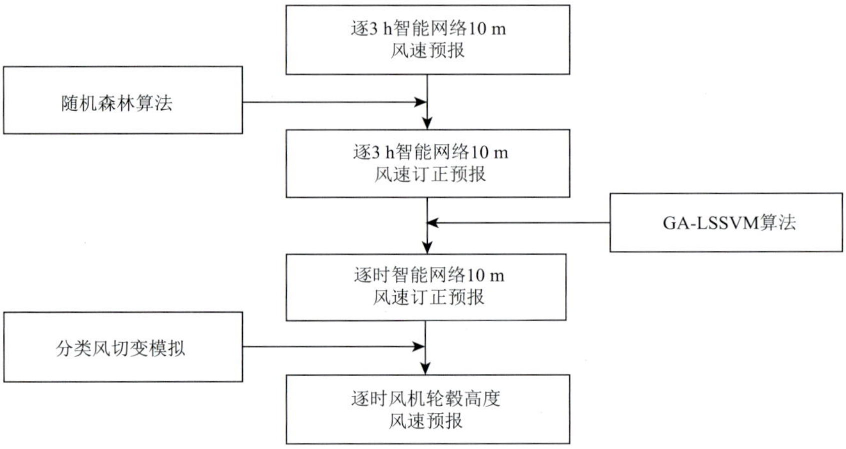


图 5.19　风机轮毂高度风速中期预测产品研发技术流程

选取内蒙古中部华电玫瑰营风电场为实验风电场，该风电场占地面积约 70 $km^2$，平均海拔约 1560 m，地势由南向北抬升，南北高程相差 200 m 左右，属北温带大陆性干旱气候，年平均气温为 4.5 ℃，年平均风速 5～6 $m \cdot s^{-1}$。

（1）10 m 风速预报误差订正

以 2018 年 1 月 1 日—12 月 31 日智能网格 10 m 风速、10 m 风向、2 m 气温为特征向量，按季构建随机森林模型，各季中前 2 个月为模型构建期，利用最后 1 个月订正结果对模型加以验证。模型验证期订正前后平均偏差、平均绝对误差、均方根误差见表 5.9。可见，订正前智能网格 10 m 风速预报较实况明显偏小，其中，夏季偏小 1.7 $m \cdot s^{-1}$，春、秋、冬三季偏小 3.0～3.4 $m \cdot s^{-1}$。且智能网格 10 m 风速预报在夏季的系统性误差小于其他三季，这与研究区夏季风速低于其他三季的气候特征有关。订正后 10 m 风速预报的系统性误差下降明显，订正效果以春、秋、冬三季尤为显著。图 5.20 为模型验证期订正前后 10 m 风速预报与实况的对比。从图上可以看出，随机森林算法较好地改善了智能网格 10 m 风速预报偏低问题，订正风速较观测风速更为接近，在春、秋、冬三季，当实测风速出现较大波动时，随机森林算法仍具有比较好的预测能力。因此，随机森林算法对改善智能网格 10 m 风速的局地预报能力具有明显作用。随着智能网格业务的进一步完善，气象要素种类进一步增加，有望得到更好的订正效果。

表 5.9　模型验证期订正前后平均偏差、平均绝对误差、均方根误差对比

| 季节 | 平均偏差/($m \cdot s^{-1}$) | | 平均绝对误差/($m \cdot s^{-1}$) | | 均方根误差/($m \cdot s^{-1}$) | |
|---|---|---|---|---|---|---|
| | 订正前 | 订正后 | 订正前 | 订正后 | 订正前 | 订正后 |
| 春季 | −3.3 | −0.1 | 3.3 | 2.1 | 4.0 | 2.6 |
| 夏季 | −1.7 | 1.1 | 1.8 | 1.7 | 2.2 | 2.1 |
| 秋季 | −3.0 | −0.1 | 3.0 | 1.5 | 3.5 | 1.9 |
| 冬季 | −3.4 | −1.1 | 3.5 | 2.0 | 4.0 | 2.5 |

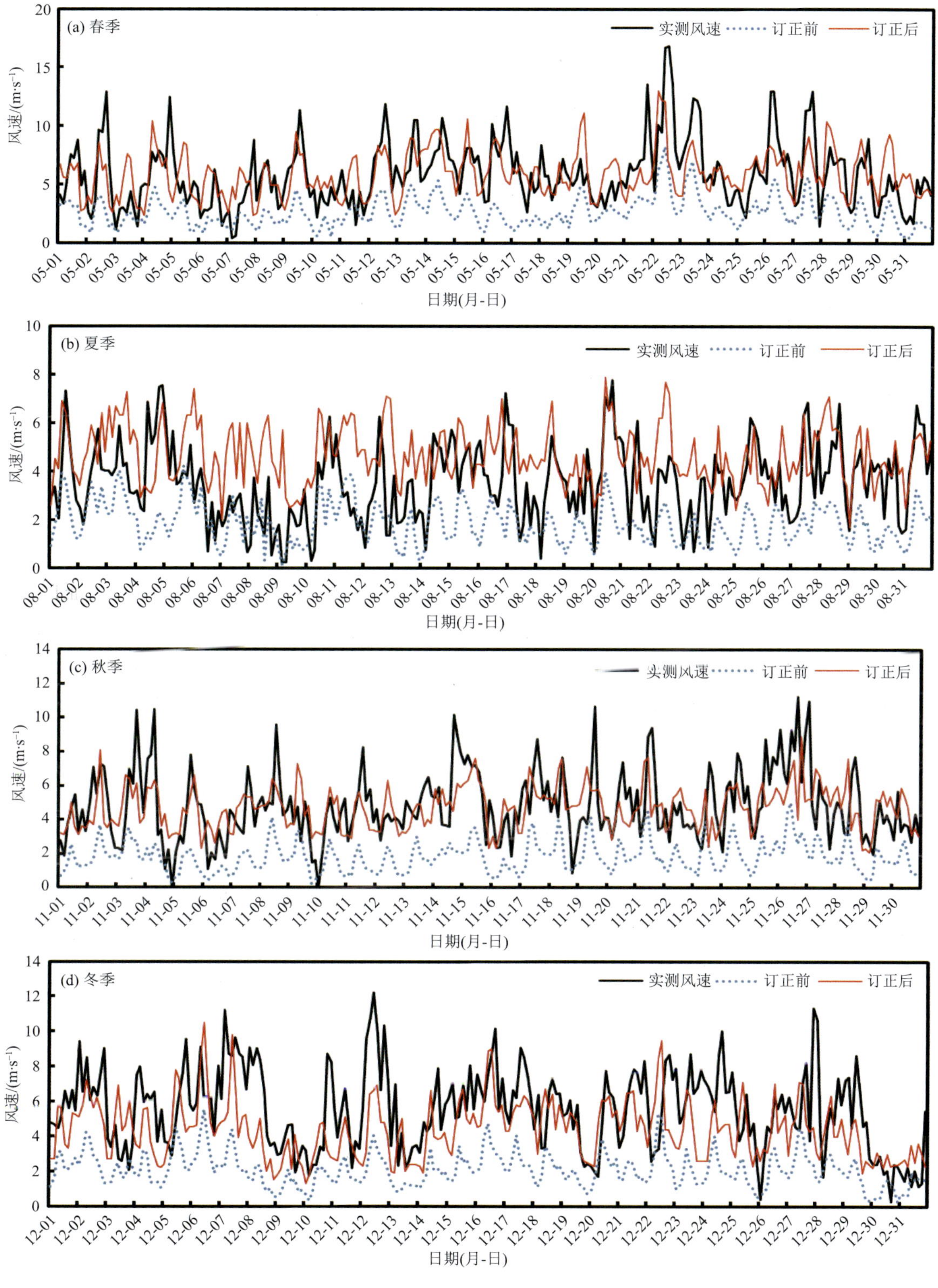


**图 5.20　模型验证期订正前后 10 m 风速预报与实况的对比**

(2)时间降尺度

①支持向量机算法

支持向量机(Support Vector Machines,SVM)是基于统计学理论的新型机器学习方法,通过非线性核函数,将输入样本空间映射到高维线性特征空间,因此 SVM 能够处理高度非线性的分类和回归等问题,提高了模型的学习泛化能力,对于具有小样本、非线性、高维数特点的样本具有很好的适应性(吴景龙 等,2009)。最小二乘支持向量机(LSSVM)是标准支持向量机的一种扩展,它将最小二乘线性系统引入到支持向量机中,采用二次规划方法解决函数估计问题,即使用一个非线性映射函数将数据映射到一个高维特征空间,然后在高维空间进行线性回归,最后映射回原空间完成输入空间的线性回归。

给定训练样本集$\{(x_1,y_1),(x_2,y_2),\cdots,(x_t,y_t)\}$ $(x_i \in R^n, y_i \in R)$,其线性回归函数可以表示为:

$$f(x) = \boldsymbol{w}^{\mathrm{T}} \varnothing(x) + b \tag{5.24}$$

式中:$\varnothing(x)$ 为核空间映射函数,$\boldsymbol{w}$ 为权值向量;$b$ 为偏差。目标优化函数为:

$$\min_{w,b,e} J_p(\boldsymbol{w},e) = \frac{1}{2}\|\boldsymbol{w}\|^2 + \frac{1}{2}\gamma \sum_{k=1}^{t} e_k^2 \tag{5.25}$$

其约束条件为:

$$y_k = \boldsymbol{w}^{\mathrm{T}} \varnothing(x) + b + e_k, k = 1,\cdots,t \tag{5.26}$$

式中:$J_p$ 为目标优化函数;$k$ 为训练样本集的样本数,$e_k$ 为松弛变量;$\gamma$ 为正规化参数,又叫惩罚系数;$y_k$ 为输出变量。为求解式(5.25),定义 Lagrange 函数,并根据 KKT(Karush-Kuhn-Tucker)最优化条件,可将上述优化问题转化为求解线性方程:

$$\begin{bmatrix} 0 & \boldsymbol{I}_t^{\mathrm{T}} \\ I_t & \boldsymbol{\Omega} + \frac{1}{\gamma}\boldsymbol{I}_t \end{bmatrix} \begin{bmatrix} \boldsymbol{b} \\ \boldsymbol{a} \end{bmatrix} = \begin{bmatrix} 0 \\ \boldsymbol{y} \end{bmatrix} \tag{5.27}$$

式中:$\boldsymbol{y} = [y_1,\cdots,y_t]^{\mathrm{T}}$;$\boldsymbol{I}_t = [1,\cdots,1]^{\mathrm{T}}$,$\boldsymbol{a} = [a_1,\cdots,a_t]^{\mathrm{T}}$;对约束条件转化后,得到 $\phi(xk)^T\phi(xe)$ 这里令$\boldsymbol{\Omega}_{kl} = \boldsymbol{\Phi}(x_k)^{\mathrm{T}}\boldsymbol{\Phi}(x_l)$,$\boldsymbol{\Omega}$ 为二维向量,任意元素为 $\boldsymbol{\Omega}_{kl}$;$\boldsymbol{\Phi}(x)$ 为该空间映射函数;$k,l = 1,\cdots,t$,通过求解方程(5.27),得到:

$$\boldsymbol{b} = \frac{\boldsymbol{I}_t^{\mathrm{T}}\left(\boldsymbol{\Omega} + \frac{1}{\gamma}\boldsymbol{I}_t\right)^{-1}\boldsymbol{y}}{\boldsymbol{I}_t^{\mathrm{T}}\left(\Omega + \frac{1}{\gamma}\boldsymbol{I}_t\right)^{-1}\boldsymbol{I}_t} \tag{5.28}$$

$$\boldsymbol{a} = \left(\Omega + \frac{1}{\gamma}\boldsymbol{I}_t\right)^{-1}(\boldsymbol{y} - \boldsymbol{I}_t\boldsymbol{b}) \tag{5.29}$$

最小二乘支持向量机的函数估计为:

$$y(x) = \sum_{k=1}^{t} a_k k(x,x_k) + b \tag{5.30}$$

式中:$k(x,x_k)$ 为核函数。选取的核函数为径向基(radial basis function,RBF)核函数:

$$k(x,x_k) = \exp\left(-\frac{\|x - x_k\|^2}{2\sigma^2}\right) \tag{5.31}$$

式中:$\sigma^2$ 为函数参数。

②遗传优化算法

惩罚系数 $\gamma$ 和函数参数 $\sigma^2$ 是影响 SVM 模型性能的主要参数，通过遗传算法进行求解，完成 GA-LSSVM 模型构建。遗传算法（孙俊奎 等，2019）简称 GA（Genetic Algorithms）是模拟自然界遗传机制和生物进化论而成的一种并行随机搜索最优化方法。它将“优胜劣汰，适者生存”的生物进化原理引入优化参数形成的编码串联群体中，按所选择的适应度函数并通过遗传中的复制、交叉及变异对个体进行筛选，使适应度高的个体被保留下来，组成新的群体，新的群体既继承了上一代的信息，又优于上一代。这样周而复始，群体中个体适应度不断提高，直到满足一定的条件。遗传算法的算法简单，可并行处理，并能到全局最优解。

③时间降尺度模型构建

将当前时刻前 116 h 历史风速实况作为训练样本，归一化处理后，结合 3 h 间隔智能网格 10 m 风速预报订正产品，建立验证期时间降尺度模型，将智能网格 10 m 风速订正预报的时间分辨率由 3 h 降至 1 h。时间降尺度后，各季平均偏差、平均绝对误差、均方根误差与原始预报误差对比见表 5.10。其中，平均绝对误差减小依次为：春季 73%，夏季 22%，秋季 50%，冬季 46%；均方根误差减小依次为：春季 35%，夏季 18%，秋季 43%，冬季 38%。可见，GA-LSSVM 时间降尺度模型具有较好的预测能力，平均偏差、平均绝对误差、均方根误差均较降尺度前进一步下降。图 5.21 为时间降尺度后 10 m 风速预报与实况的对比。经时间降尺度后风速的变化趋势与实况风速有较好的一致性，因此，采用 GA-LSSVM 算法将智能网格 10 m 风速预报的时间分辨率由 3 h 降至 1 h 是可行的，在时间降尺度的基础上，对预报误差还具有进一步的改善作用。

**表 5.10　时间降尺度后与原始预报的误差对比**

| 季节 | 平均偏差/($m \cdot s^{-1}$) | | 平均绝对误差/($m \cdot s^{-1}$) | | 均方根误差/($m \cdot s^{-1}$) | |
|---|---|---|---|---|---|---|
| | 原始预报 | 降尺度后 | 原始预报 | 降尺度后 | 原始预报 | 降尺度后 |
| 春季 | −3.3 | −0.2 | 3.3 | 0.9 | 4.0 | 2.6 |
| 夏季 | −1.7 | 0.7 | 1.8 | 1.4 | 2.2 | 1.8 |
| 秋季 | −3.0 | −0.4 | 3.0 | 1.5 | 3.5 | 2.0 |
| 冬季 | −3.4 | −1.0 | 3.5 | 1.9 | 4.0 | 2.5 |

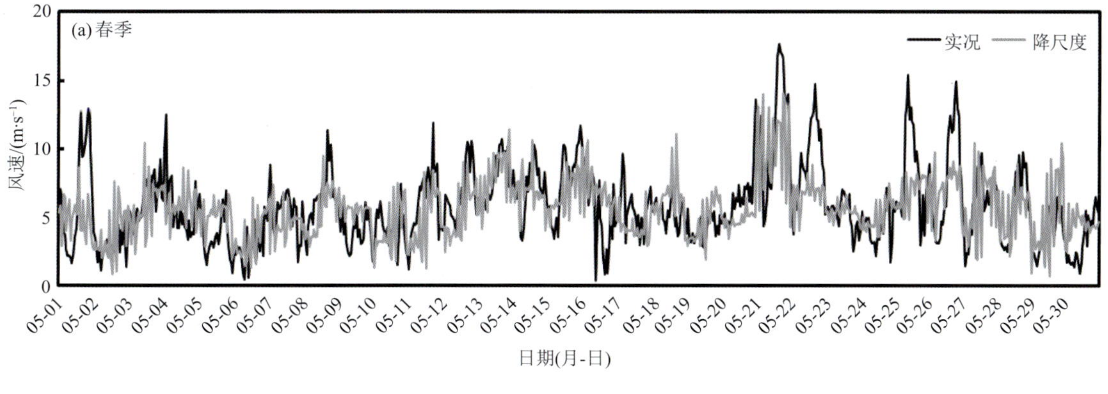

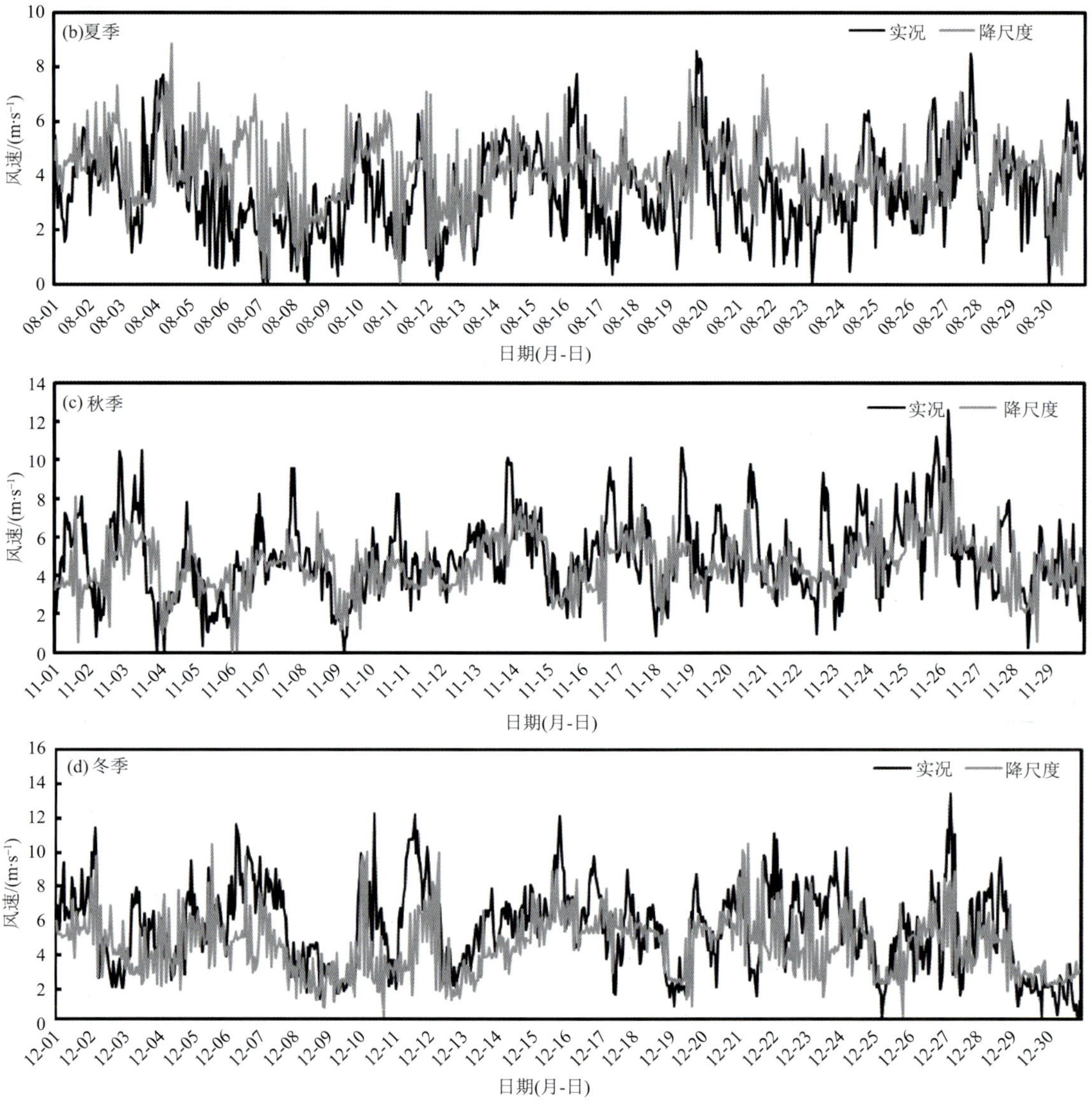


**图 5.21 时间降尺度后 10 m 风速预报与实况的对比**

(3)风机轮毂高度风速推算

①大气稳定度判定

大气稳定度的划分采用修订帕斯奎尔分类法(简称 P·S),分为强不稳定、不稳定、弱不稳定、中性、较稳定和稳定六级,分别由 A、B、C、D、E 和 F 表示,根据地面风速和太阳辐射等级进行判定,判定标准见表 5.11。

表 5.11　大气稳定度等级

| 地面风速/(m·s⁻¹) | 太阳辐射等级 | | | | | |
|---|---|---|---|---|---|---|
| | +3 | +2 | +1 | 0 | −1 | −2 |
| ≤1.9 | A | A～B | B | D | E | F |
| 2～2.9 | A～B | B | C | D | E | F |
| 3～4.9 | B | B～C | C | D | D | E |
| 5～5.9 | C | C～D | D | D | D | D |
| ≥6 | D | D | D | D | D | D |

太阳辐射等级由太阳高度角 $h_o$ 和云量进行判定，见表 5.12。

表 5.12　太阳辐射等级

| 云量/成 | | 夜间 | $h_o$ | | | |
|---|---|---|---|---|---|---|
| 总云量 | 低云量 | | $h_o \leqslant 15°$ | $15° < h_o \leqslant 35°$ | $35° < h_o \leqslant 65°$ | $h_o > 65°$ |
| ≤4 | ≤4 | −2 | −1 | +1 | +2 | +3 |
| 5～7 | ≤4 | −1 | 0 | +1 | +2 | +3 |
| ≥8 | ≤4 | −1 | 0 | 0 | +1 | +1 |
| ≥5 | 5～7 | 0 | 0 | 0 | 0 | +1 |
| ≥8 | ≥8 | 0 | 0 | 0 | 0 | 0 |

太阳高度角 $h_o$ 的计算过程如下：

(a)计算太阳倾角 $\delta$：

$$\delta = \begin{bmatrix} 0.006918 - 0.399912\cos\theta_o + 0.070257\sin\theta_o - \\ 0.006758\cos2\theta_o + 0.000907\sin2\theta_o - \\ 0.002697\cos3\theta_o + 0.001480\sin3\theta_o \end{bmatrix} \times 180/\pi \tag{5.32}$$

式中：$\delta$ 为太阳倾角；$\theta_o = 360d_n/365$；$d_n$ 为一年中日期序数，即 0,1,2,…,364。

(b)计算太阳高度角 $h_o$：

$$h_o = \arcsin\left[\sin\varphi\sin\delta + \cos\varphi\cos\delta\cos(15t + \lambda - 300)\right] \tag{5.33}$$

式中：$h_o$ 为太阳高度角；$\varphi$ 为当地纬度；$\lambda$ 为当地经度；$t$ 为北京时间，单位为 h。

②风切变指数计算

近地层风场除受大型天气系统的影响外，更受地形作用、下垫面性质不同引起的热力作用等影响，三种因素的共同作用，使得近地层风场具有独特的垂直、水平结构及明显的时间变化，且与高度之间有着显著的变化关系，一般用风切变指数来表征风速随高度的变化。随着风资源的大规模开发利用，风电装机容量的不断增大，近地层风切变成为风能资源评估、风电场选址、风机选型、风电功率预报、风电场投资估算等领域关注的焦点之一。

《风电场风能资源评估方法》(GB/T 18710—2002)中指出：可根据风切变指数和仪器安装高度测得的风速推算出近地层任意高度的风速。由于风速数据的复杂性，计算风切变指数的方法很多，不同方法计算出的风切变指数的值不尽相同(龚强 等，2015)。风速垂直廓线的幂指数公式为：

$$v_2 = v_1 \left(\frac{z_2}{z_1}\right)^{\alpha} \tag{5.34}$$

式中：$\alpha$ 为风切变指数，$v_1$、$v_2$ 分别是 $z_1$、$z_2$ 高度处的风速。

③风机轮毂高度风速分类推算

风切变指数与地形、地貌、地表粗糙度、温度、风速大小和风向等因素有关。我国早期对风切变的研究主要是在大气扩散方面，自 20 世纪 80 年代以来开展了几次大规模大气边界层观测试验，结合国外的一些经验，得出了制定地方大气污染物排放标准的技术方法：用帕斯奎尔分类法将大气稳定度分为强不稳定、不稳定、弱不稳定、中性、较稳定和稳定六个等级，并给出了各种稳定度条件下的风切变指数值，为推算城市和乡村两种平坦地形下垫面的高层风速提供了参考。综合风切变指数的多种气象条件影响因素，本节利用 2017 年 1 月 1 日—12 月 31 日实验风电场测风塔 10 m、70 m 逐小时风速，从完整时间序列、季节、风速段、风向和大气稳定度 5 种情况分别进行风切变指数计算，计算结果见表 5.13。将 2018 年 1 月 1 日—12 月 31 日测风塔 10 m 逐时风速代入式(5.34)，推算风机轮毂高度的逐时风速，再利用 2018 年 1 月 1 日—12 月 31 日测风塔 70 m 逐时风速加以检验，检验结果见表 5.14。在常值通量层中，层结稳定度的增加会导致风速的减小。因此，从表 5.13 可见，稳定层结和 $V_{10} \leqslant 3\ \mathrm{m \cdot s^{-1}}$ 时，风切变指数最大，分别为 0.2564 和 0.2355；不稳定层结和 $12\ \mathrm{m \cdot s^{-1}} < V_{10} \leqslant 25\ \mathrm{m \cdot s^{-1}}$ 时，风切变指数最小，分别为 0.0644 和 0.0908；其余分类下，风切变指数为 0.1143～0.1763。从表 5.14 可见，利用风切变指数，分类推算出的风速与实际风速相关系数为 0.713～0.969，平均绝对误差为 0.409～1.201 $\mathrm{m \cdot s^{-1}}$，标准化平均误差为 3.64～31.11 $\mathrm{m \cdot s^{-1}}$，按完整时间序列进行推算，平均绝对误差明显高于不同分类下的推算结果，

**表 5.13 不同分类下 10 m、70 m 高度层之间风切变指数计算结果**

| 分类风切变模拟 | | 风切变指数 |
|---|---|---|
| 完整时间序列 | | 0.1763 |
| 季节 | 春季 | 0.1447 |
| | 夏季 | 0.1143 |
| | 秋季 | 0.1357 |
| | 冬季 | 0.1488 |
| 风速段 | $V_{10} \leqslant 3\ \mathrm{m \cdot s^{-1}}$ | 0.2355 |
| | $3\ \mathrm{m \cdot s^{-1}} < V_{10} \leqslant 12\ \mathrm{m \cdot s^{-1}}$ | 0.1131 |
| | $12\ \mathrm{m \cdot s^{-1}} < V_{10} \leqslant 25\ \mathrm{m \cdot s^{-1}}$ | 0.0908 |
| 风向 | [0°,90°) | 0.1446 |
| | [90°,180°) | 0.1298 |
| | [180°,270°) | 0.1203 |
| | [270°,360°) | 0.1539 |
| 大气稳定度 | 不稳定 | 0.0644 |
| | 中性 | 0.1254 |
| | 稳定 | 0.2564 |

表 5.14 不同分类下风机轮毂高度推算风速与实测风速的检验结果

| 分类风切变模拟 | | 相关系数 | 平均绝对误差 | 标准化平均误差 |
|---|---|---|---|---|
| 完整时间序列 | | 0.958 | 1.201 | 18.62 |
| 季节 | 春季 | 0.969 | 1.023 | 15.79 |
| | 夏季 | 0.947 | 0.759 | 13.73 |
| | 秋季 | 0.952 | 0.818 | 12.44 |
| | 冬季 | 0.956 | 0.988 | 13.08 |
| 风速段 | $V_{10} \leqslant 3\ m \cdot s^{-1}$ | 0.713 | 0.832 | 31.11 |
| | $3\ m \cdot s^{-1} < V_{10} \leqslant 12\ m \cdot s^{-1}$ | 0.920 | 0.820 | 11.29 |
| | $12\ m \cdot s^{-1} < V_{10} \leqslant 25\ m \cdot s^{-1}$ | 0.913 | 0.589 | 3.64 |
| 风向 | [0°,90°) | 0.957 | 0.824 | 17.47 |
| | [90°,180°) | 0.905 | 0.884 | 21.90 |
| | [180°,270°) | 0.934 | 0.812 | 12.04 |
| | [270°,360°) | 0.967 | 1.076 | 13.43 |
| 大气稳定度 | 不稳定 | 0.916 | 0.409 | 10.81 |
| | 中性 | 0.948 | 0.880 | 12.28 |
| | 稳定 | 0.821 | 0.932 | 23.08 |

因此采用分类计算风切变指数方式，推算风机轮毂高度风速是必要的。从相关系数检验结果来看，除 $V_{10} \leqslant 3\ m \cdot s^{-1}$ 及稳定层结分类下的相关系数明显偏低以外，其余分类下相关系数均较高，在 0.9 以上；从误差的检验结果来看，推算误差明显偏低时的分类依次为不稳定层结、$12\ m \cdot s^{-1} < V_{10} \leqslant 25\ m \cdot s^{-1}$ 以及夏秋季。以风向为分类标准的 4 种分类，其相关系数和误差总体相差不大，且处于所有分类的均值水平。综上，最终确定风机轮毂高度风速推算方案，见图 5.22。

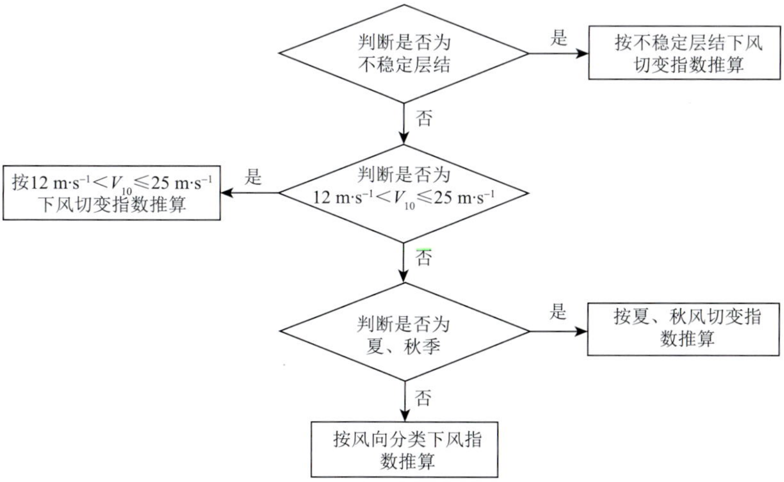


图 5.22 风机轮毂高度风速推算方案

经分类风切变推算得到风机轮毂高度推算风速，风机轮毂高度推算风速与实际风速对比见图5.23。推算后，各季平均偏差依次为：春季 $0.4\ \mathrm{m\cdot s^{-1}}$，夏季 $1.0\ \mathrm{m\cdot s^{-1}}$，秋季 $-0.3\ \mathrm{m\cdot s^{-1}}$，冬季 $-0.6\ \mathrm{m\cdot s^{-1}}$；各季平均绝对误差依次为：春季 $2.3\ \mathrm{m\cdot s^{-1}}$，夏季 $1.7\ \mathrm{m\cdot s^{-1}}$，秋季 $1.7\ \mathrm{m\cdot s^{-1}}$，冬季 $2.2\ \mathrm{m\cdot s^{-1}}$；各季均方根误差依次为：春季 $2.9\ \mathrm{m\cdot s^{-1}}$，夏季 $2.2\ \mathrm{m\cdot s^{-1}}$，秋季 $2.2\ \mathrm{m\cdot s^{-1}}$，冬季 $2.8\ \mathrm{m\cdot s^{-1}}$。可以看到，平均绝对误差与均方根误差较推算前均增加 $0.2\sim0.4\ \mathrm{m\cdot s^{-1}}$，增幅较小且较为稳定，说明 10 m 风速经分类推算后，能够较好地反映出风机轮毂高度风场的演变情况。从图5.23还可以看到，春、秋、冬三季风机轮毂高度推算风速与实测风速的变化趋势吻合度较高，而夏季风机轮毂高度推算风速与实测风速的变化趋势相差较大主要与中尺度数值预报模式自身的系统误差特性有关。

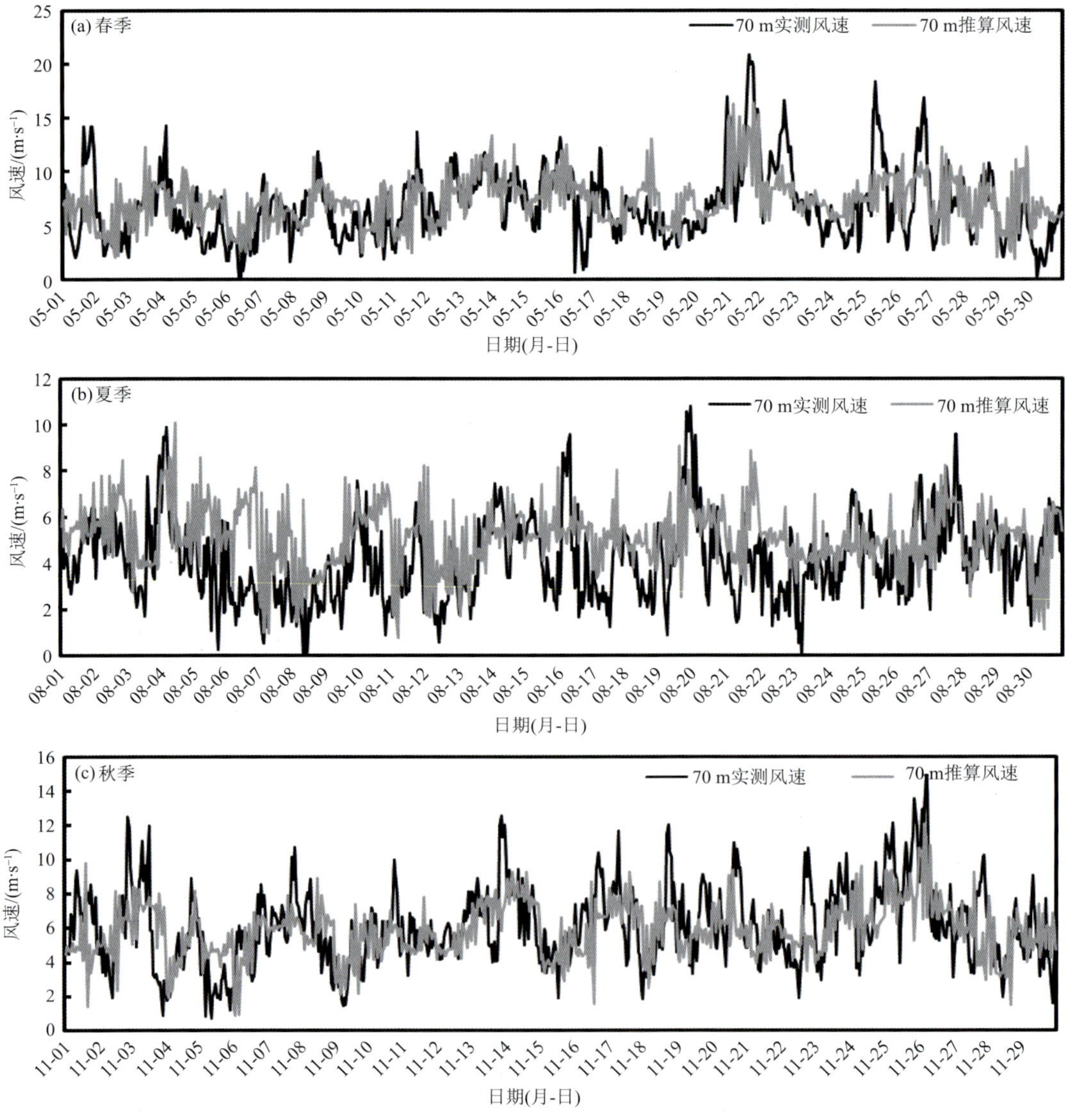

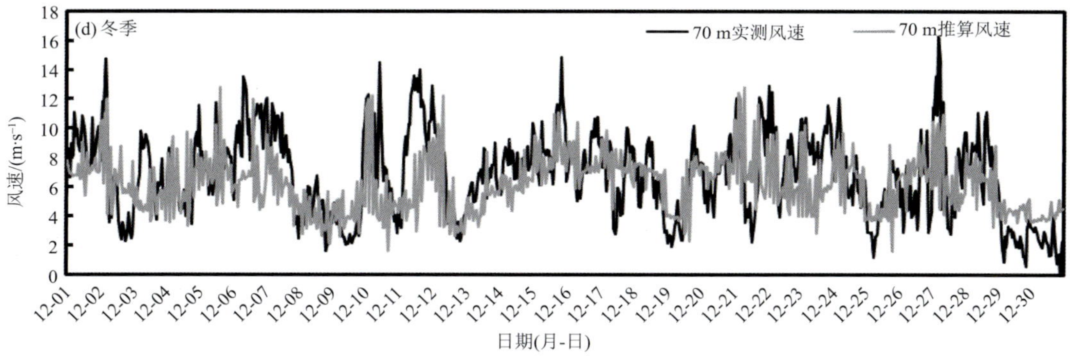


图 5.23　70 m 推算风速与实况的对比

## 5.3　长期预报

### 5.3.1　风速长期预报

基于国家气候中心月动力延伸集合预测二代产品 DERF2.0(National Climate Centre second-generation monthly Dynamic Extended Range Forecast operational system 2.0)输出的 850 hPa 风场预测产品，通过解析、评估，结合风切变指数，进行基于气候预测模式的月、季尺度风机轮毂高度风速推算，并对其修正，实现风机轮毂高度风速长期预测及产品研发。技术流程见图 5.24。

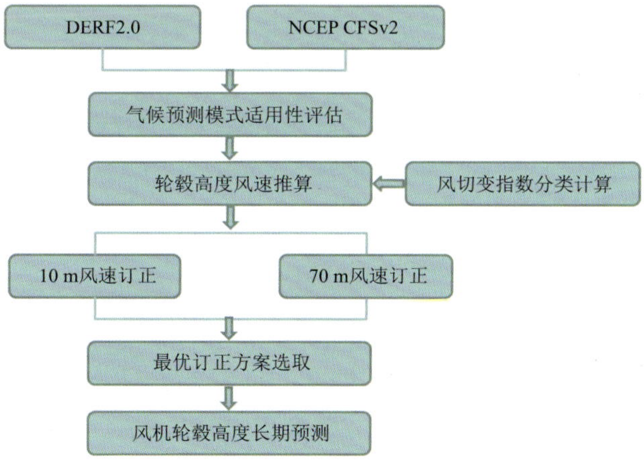


图 5.24　风机轮毂高度风速长期预测技术流程

(1)适用性评估

以中节能聚隆风电场为实验风电场，将国家气候中心第二代月动力延伸预测模式

(DERF2.0)输出的 850 hPa 风场插值至 10 m 高度,与美国环境预报中心第二代气候预报系统(NCEP CFSv2)输出的地面风场进行对比检验,并通过中节能聚龙风电场风切变指数将 DERF2.0 和 CFSv2 的 10 m 风速推算至 70 m,做进一步检验分析,检验时段为 2021 年 5 月 1 日—6 月 30 日。两种预报与实况数据之间的均方根误差见图 5.25。可见,DERF2.0 和 CFSv2 的 70 m 高度风速预报的均方根误差均大于 10 m 高度风速预报的均方根误差,且两个高度层上风速预报均方根误差趋势大致相同。DERF2.0 在 10 m 的风速预报均方根误差平均值为 3.20 $m \cdot s^{-1}$,均方根误差范围为 2.80~3.58 $m \cdot s^{-1}$,在均值线附近呈稳定的波动变化趋势,波动幅度较小。CFSv2 在 10 m 的风速预报均方根误差平均值为4.98 $m \cdot s^{-1}$,均方根误差范围为 3.96~5.67 $m \cdot s^{-1}$,总体上大于 DERF2.0 的 10 m 均方根误差,并且变化幅度较大,10~30 d 均方根误差大于平均值,40~55 d 小于平均值且有明显的下降趋势,说明 CFSv2 在 40 d 之后的预报效果比 30 d 前预报效果要好。DERF2.0 在 70 m 高度层的风速预报均方根误差平均值为 3.80 $m \cdot s^{-1}$,均方根误差范围在 3.31~4.25 $m \cdot s^{-1}$。CFSv2 在 70 m 高度层的风速预报均方根误差平均值为 6.06 $m \cdot s^{-1}$,均方根误差范围在 4.89~6.79 $m \cdot s^{-1}$。

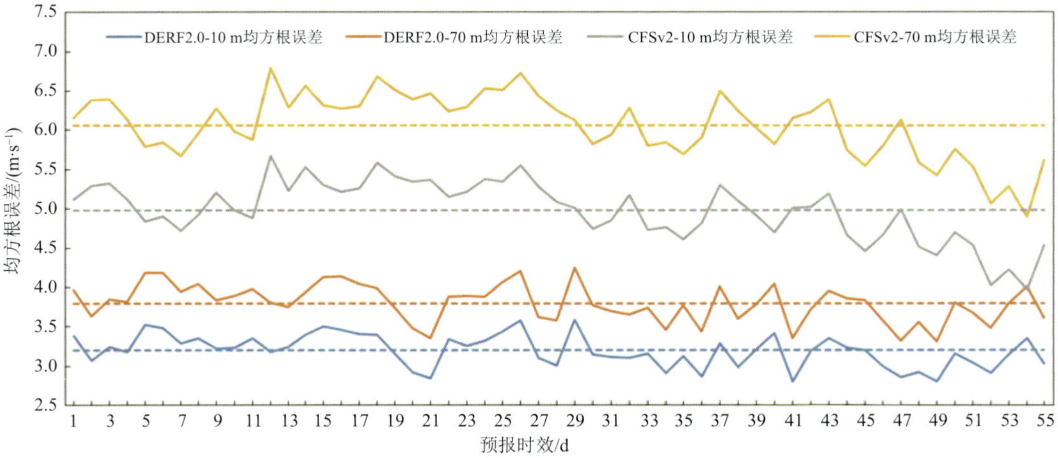


图 5.25　DERF2.0 和 CFSv2 在实验风电场的预报效果对比

(2)订正方法选取

利用 2020 年 4 月 1 日—2021 年 3 月 31 日 DERF2.0 预报产品和中节能聚龙风电场 10 m、70 m 风机实况数据,分别采用 LASSO 回归、岭回归、$K$ 近邻和随机森林等机器学习算法,构建中节能聚隆风电场 10 m 风速、70 m 风速未来 1~55 d 预报订正模型,以模型评价指标 $R^2$ 为依据,对中节能聚隆风电场分别建立 10 m、70 m 风速预报订正模型,$R^2$ 指标对比如表 5.15 所示。从表中可以看出,$K$ 近邻和随机森林算法的 $R^2$ 几乎为负数,订正模型没有泛化能力,效果最差,不适用于本项目的订正研究;LASSO 回归和岭回归的 $R^2$ 水平相当,但总体上来看岭回归的 $R^2$ 比 LASSO 回归略微偏大,所以选用岭回归算法作为本项目最优订正模型。

表 5.15　10 m、70 m 风速预报订正模型 $R^2$

| 预报时效/d | 10 m 风速预报订正模型 $R^2$ | | | | 70 m 风速预报订正模型 $R^2$ | | | |
|---|---|---|---|---|---|---|---|---|
| | LASSO 回归 | 岭回归 | *K* 近邻 | 随机森林 | LASSO 回归 | 岭回归 | *K* 近邻 | 随机森林 |
| 1 | 0.242 | 0.241 | -0.554 | -0.306 | 0.240 | 0.240 | -0.588 | -0.330 |
| 2 | 0.195 | 0.200 | -0.363 | -0.029 | 0.229 | 0.235 | -0.266 | 0.046 |
| 3 | 0.097 | 0.094 | -0.238 | -0.067 | 0.078 | 0.075 | -0.353 | -0.137 |
| 4 | 0.160 | 0.157 | -1.185 | -0.422 | 0.156 | 0.154 | -0.930 | -0.444 |
| 5 | 0.269 | 0.273 | -0.798 | -0.180 | 0.223 | 0.225 | -0.608 | -0.141 |
| 6 | 0.229 | 0.231 | -0.227 | 0.168 | 0.203 | 0.204 | -0.355 | -0.018 |
| 7 | 0.217 | 0.225 | -0.770 | -0.231 | 0.194 | 0.198 | -0.488 | -0.104 |
| 8 | 0.084 | 0.091 | -0.099 | 0.034 | 0.079 | 0.084 | -0.115 | -0.028 |
| 9 | 0.124 | 0.129 | -0.858 | -0.240 | 0.114 | 0.117 | -0.713 | -0.235 |
| 10 | 0.103 | 0.107 | -1.009 | -0.301 | 0.102 | 0.106 | -0.698 | -0.233 |
| 11 | 0.023 | 0.023 | -0.472 | -0.073 | 0.015 | 0.014 | -0.651 | -0.151 |
| 12 | 0.022 | 0.024 | -1.485 | -0.667 | 0.017 | 0.017 | -1.502 | -0.734 |
| 13 | 0.028 | 0.027 | -1.223 | -0.542 | 0.030 | 0.030 | -1.421 | -0.740 |
| 14 | 0.023 | 0.023 | -1.576 | -1.124 | 0.002 | 0.000 | -1.828 | -1.276 |
| 15 | -0.001 | -0.001 | -0.919 | -0.490 | -0.006 | -0.007 | -0.918 | -0.480 |
| 16 | 0.122 | 0.123 | -0.425 | 0.068 | 0.092 | 0.093 | -0.446 | 0.037 |
| 17 | 0.089 | 0.092 | -1.348 | -0.421 | 0.056 | 0.058 | -1.256 | -0.426 |
| 18 | -0.080 | -0.088 | -1.337 | -0.671 | -0.056 | -0.061 | -1.231 | -0.531 |
| 19 | 0.134 | 0.142 | -0.393 | -0.098 | 0.100 | 0.105 | -0.494 | -0.152 |
| 20 | -0.033 | -0.038 | -1.747 | -0.880 | -0.036 | -0.039 | -2.024 | -1.023 |
| 21 | 0.101 | 0.104 | -1.139 | -0.440 | 0.099 | 0.102 | -1.213 | -0.477 |
| 22 | 0.028 | 0.028 | -0.883 | -0.311 | 0.023 | 0.023 | -0.783 | -0.286 |
| 23 | 0.029 | 0.031 | -0.466 | -0.194 | 0.002 | 0.003 | -0.438 | -0.170 |
| 24 | 0.045 | 0.046 | -0.819 | -0.356 | 0.029 | 0.030 | -0.824 | -0.339 |
| 25 | 0.099 | 0.101 | -1.150 | -0.720 | 0.092 | 0.094 | -0.993 | -0.578 |
| 26 | 0.149 | 0.153 | -0.799 | -0.373 | 0.141 | 0.145 | -0.679 | -0.280 |
| 27 | 0.063 | 0.069 | -0.539 | -0.206 | 0.023 | 0.027 | -0.485 | -0.170 |
| 28 | 0.031 | 0.034 | -0.386 | -0.104 | -0.021 | -0.019 | -0.554 | -0.205 |
| 29 | 0.024 | 0.027 | -0.631 | -0.225 | 0.022 | 0.025 | -0.814 | -0.324 |
| 30 | 0.062 | 0.063 | -0.724 | -0.300 | 0.048 | 0.048 | -0.652 | -0.275 |
| 31 | 0.074 | 0.084 | -0.514 | -0.183 | 0.055 | 0.060 | -0.555 | -0.149 |
| 32 | 0.052 | 0.052 | -0.582 | -0.290 | 0.042 | 0.042 | -0.561 | -0.315 |
| 33 | -0.062 | -0.070 | -1.220 | -0.571 | -0.060 | -0.065 | -1.313 | -0.583 |
| 34 | 0.093 | 0.093 | -1.135 | -0.560 | 0.088 | 0.089 | -1.354 | -0.661 |
| 35 | 0.088 | 0.090 | -0.713 | -0.251 | 0.064 | 0.065 | -0.730 | -0.293 |

续表

| 预报时效/d | 10 m风速预报订正模型 $R^2$ | | | | 70 m风速预报订正模型 $R^2$ | | | |
|---|---|---|---|---|---|---|---|---|
| | LASSO回归 | 岭回归 | $K$近邻 | 随机森林 | LASSO回归 | 岭回归 | $K$近邻 | 随机森林 |
| 36 | 0.147 | 0.153 | −1.151 | −0.423 | 0.121 | 0.126 | −1.097 | −0.393 |
| 37 | 0.050 | 0.052 | −0.691 | −0.232 | 0.032 | 0.033 | −0.813 | −0.311 |
| 38 | 0.052 | 0.062 | −0.475 | −0.227 | 0.042 | 0.048 | −0.460 | −0.180 |
| 39 | 0.006 | 0.011 | −0.818 | −0.339 | 0.001 | 0.005 | −0.873 | −0.356 |
| 40 | 0.166 | 0.174 | −0.660 | −0.178 | 0.153 | 0.159 | −0.721 | −0.178 |
| 41 | 0.164 | 0.169 | −0.451 | −0.135 | 0.177 | 0.181 | −0.445 | −0.132 |
| 42 | 0.090 | 0.093 | −1.215 | −0.603 | 0.082 | 0.084 | −1.057 | −0.546 |
| 43 | 0.044 | 0.043 | −1.360 | −0.723 | 0.039 | 0.039 | −1.293 | −0.687 |
| 44 | 0.056 | 0.059 | −0.760 | −0.302 | 0.035 | 0.037 | −0.802 | −0.325 |
| 45 | 0.037 | 0.037 | −0.892 | −0.481 | 0.017 | 0.018 | −0.834 | −0.473 |
| 46 | 0.105 | 0.109 | −0.475 | −0.034 | 0.116 | 0.119 | −0.405 | −0.035 |
| 47 | 0.096 | 0.104 | −1.406 | −0.477 | 0.093 | 0.099 | −1.349 | −0.464 |
| 48 | −0.031 | −0.029 | −1.072 | −0.557 | −0.048 | −0.047 | −1.143 | −0.586 |
| 49 | 0.043 | 0.049 | −0.889 | −0.486 | 0.045 | 0.050 | −0.657 | −0.314 |
| 50 | 0.048 | 0.048 | −0.878 | −0.244 | 0.033 | 0.032 | −0.968 | −0.289 |
| 51 | 0.030 | 0.028 | −0.997 | −0.433 | 0.029 | 0.027 | −1.009 | −0.406 |
| 52 | 0.095 | 0.100 | −0.939 | −0.471 | 0.082 | 0.086 | −1.040 | −0.549 |
| 53 | −0.040 | −0.041 | −0.772 | −0.606 | −0.048 | −0.048 | −0.714 | −0.566 |
| 54 | −0.034 | −0.032 | −0.942 | −0.439 | −0.020 | −0.019 | −1.051 | −0.533 |
| 55 | 0.036 | 0.036 | −0.732 | −0.308 | 0.038 | 0.038 | −0.787 | −0.352 |

(3)最优订正方案确定

将风速预报与实况值之间小于2 m·s$^{-1}$的风速预报定义为准确预报，准确率公式如下：

$$\text{Accuracy}=\frac{n_A}{N}\times 100\% \tag{5.35}$$

式中，$N$为样本总数，$n_A$表示$|y_i-x_i|\leqslant 2$的样本个数。

10 m风速预报订正前后的均方根误差和平均绝对误差见图5.26，从图中可以看出，订正后的检验指标明显下降，其中，10 m风速预报订正前的均方根误差平均值为3.95 m·s$^{-1}$，最大为4.41 m·s$^{-1}$，最小为3.21 m·s$^{-1}$；订正后的均方根误差平均值为2.80 m·s$^{-1}$，最大为2.92 m·s$^{-1}$，最小为2.52 m·s$^{-1}$，订正效果平均减小1.15 m·s$^{-1}$，最多减小1.46 m·s$^{-1}$。订正前的平均绝对误差平均值为3.15 m·s$^{-1}$，最大为3.51 m·s$^{-1}$，最小为2.51 m·s$^{-1}$；订正后的平均绝对误差平均值为2.21 m·s$^{-1}$，最大为2.38 m·s$^{-1}$，最小为1.89 m·s$^{-1}$，订正效果平均减小0.93 m·s$^{-1}$，最多减小1.17 m·s$^{-1}$。

10 m风速预报订正前后的准确率见图5.27，订正前的准确率平均值为38.53%，最大为

49.65%，最小为 30.07%；订正后的预报准确率平均值为 53.34%，最大为 63.83%，最小为 47.86%。订正后的准确率大幅提升，订正效果平均提升 14.81%，最大提升 21.30%。从图 5.27 中可以看出 1～7 d 准确率都大于平均值，随后准确率围绕平均值波动，变化幅度较小。

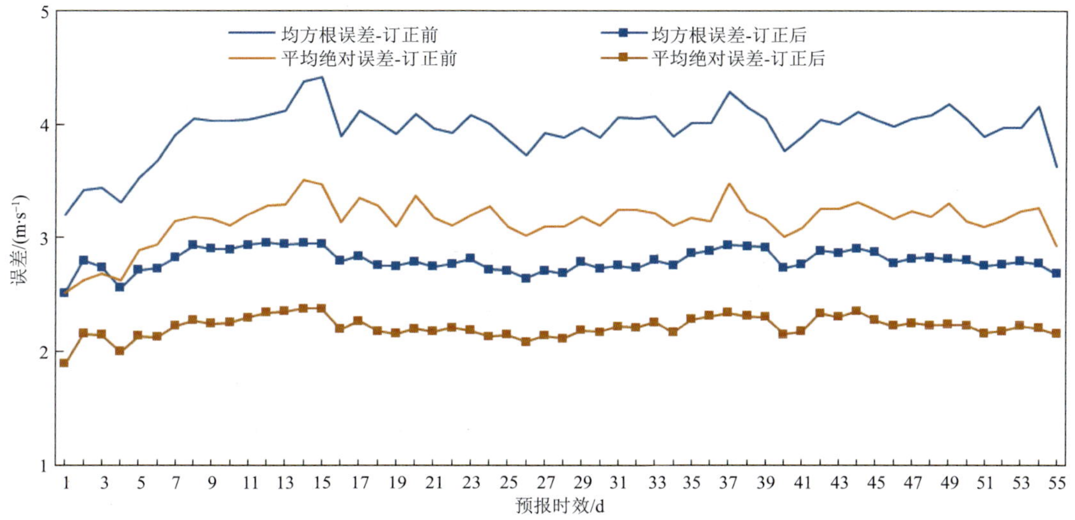


图 5.26　10 m 风速预报订正前后检验指标对比

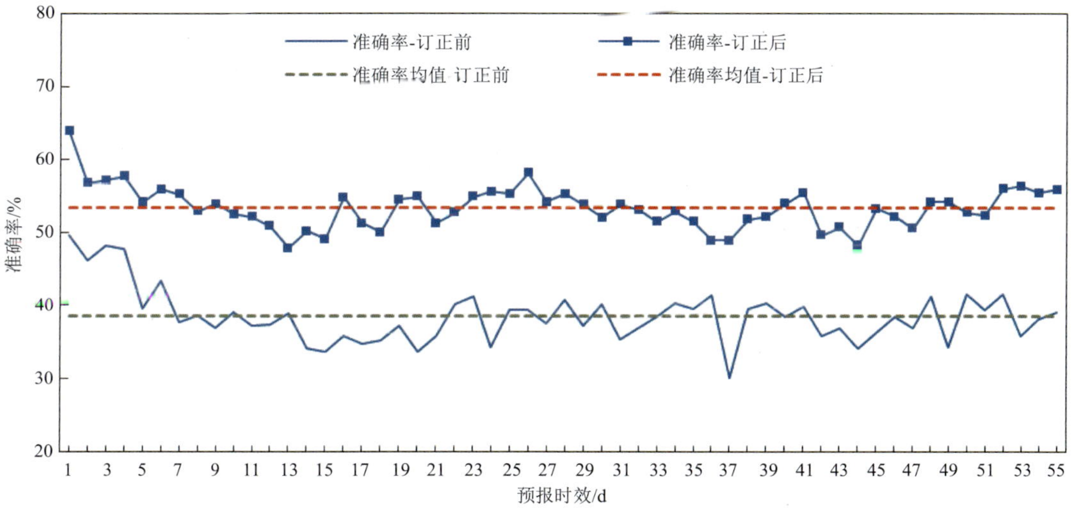


图 5.27　10 m 风速预报订正前后准确率对比

单层订正是指对 10 m 风速预报进行订正后推算至 70 m 高度的预报；双层订正是指在 10 m 风速预报订正的基础上，推算至 70 m 后再次进行订正的预报。

70 m 风速预报的单层订正和双层订正的均方根误差见图 5.28，订正的均方根误差几乎重合。其中，单层订正后的均方根误差平均值为 3.27 $m \cdot s^{-1}$，最大为 3.47 $m \cdot s^{-1}$，最小为 2.89 $m \cdot s^{-1}$，订正效果平均减小 1.36 $m \cdot s^{-1}$，最多减小 1.72 $m \cdot s^{-1}$。

为更清楚地对比 70 m 风速预报单层订正与双层订正的提升效果，均方根误差和平均绝

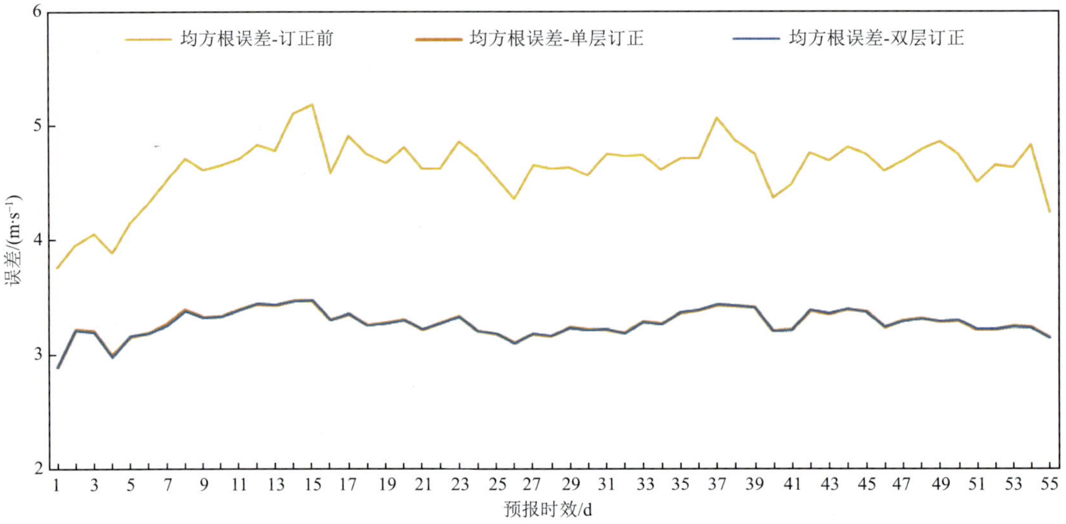


图 5.28　70 m 风速预报订正前后检验

对误差提升效果见图 5.29。从图中可以看出，单层订正的均方根误差和平均绝对误差均有显著减小，但双层订正的均方根误差和平均绝对误差在 0 值附近波动且幅度较小。

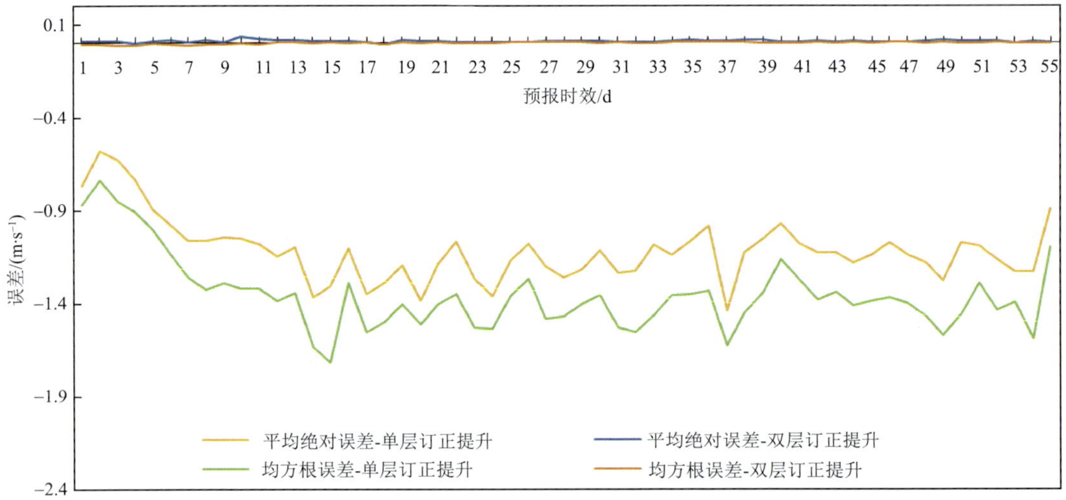


图 5.29　70 m 风速预报单层订正与双层订正检验指标提升效果

70 m 风速预报单层订正与双层订正准确率提升效果见图 5.30，可以看出，单层订正的准确率平均提升 13.15%，最大提升 15.58%，而双层订正的准确率提升也在 0 值附近波动，说明双层订正的提升效果不明显，甚至产生负面影响。

充分对比实验风电场 10 m 风速、70 m 风速未来 1～55 d 预报订正模型与订正效果后，使用岭回归模型算法，对风电场进行单层订正，即对 10 m 风速预报进行订正后直接推算至 70 m 高度，进行风机轮毂高度风速中长期预测产品制作与服务。

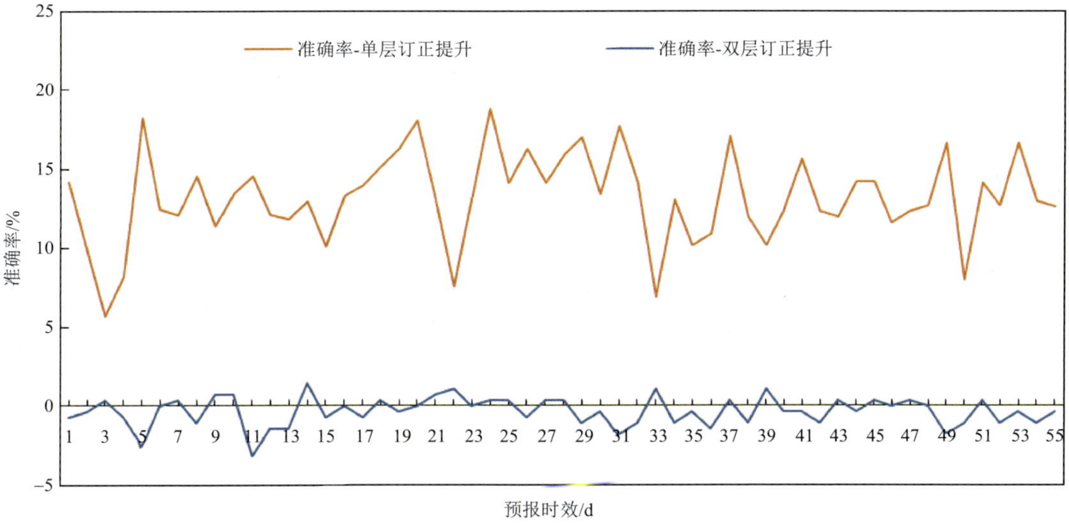


图 5.30　70 m 风速预报单层订正与双层订正准确率提升效果

70 m 风速预报订正前后的准确率见图 5.31，订正前的准确率平均值为 33.23%，最大为 43.62%，最小为 25.36%；单层订正后的预报准确率平均值为 46.38%，最大为 57.8%，最小为 40.94%。

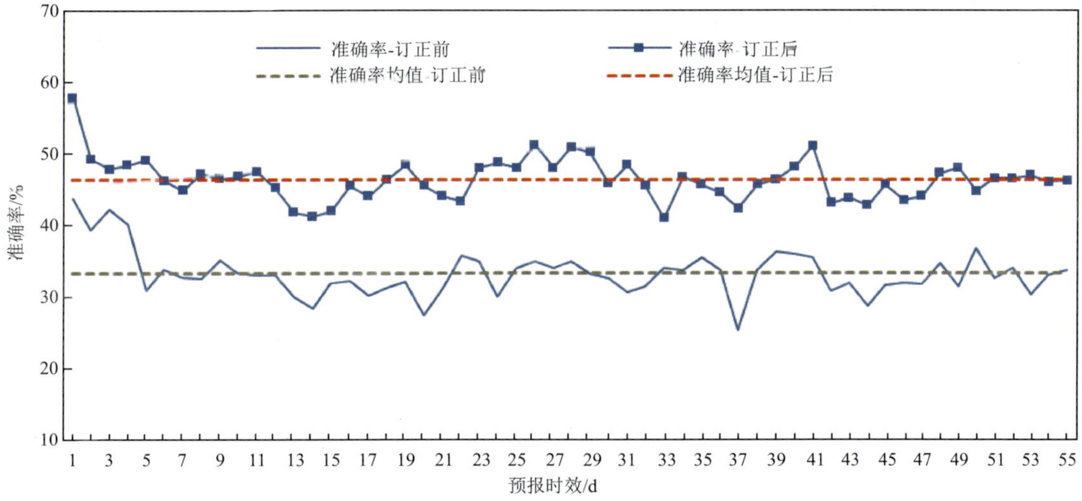


图 5.31　70 m 风速预报订正前后准确率对比

1～50 d 全区风电机组发电气象条件等级预报产品见图 5.32—图 5.34。

### 5.3.2　太阳能长期预报

利用 NCEP CFSv2 向下短波辐射预报数据，结合机器学习订正，制作未来 1～50 d 全区光伏发电气象条件等级预报，即太阳辐射中长期预测图形产品，见图 5.35。

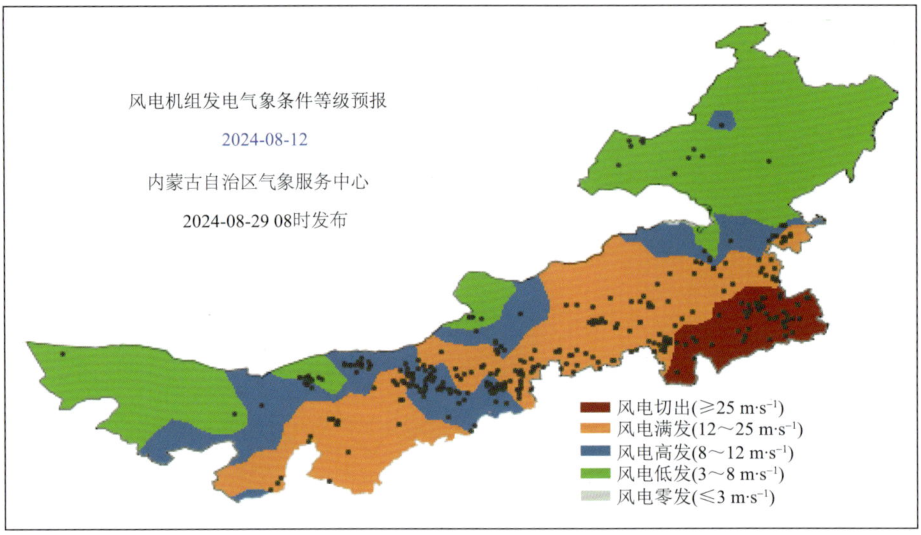


图 5.32　内蒙古全区风电机组发电气象条件等级预报产品

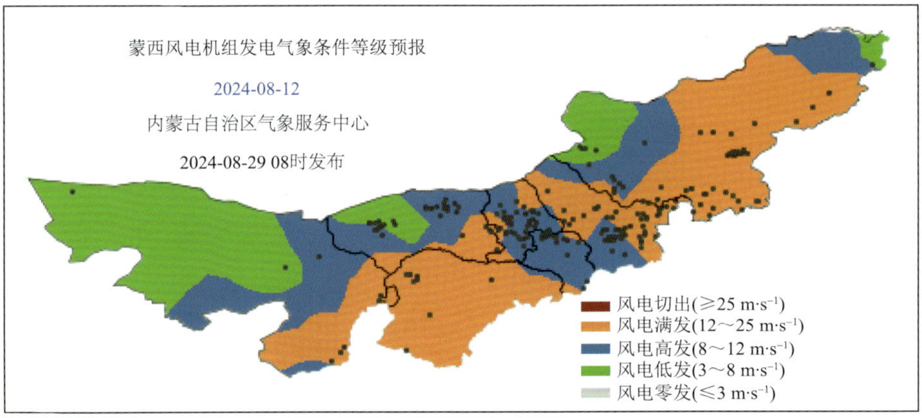


图 5.33　蒙西地区风电机组发电气象条件等级预报产品

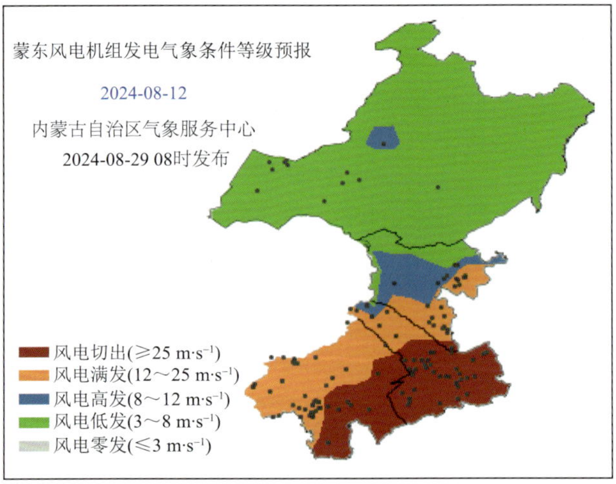


图 5.34　蒙东地区风电机组发电气象条件等级预报产品

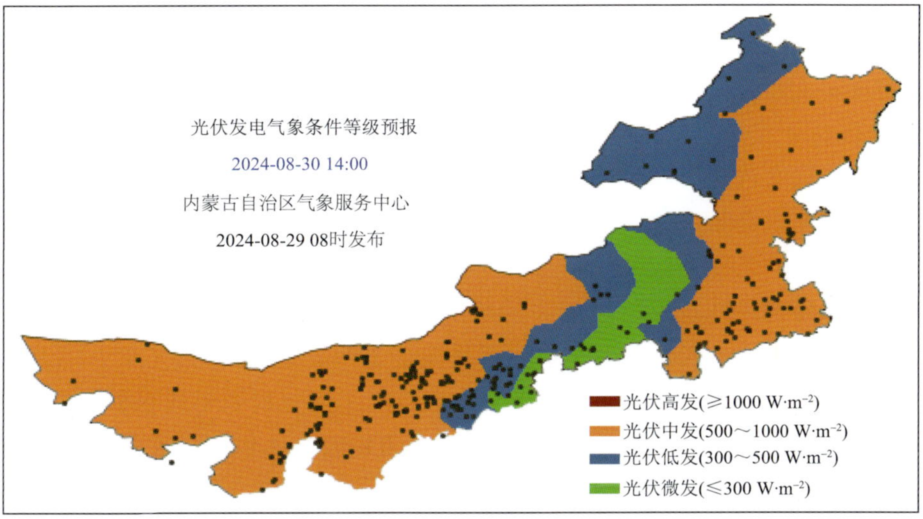


图 5.35 内蒙古全区太阳辐射中长期图形产品

## 5.4 基于卫星辐射产品的光伏电站太阳辐射短期预报

我国属太阳能资源丰富的国家之一，太阳能作为一种可再生的清洁能源，其开发利用对经济发展和环境保护具有重要意义。由于全球大部分地区地面太阳辐射观测站点稀疏，且分布不均，卫星遥感成为研究区域乃至全球地表太阳辐射的最佳方法。然而，卫星反演数据虽然可以提供大范围连续的空间分布信息，但是受仪器灵敏度和响应特征变化的影响，其观测数据存在明显系统性偏差，需要通过地面观测资料的修正来提高卫星产品精度。概率密度匹配法(Probability Density Function Matching Method，简称 PDF 方法)不必分析资料产生系统误差的复杂来源，在订正非独立性系统误差方面具有明显优势，国际上被广泛应用于卫星资料订正。

内蒙古位于中国北部，地势平坦而开阔，由东北向西南斜伸，呈狭长形，总面积 118.3 万 $km^2$，占中国土地面积的 12.3%，是中国第三大省(区)。地貌以蒙古高原为主体，兼有沙漠、沙地、戈壁、平原和草场，其中高原面积占总土地面积的 50%左右，由呼伦贝尔、锡林郭勒、巴彦淖尔—阿拉善及鄂尔多斯等高平原组成，平均海拔 1000 m 左右，海拔最高点贺兰山主峰 3556 m。高原四周分布着大兴安岭、阴山、贺兰山等山脉，构成内蒙古高原地貌的“脊梁”。气候以温带大陆性季风气候为主，有降水量少而不匀，风大，寒暑变化剧烈等特点，日照充足，太阳能资源极其丰富，呈自东向西递增分布，年总辐射量在 1342～1948 $kW \cdot h \cdot m^{-2}$，年日照时数在 2600～3400 h，且在 14 个盟市中，仅二连浩特、阿拉善盟属较稳定地区，其余均属稳定地区，太阳能开发利用价值较高。随着光伏发电产业的快速发展，内蒙古弃光现象普遍存在，光伏发电效率不高，设备闲置现象较为严重。因此，光伏发电气象预报服务能力的提升至关重要。然而，内蒙古地区东西跨度较大，全区仅有8个地面太阳能辐射观测站，且光伏电站自建的辐射观测资料质量普遍较差，难以应用于光伏发电气象预报服务业务中。FY-4A卫星是中国2016年12月发射的新一代静止气象卫星，其反演的地表太阳入射辐射考虑了云、气溶胶、水汽含量、地表反照率、地表海拔高度等影响参数，可以较好地把握不同天气条件对太阳辐射的影响，用以弥补光伏发电气象预报服务业务中辐射观测资料短缺的不足。利用FY-4A卫星逐时总辐照度资料，以内蒙古地面辐射观测为基准，进行FY-4A卫星地表入射太阳辐射产品在内蒙古地区的适用性评估，并探究有效的技术手段，引入PDF方法，对FY-4A卫星地表入射太阳辐射的系统误差进行订正，并开展了FY-4A卫星地表入射太阳辐射产品在地面辐射观测稀疏位置的偏差订正，为无辐射资料或辐射资料质量欠佳的光伏电站，提供更为可靠的实况数据，有助于改进太阳辐射数值模式预报效果，进而有效提升光伏发电气象预报服务能力(徐丽娜 等，2021)。

内蒙古共有8个地面辐射观测站，依次为：额济纳站、乌拉特中旗站、东胜站、二连浩特站、锡林浩特站、索伦站、通辽站、海拉尔站，各站经纬度及海拔高度见表5.16。内蒙古自西向东依次跨越荒漠—草原荒漠—荒漠草原—草原—森林草原等自然带，加之地貌差别，从而导致各个地面辐射观测站所在地理位置土地利用结构差异明显。

表5.16　地面辐射观测站经纬度及海拔高度对照表

| | 额济纳 | 乌拉特中旗 | 东胜 | 二连浩特 | 锡林浩特 | 索伦 | 通辽 | 海拉尔 |
|---|---|---|---|---|---|---|---|---|
| 经度/°W | 101.06 | 108.52 | 110.01 | 111.94 | 116.12 | 121.22 | 122.27 | 119.7 |
| 纬度/°N | 41.96 | 41.57 | 39.82 | 43.63 | 43.95 | 46.6 | 43.6 | 49.25 |
| 海拔高度/m | 939 | 1288 | 1462.2 | 963.1 | 1003 | 499.7 | 178.7 | 649.6 |

FY-4A卫星是我国第二代地球静止轨道定量遥感气象卫星的首发星，搭载了多通道扫描成像辐射计(AGRI)、干涉式大气垂直探测仪(GIIRS)、闪电成像仪(LMI)和空间环境监测仪器包(SEP)4个有效载荷，GIIRS和AGRI的搭载，可以使其在静止轨道上对三维大气进行立体监测，LMI和SEP的搭载，使得FY-4A卫星具有了对闪电、太阳活动和空间活动的持续监测能力，且其探测通道数量、探测精度相较于风云二号卫星有了显著提高。地表太阳入射辐射是FY-4A L2定量反演产品之一，其算法采用离散纵标法辐射传输软件包，在辐射传输计算的基础上，以AGRI短波范围多个反射通道的观测值作为输入及约束条件，反演得到瞬时地表太阳入射辐射值，输出要素包括总辐照度、水平面直接辐照度、散射辐照度(单位：$W \cdot m^{-2}$)。产品覆盖范围为全圆盘，无投影，空间分辨率为4 km，时间分辨率一般为1 h，最高可达15 min。

FY-4A卫星于2016年12月11日00:11(北京时，下同)发射升空，于2018年初完成在轨测试，同年5月1日正式投入业务运行，并通过中国气象局卫星广播系统(CMACast)下发FY-4A L2定量反演产品。基于内蒙古8个地面辐射观测站和FY-4A卫星圆盘图中距离8个观测站最近的像素点，进行FY-4A卫星总辐照度资料在内蒙古地区的适用性评估与订正，以业务运行后的FY-4A SSI产品为研究对象，即选取的逐小时地面辐射观测与FY-4A卫星总辐照度时间周期为2018年5月1日—2020年4月30日。基于太阳辐射的季节变化以及建立 PDF 模型所需的样本数量等因素综合考虑，选取按季建立 PDF 模型方式，将研究周期分为四部分，其中：春季样本时间范围为 2018 年 5 月 1—31 日、2019 年 3 月 1 日—5 月 31 日、2020 年 3 月 1 日—4 月 30 日；夏季样本时间范围为 2018 年 6 月 1 日—8 月 31 日、2019 年 6 月 1 日—8 月 31 日；秋季样本时间范围为 2018 年 9 月 1 日—11 月 30 日、2019 年 9 月 1 日—11 月 30 日；冬季样本时间范围为 2018 年 12 月 1 日—2019 年 2 月 28 日、2019 年 12 月 1 日—2020 年 2 月 28 日。进行 FY-4A 卫星地表入射太阳辐射适用性评估（评估期）时，采用各季全部样本；对其进行订正时，采取随机独立检验方式，即利用各季任意 5 个月样本建立 PDF 模型（模型构建期），剩余 1 个月样本用于模型效果交叉检验（模型验证期）。

依据中华人民共和国国家标准《太阳能资源评估方法》（GB/T 37526—2019）中白天小时辐照度大于 0 的规定，剔除夜晚零辐射以及缺测、异常数据，各季非零有效样本数见表 5.17。由于 FY-4A 卫星目前所采用的辐射传输软件包平面平行算法的局限性，当太阳天顶角大于 70°时，受地球曲率的影响，平面平行模式已不适用，因此，在反演过程中，为保证计算结果的准确性，将太阳天顶角的临界值设为 70°，超过该临界值时，无辐照度产品输出。因此，冬季的有效样本数相对较少，尤其高纬度的海拉尔站在 11 月 25 日—次年 1 月 17 日均无辐照度资料，即冬季有一半以上的时间处于无观测状态，有效样本数太少，仅为 329 个，难以获得具有统计意义的分析结果，因此在将海拉尔站冬季样本剔除，不予对比。

**表 5.17 研究时段内逐小时地面辐射观测与 FY-4A 卫星总辐照度在各季的有效样本数**

单位：个

| 季节 | 额济纳 | 乌拉特中旗 | 东胜 | 二连浩特 | 锡林浩特 | 索伦 | 通辽 | 海拉尔 |
|---|---|---|---|---|---|---|---|---|
| 春季 | 1709 | 1698 | 1696 | 1679 | 1710 | 1688 | 1700 | 1671 |
| 夏季 | 1861 | 1947 | 1940 | 1992 | 1928 | 1937 | 1938 | 1931 |
| 秋季 | 1252 | 1234 | 1304 | 1201 | 1208 | 1126 | 1213 | 1003 |
| 冬季 | 852 | 898 | 918 | 782 | 756 | 539 | 778 | 329 |

（1）PDF 方法

PDF 方法适用于误差大小对数据本身的数值范围具有较强依赖性的产品订正，其主要思想在于通过调整卫星资料的气象要素值，使其和地面观测气象要素的概率密度分布一致，从而达到订正资料系统误差的目的。

随机数据的概率密度函数（Probability Density Function，PDF）表示瞬时幅值落在某指定范围内的概率，即幅值 $x$ 的函数 $f(x)$。随机变量 $X$ 对于任意实数 $x$ 随时间 $t$ 的累积概率密度分布 $F(x)$（Cumulative Distribution Function，CDF）表示为：

$$F(x) = P\{X \leqslant x\} = \int_{-\infty}^{x} f(t)\mathrm{d}t \tag{5.36}$$

对于地面与 FY-4A 卫星辐射资料而言，当样本量足够大时，由式（5.36）可以分别得到稳定的地面辐射观测与 FY-4A 卫星总辐照度的 CDF。累积概率密度为 $P$ 时，对应的地面辐射观测与 FY-4A 卫星总辐照度分别记为 OBS($P$)与 FY($P$)，此时两者具有稳定的差值：

$$\Delta r(P) = \mathrm{FY}(P) - \mathrm{OBS}(P) \tag{5.37}$$

因此，通过计算各时次地面辐射观测的累积概率密度以及该概率密度所对应的 FY-4A 卫星和地面观测总辐照度值，便可求得该时次的 $\Delta r$，以此对各时次 FY-4A 卫星总辐照度 FY 订正，得到订正值$FY_c$：

$$FY_c = FY - \Delta r \tag{5.38}$$

（2）检验方法

中华人民共和国气象行业标准《气象卫星定量产品质量评价指标和评估报告要求》（QX/T 127—2011）中指出：气象卫星定量产品质量评价指标主要包括偏差、绝对误差、相对误差、均方根误差等。通过对比评估期、模型验证期内逐时地面辐射观测与 FY-4A 卫星总辐照度的相关系数（$R$）、平均偏差（ME）、平均绝对误差（MAE）或平均相对误差（MRE），进行 FY-4A 卫星在内蒙古的地表入射太阳辐射适用性评估以及 PDF 模型的效果检验。

令 $x_f$、$x_o$ 分别表示 FY-4A 卫星和地面观测总辐照度，$x'_f$、$x'_o$ 分别表示它们的平均值，$N$ 表示统计时段内样本总量，$i$ 表示统计时段内样本序号。$R$ 、ME、MAE 与 MRE 的计算方法依次见式(5.39)—式(5.42)。

$$R = \frac{\sum_{i=1}^{N}(x_f - x'_f)(x_o - x'_o)}{\sqrt{\sum_{i=1}^{N}(x_f - x'_f)^2}\sqrt{\sum_{i=1}^{N}(x_o - x'_o)^2}} \tag{5.39}$$

$$ME = \frac{1}{N}\sum_{i=1}^{N}(x_f - x_o)_i \tag{5.40}$$

$$MAE = \frac{1}{N}\sum_{i=1}^{N}|(x_f - x_o)|_i \tag{5.41}$$

$$MRE = \frac{1}{N}\sum_{i=1}^{N}\left(\frac{|(x_f - x_o)|}{x_o}\right)_i \tag{5.42}$$

### 5.4.1 FY-4A 卫星总辐照度资料在内蒙古地区的适用性评估

FY-4A 卫星等卫星遥感产品的质量评估可以通过和地面实际观测或者国外同类遥感产品的交叉比对来完成，利用 FY-4A 卫星圆盘图中距离地面辐射观测站最近的像素点，代表 FY-4A 卫星地表太阳入射辐射在内蒙古地区的反演情况，通过与地面辐射观测站总辐照度的对比分析，进行 FY-4A 卫星总辐照度资料在内蒙古地区的适用性评估，初步掌握 FY-4A 卫星地表入射太阳辐射产品在内蒙古地区的反演效果及系统误差分布情况，以期进一步开展 FY-4A 卫星总辐照度订正方法研究。

图 5.36 为各站逐时地面辐射观测与 FY-4A 卫星总辐照度在评估期的相关系数与平均相对误差分布。从两者相关性上看，各站相关性较高，相关系数在 0.62～0.86，均通过了 $\alpha=0.01$ 的置信度检验。空间上大体呈现由西向东缓慢递增的趋势，即东部地区的相关性好于西部。研究表明，地表覆盖类型在一定程度上会影响卫星传感器提供信息的准确度。如微波发射率与土壤湿度、地面粗糙度、植被类型、冠层和冰积雪等一系列高度可变的地表特征都存在着复杂的关系，不同地表特征使微波发射率波动较大，导致卫星产品在不同地形区表现各异。内蒙古地貌及土地利用结构的东西差异，可能是造成内蒙古地区 FY-4A 卫星总

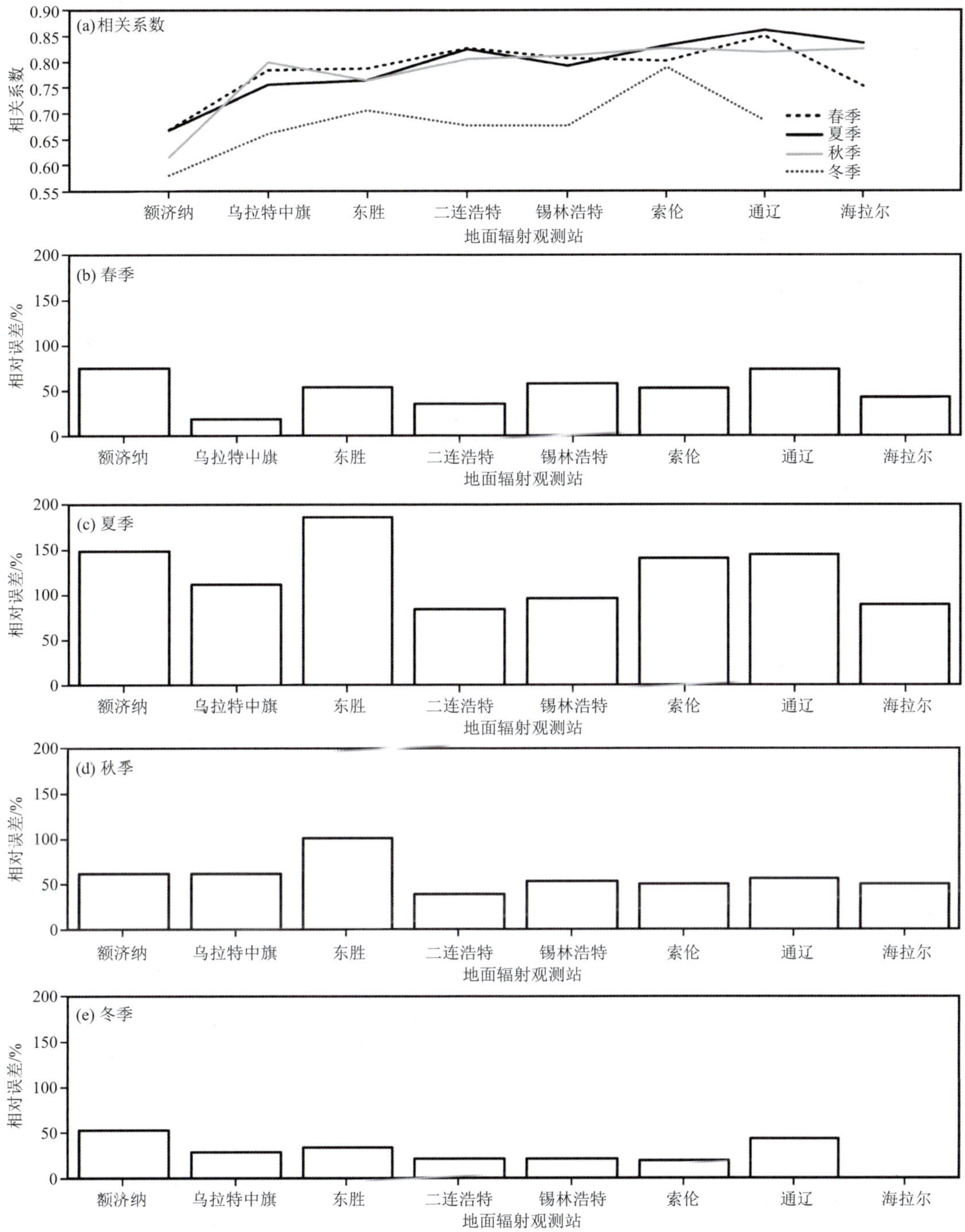


**图 5.36 地面辐射观测与 FY-4A 卫星反演总辐照度的相关系数与平均相对误差分布**

辐照度与地面辐射观测的相关性差异的重要原因。其季节分布特征表现为春、夏、秋三季的相关系数明显高于冬季，这与卫星降水产品在中国区域的精度特征评估结果比较一致，可能与地表太阳入射辐射反演算法有关。相对误差的空间分布大致为低纬度站高于高纬度站，这大致与测站所在位置下垫面地表反射率的大小有关，尤其夏季沙地和丘陵地区的地表反射率大于草地，使得相应测站实际的散射辐射增大，从而导致 FY-4A 卫星相对误差较大。从季节分布上看，各站各季的平均相对误差在一年中差别较大，在 19%～185%，表现为冬季＜春季＜秋季＜夏季，这与各季中云天出现频次密切相关。云天条件下，即地面辐射观测值较小时，容易出现较高的相对误差。

各季中，FY-4A 卫星总辐照度的平均偏差随辐照度等级的变化特征并没有表现出特别突出的区域差异，因此，通过求取站点平均，来讨论 FY-4A 卫星总辐照度的平均偏差在内蒙古地区的总体分布情况。从图 5.37 可见，平均偏差在（$-167\ W \cdot m^{-2}$，$315\ W \cdot m^{-2}$）区间内，在不同的辐照度等级，平均偏差明显不同。各季中平均偏差均随辐照度的增加而减小，负偏差出现时的辐照度等级依次为冬季＜秋季＜春季＜夏季，即冬季（图 5.37d）更易出现负偏差，而夏季（图 5.37b）更偏向于出现正偏差。当辐照度＜$400\ W \cdot m^{-2}$ 时，FY-4A 卫星总辐照度在各季均呈现正偏差；辐照度＞$700\ W \cdot m^{-2}$ 时，FY-4A 卫星总辐照度在各季均呈现负偏差。这就表明，FY-4A 卫星太阳入射辐射产品存在明显的非独立系统误差，具有对低值辐射高估、高值辐射低估的特征。

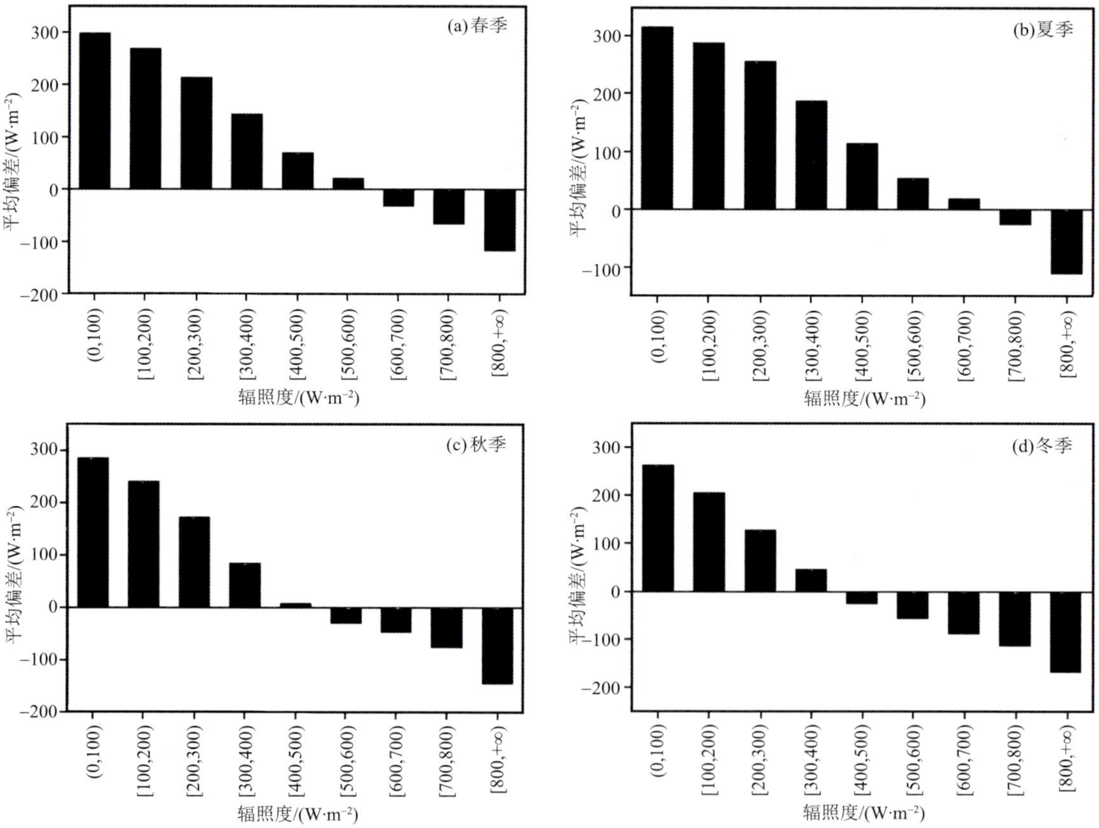


图 5.37　各季中 FY-4A 卫星总辐照度的平均偏差随辐照度等级分布

## 5.4.2　基于概率密度匹配方法的 FY-4A 卫星地表入射太阳辐射订正

非独立系统误差表现为随时间和空间变化较大，常规线性方法难以订正。然而，一定时空范围内，太阳辐射的概率密度分布相对稳定，且从上述分析可知，FY-4A 卫星总辐照度平均偏差的大小对辐照度等级具有很强的依赖性，因此尝试利用 PDF 方法对其订正。考虑到太阳辐射的时间尺度变化，同时内蒙古东西跨度较大，东部与西部的太阳辐射差异明显，且为了保证选取的样本量足够多，统计上能够得到稳定的累积概率密度，选择对逐个站点按季建立 PDF 模型。研究发现，4 个季节地面观测和 FY-4A 卫星总辐照度的 CDF 曲线总是相交于某一点，小于该点 CDF 值时，FY-4A 卫星总辐照度偏高；大于该点 CDF 值时，FY-4A 卫星总辐照度偏低，这与 FY-4A 卫星“对低值辐射高估、高值辐射低估”的平均偏差特征相关。从乌拉特中旗站春季地面观测和 FY-4A 卫星总辐照度的 CDF 与 PDF 分布图(图 5.38)上可见，当 CDF≤0.5 时，相同 CDF 对应的地面观测辐照度低于 FY-4A 卫星总辐照度；当 CDF≥0.5 时，相同 CDF 对应的地面观测高于 FY-4A 卫星总辐照度。根据 PDF 方法的订正思路：相同的累计概率密度值对应不同的地面观测和 FY-4A 卫星总辐照度时，利用两者的偏差来订正 FY-4A 卫星总辐照度。以图 5.38 为例，当 CDF＝0.2 时，地面观测辐照度为 340 $W \cdot m^{-2}$，FY-4A 卫星总辐照度为 450 $W \cdot m^{-2}$，则此时 FY-4A 卫星总辐照度的偏差为 110 $W \cdot m^{-2}$。根据 CDF 分布函数，可以逐一得到地面辐射观测样本序列的累积概率密度值，利用该概率密度所对应的地面观测值与 FY-4A 卫星总辐照度值相减进行两者偏差计算，得到建模期每个样本的 $\Delta r$，利用式(5.38)对订正目标序列中每个样本的 FY-4A 卫星总辐照度进行订正。订正前，FY-4A 卫星总辐照度的 PDF 较地面观测更为集中，也就是说，FY-4A 卫星总辐照度的分布区间较地面辐射观测显著偏小，订正后 FY-4A 卫星的 PDF 明显接近实际观测。

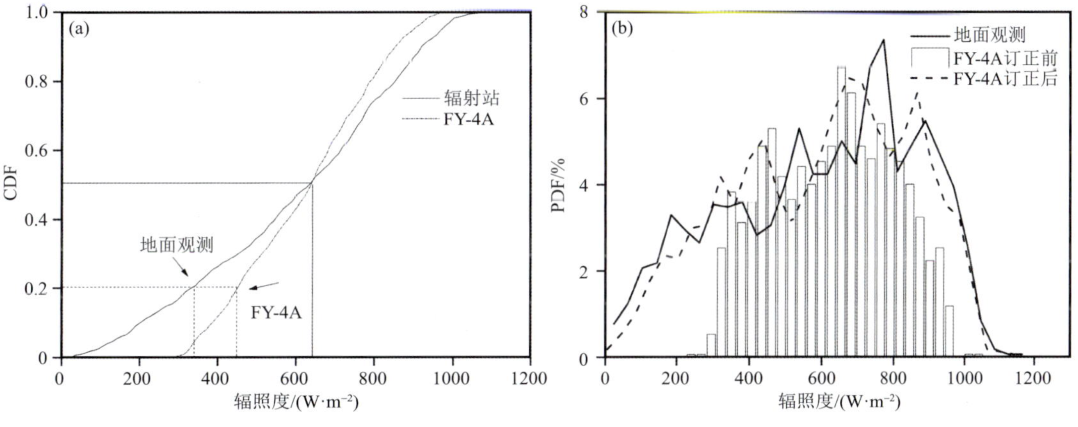


图 5.38 春季乌拉特中旗站地面观测和 FY-4A 卫星反演辐照度的 CDF 与 PDF 分布

由上述分析可知，PDF 方法可以对模型构建期的 FY-4A 卫星总辐照度较为有效地予以订正，然而利用 2018 年 5 月 1 日—2020 年 4 月 30 日样本，按季建立的 PDF 模型是否能够代表各站太阳辐射稳定的概率密度季节分布特征，还需要进一步检验。基于有限样本数量的考虑，利用各季任意 5 个月样本建立 PDF 模型，剩余 1 个月样本用于模型效果交叉检验。

图 5.39 为模型验证期，订正前后 FY-4A 卫星总辐照度与地面辐射观测的相关系数和平均绝对误差对比。各季相关系数和平均绝对误差较订正前均有较大幅度改善，相关系数由 0.37～0.91 提升至 0.83～0.96，通过了 $\alpha=0.01$ 的置信度检验。平均提升了 25.7%，平

均绝对误差由 5.2～404.9 W·m$^{-2}$降低至 5.3～139.1 W·m$^{-2}$，平均降低了 67 W·m$^{-2}$。订正后，相关系数曲线与订正前大体一致，可见订正后相关系数的区域与季节分布特征，与原始 FY-4A 卫星基本一致。订正前若平均绝对误差较大，订正后平均绝对误差下降较为明显，但是订正前若平均绝对误差较小，可能会出现平均绝对误差增大的情况。

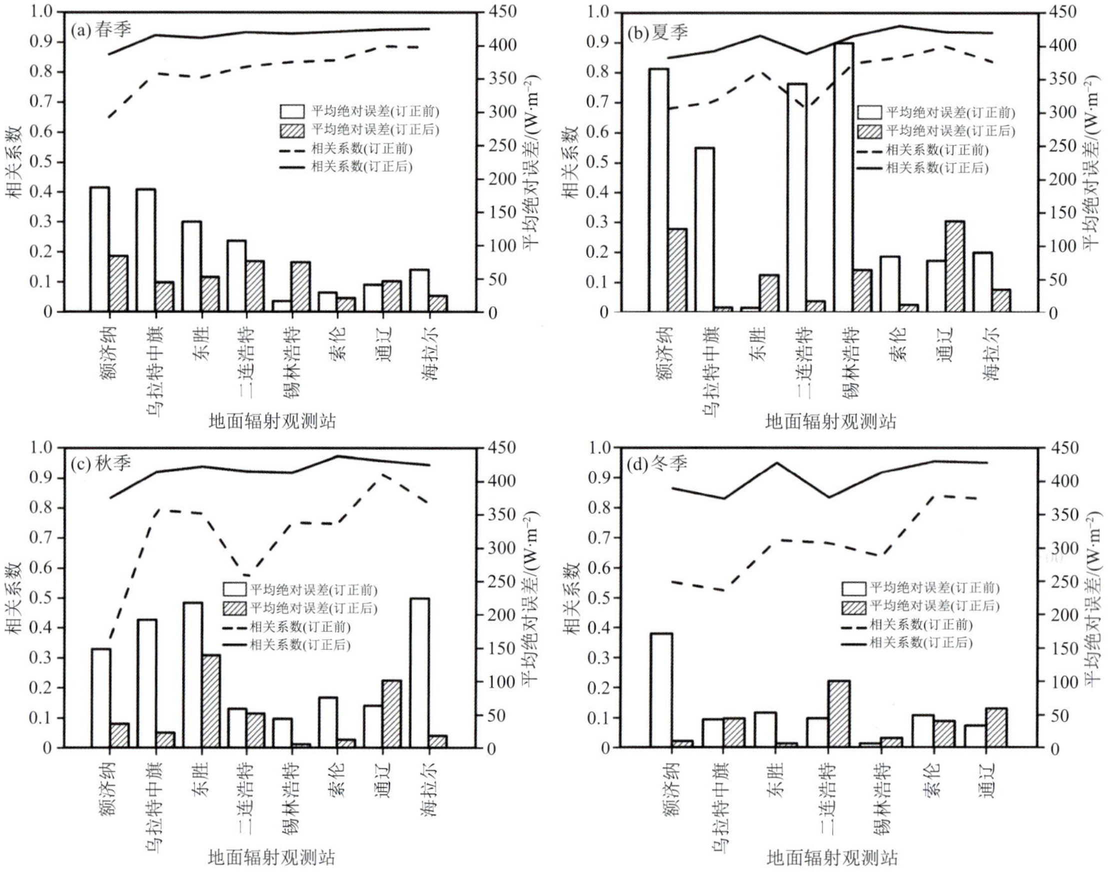


图 5.39 模型验证期订正前后相关系数和平均绝对误差对比

验证期内，订正前后 FY-4A 卫星总辐照度在各季的平均偏差随辐照度等级分布见图 5.40。从图上可以看出，平均偏差由－150.7～305.2 W·m$^{-2}$下降到－98.2～78.9 W·m$^{-2}$，订正后正负偏差分布基本与订正前一致，在低于 400 W·m$^{-2}$时，以正偏差为主，高于 600 W·m$^{-2}$时，以负偏差为主，由于 PDF 方法根据地面辐射观测 CDF 来调整 FY-4A 卫星的值，相同 CDF 时，$\Delta r$ 相同，因此 PDF 方法在有效减小系统误差，使 FY-4A 卫星总辐照度更接近于真实值的同时，还可以较好地保持卫星资料的误差分布特征。当辐照度＜400 W·m$^{-2}$时，订正效果尤为显著。总之，PDF 方法对 FY-4A 卫星总辐照度具有较好的订正效果，能够较好地改善云天辐照度，对提升 FY-4A 卫星地表入射太阳辐射反演产品质量具有明显作用。

从订正前后辐照度随时间的变化曲线上看，订正后的辐照度曲线与地面观测较为一致。图 5.41 为锡林浩特站秋季验证期(2018 年 10 月 1—31 日)订正前后 FY-4A 卫星总辐照度变化曲线对比。可以看到，PDF 方法使订正后的 FY-4A 卫星总辐照度更接近于地面观测

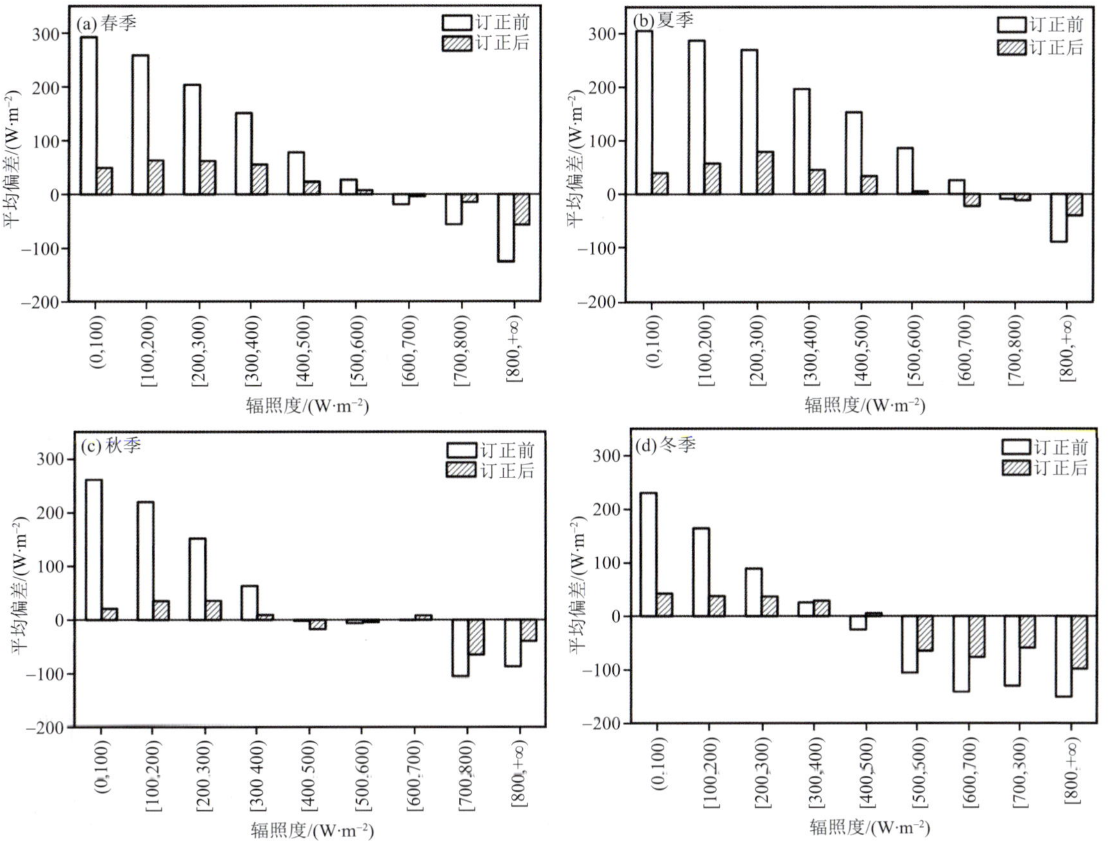


图 5.40 模型验证期订正前后平均偏差随辐照度等级分布

值，平均偏差由 47.20 $W \cdot m^{-2}$降至−5.2 $W \cdot m^{-2}$，对低值辐照度改善效果尤为明显，如 10 月 7—10 日，受内蒙古东部地区降雪天气影响，锡林浩特站连续数日太阳辐射观测走低，FY-4A 卫星总辐照度值偏高明显，经 PDF 方法订正后，有效改善了 FY-4A 卫星对云天辐照度高估的缺陷，但是对高值辐照度低估的改进效果还需要进一步完善。总体而言，利用 2018 年 5 月 1 日—2020 年 4 月 30 日 2 年的历史资料，按季建立 PDF 模型，可以反映地面观测与 FY-4A 卫星总辐照度在内蒙古地区的分布特征，对改善 FY-4A 卫星总辐照度在内蒙古地区的适用性具有明显的效果。

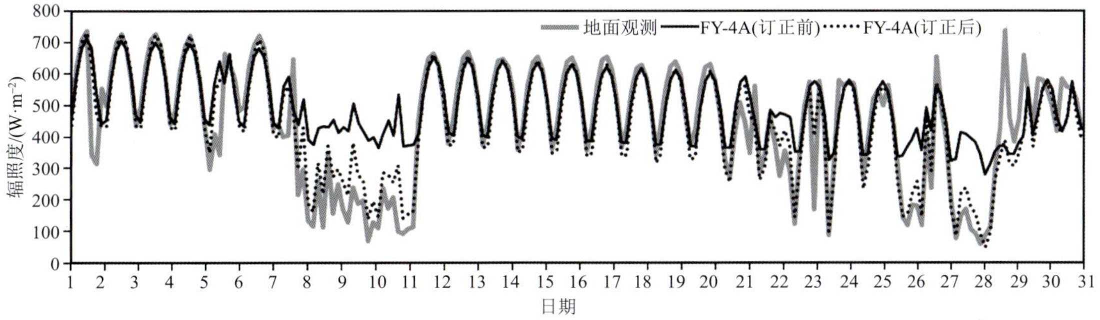


图 5.41 2018 年 10 月 1—31 日锡林浩特站 FY-4A 卫星总辐照度订正前后对比

### 5.4.3 地面辐射观测稀疏地区的 FY-4A 卫星地表入射太阳辐射产品订正

干旱、半干旱地区具有少雨、入射辐射强等特点，是发展大规模光伏产业的理想区域。以内蒙古中西部地面辐射观测稀疏地区的三家光伏电站（FWMSG、GDBRB、GDWET）为研究区，光伏电站与距其最近的国家级地面辐射观测站（简称地面辐射观测站，下同）的距离在 200 km 以上，详见图 5.42。该图基于中华人民共和国自然资源部地图技术审查中心标准地图服务系统下载的审图号为蒙 S(2019)33 号的标准地图制作，底图无修改。文中涉及的数据资料包括国家级自动气象站日照时数和降水量，地面辐射观测站、光伏电站的逐时地面辐射观测与 FY-4A SSI 产品，其中，地面辐射观测站资料用于模型构建，光伏电站辐射观测资料用于模型效果检验。

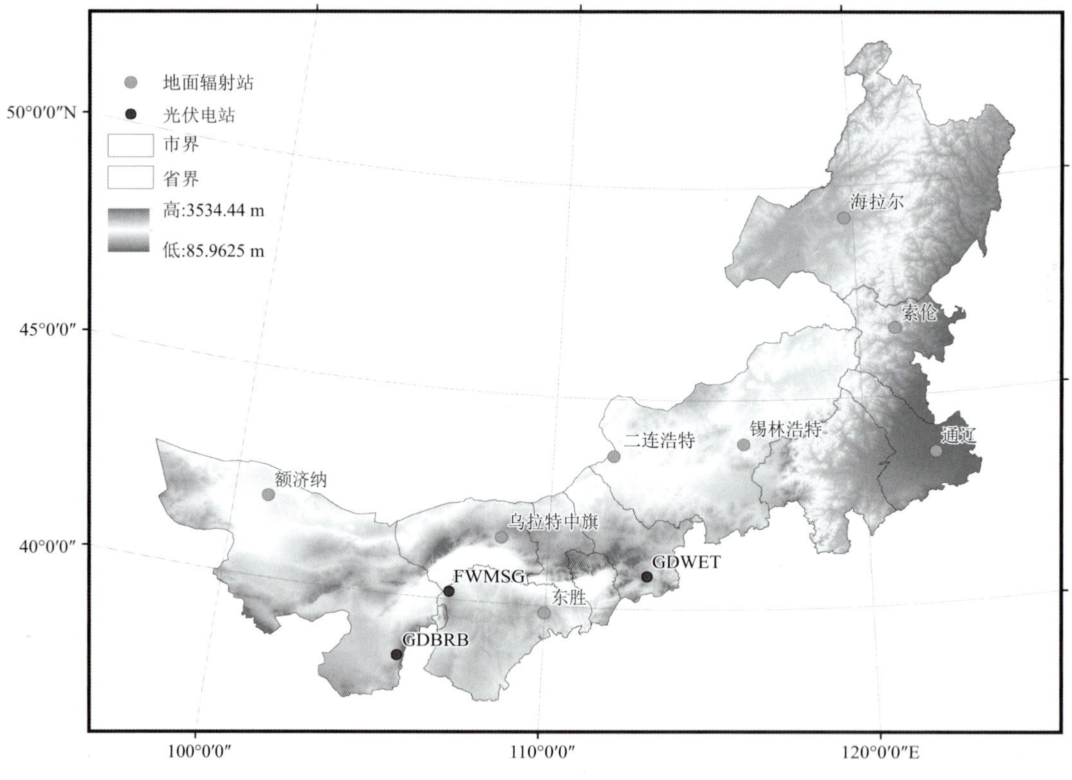


图 5.42 所选研究区及地面辐射观测站空间位置示意图

通过 2019 年 1 月 1 日—12 月 31 日三家光伏电站的辐射观测与最近地面辐射观测、FY-4A 卫星地外辐射之间的数据对比，进行研究区辐射观测数据的可靠性检验，结果见图 5.43。从图 5. 43a、b 可见，FWMSG、GDBRB 光伏电站辐射数据均存在长时间序列、超过地外辐射值的异常偏大值；从图 5.43c 可见，GDWET 的辐射数据质量相对较好，与东胜站的辐射变化趋势也较为接近。对光伏电站辐射观测异常值予以剔除，得到用于模型检验的三家光伏电站样本周期分别为 FWMSG：2019 年 5 月 9 日—8 月 21 日，GDBRB：2019 年 1 月 1 日—7 月 15 日，GDWET：2019 年 1 月 1 日—12 月 31 日。

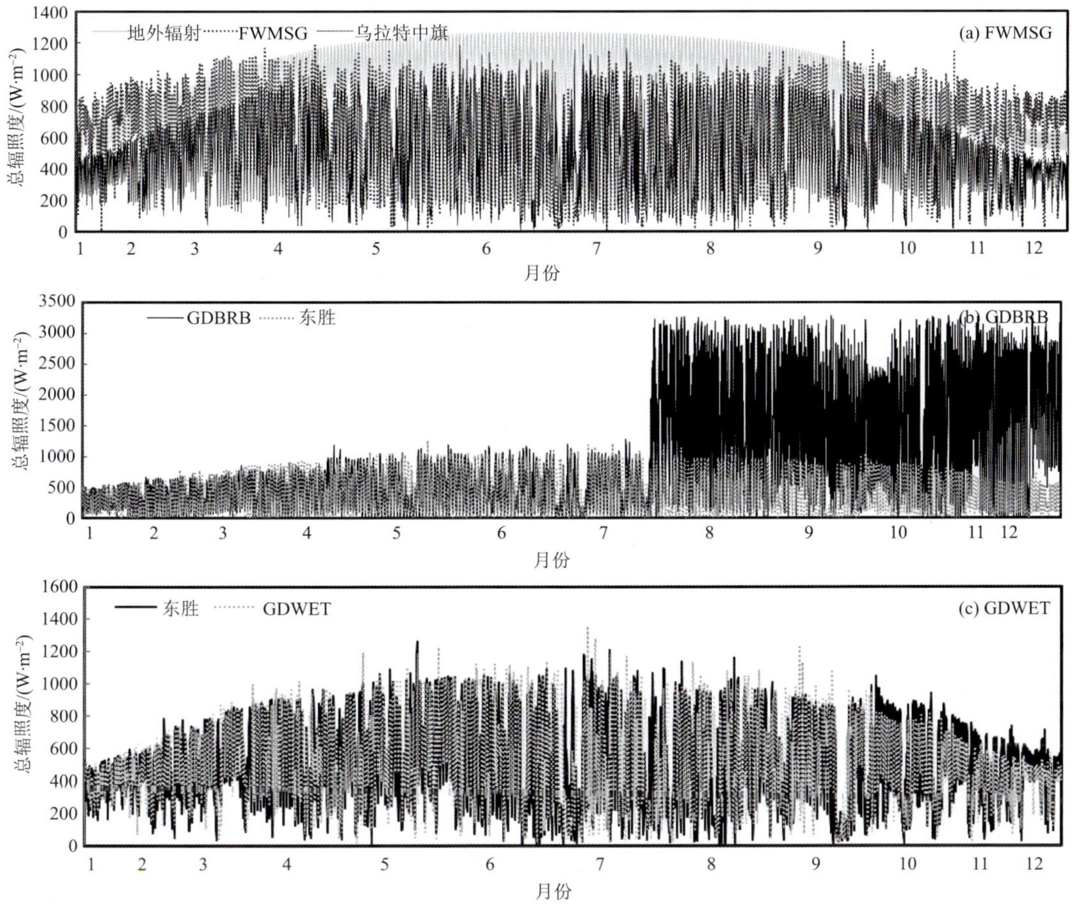


图 5.43 研究区 FWMSG(a)、GDBRB(b)及 GDWET(c)辐射观测数据可靠性检验

分别计算三家光伏电站样本周期内辐射观测与周边地面辐射观测总辐照度的相关系数，见表 5.18。相关系数均通过了 $\alpha=0.01$ 的置信度检验，相关性的大小基本取决于光伏电站与地面辐射观测站之间的距离，距离越近，相关系数越大，反之亦然。

表 5.18 光伏电站辐射观测与周边地面辐射观测的相关系数

| 光伏电站 | 地面辐射观测站 | | | | |
|---|---|---|---|---|---|
| | 额济纳 | 乌拉特中旗 | 东胜 | 二连浩特 | 锡林浩特 |
| FWMSG | 0.400 | 0.539 | 0.490 | 0.321 | 0.230 |
| GDBRB | 0.493 | 0.511 | 0.544 | 0.407 | 0.298 |
| GDWET | 0.430 | 0.570 | 0.565 | 0.564 | 0.497 |

针对每个光伏电站，选取适当的时空窗口，收集该时空窗口内地面辐射观测站和 FY-4A 卫星圆盘图中距离观测站和光伏电站最近的像素点逐时资料，利用 PDF 方法，对研究区的 FY-4A 卫星地表入射太阳辐射偏差订正效果展开讨论，以期为地面辐射观测稀疏位置的 FY-4A SSI 产品订正提供合理的解决方案(徐丽娜 等，2022a)。

利用时空窗口内地面辐射观测站和 FY-4A 卫星圆盘图中距离观测站、光伏电站最近的像素点逐时资料，分别计算得到三者的 CDF。累积概率密度为 $P$ 时，对应的地面辐射观测与观测站位置 FY-4A 卫星总辐照度分别记为 OBS($P$) 与 $FY_o(P)$，此时两者具有稳定的差值：

$$\Delta r_1(P) = FY_o(P) - OBS(P) \tag{5.43}$$

同时，光伏电站位置 FY-4A 卫星总辐照度，记为 FY（$P$），与观测站位置 FY-4A 卫星总辐照度 $FY_o(P)$ 之间，也具有稳定的差值：

$$\Delta r_2(P) = FY(P) - FY_o(P) \tag{5.44}$$

在光伏电站位置 FY-4A 卫星总辐照度 CDF 曲线上检索各时次 FY2 对应的 CDF 以及该 CDF 所对应的地面观测和观测站位置 FY-4A 卫星总辐照度值，求得该时次的 $\Delta r_1$ 和 $\Delta r_2$，来计算光伏电站位置的订正值$FY_c$：

$$FY_c = FY - \Delta r_2 - \Delta r_1 \tag{5.45}$$

太阳辐射具有明显的季节变化规律。对于内蒙古地区而言，太阳辐射的季节变化表现为单峰型，即夏季最大，春秋次之，冬季最小。从 1961—2017 年四季平均太阳总辐射的空间分布上看，各季太阳辐射均符合由东北到西南递增的变化趋势，具体表现为：春季高值区主要分布在阿拉善盟东部、乌海市和巴彦淖尔市西部，夏季高值区位于阿拉善盟西部的额济纳旗和拐子湖一带，秋季高值区为阿拉善盟大部分地区，冬季高值区分布于阿拉善盟南部、乌海市和鄂尔多斯市南部；各季低值区主要分布在呼伦贝尔市、兴安盟、通辽市、赤峰市东北部、锡林郭勒盟东北部以及鄂尔多斯市东北部地区。

时空窗口的选取，需要考虑太阳辐射的时空变化特征。针对内蒙古地区太阳辐射四季差异显著的季节变化特征，以季节作为时间窗口，空间窗口依据光伏电站所在位置的太阳能资源分布情况而定，采取高相关原则，即选取与光伏电站辐射观测相关系数最高的观测站作为光伏电站空间窗口匹配的地面辐射观测站，剔除零辐射以及缺测、异常数据，匹配结果及各季非零有效建模样本数见表 5.19。由于 FY-4A 卫星目前所采用的辐射传输软件包平面平行算法的局限性，当太阳天顶角大于 70°时，受地球曲率的影响，平面平行模式已不适用，因此，在反演过程中，为保证计算结果的准确性，将太阳天顶角的临界值设为 70°，超过该临界值时，无辐照度产品输出。因此，冬季的有效样本数相对较少。针对这一问题，在实际业务中已实现利用“比值法”进行缺测时次插补，因此仅对 FY-4A 卫星反演辐照度的订正开展研究。

**表 5.19　光伏电站空间窗口匹配的地面辐射观测站结果**

单位：个

| 光伏电站 | 地面辐射观测站 | 各季有效样本数 | | | |
|---|---|---|---|---|---|
| | | 春季 | 夏季 | 秋季 | 冬季 |
| FWMSG | 乌拉特中旗 | 229 | 867 | — | — |
| GDBRB | 东胜 | 772 | 450 | — | 252 |
| GDWET | 乌拉特中旗 | 815 | 929 | 581 | 420 |

依次利用每一个光伏电站时空窗口内非零有效样本，计算各个季节地面观测与 FY-4A 卫星稳定的累积概率密度分布。图 5.44 为 GDWET 各季地面观测与 FY-4A 卫星总辐照度的累积概率密度分布，从图上可以看出，地面观测与 FY-4A 卫星总辐照度总相交于某一点，

CDF 值处于该点下方时，FY-4A 卫星总辐照度较地面观测偏高；CDF 值处于该点上方时，FY-4A 卫星总辐照度较地面观测偏低，说明 FY-4A 卫星存在“对低值辐射高估、高值辐射低估”的偏差分布特征。也就是说，某一时刻 FY-4A 卫星总辐照度的偏差大小对该时刻数据本身的数值范围具有一定的依赖性。此外，交点处 CDF 值的大小与季节有关，冬季该点 CDF 值最小，春秋次之，夏季最大。说明 FY-4A 卫星在冬季更易出现负偏差，夏季易于出现正偏差。利用各时次光伏电站位置 FY-4A 卫星总辐照度值，求得该时次对应的 CDF 值，再通过计算该 CDF 值对应的 $\Delta r_1$、$\Delta r_2$，最终得到 FY-4A 卫星总辐照度的订正值。

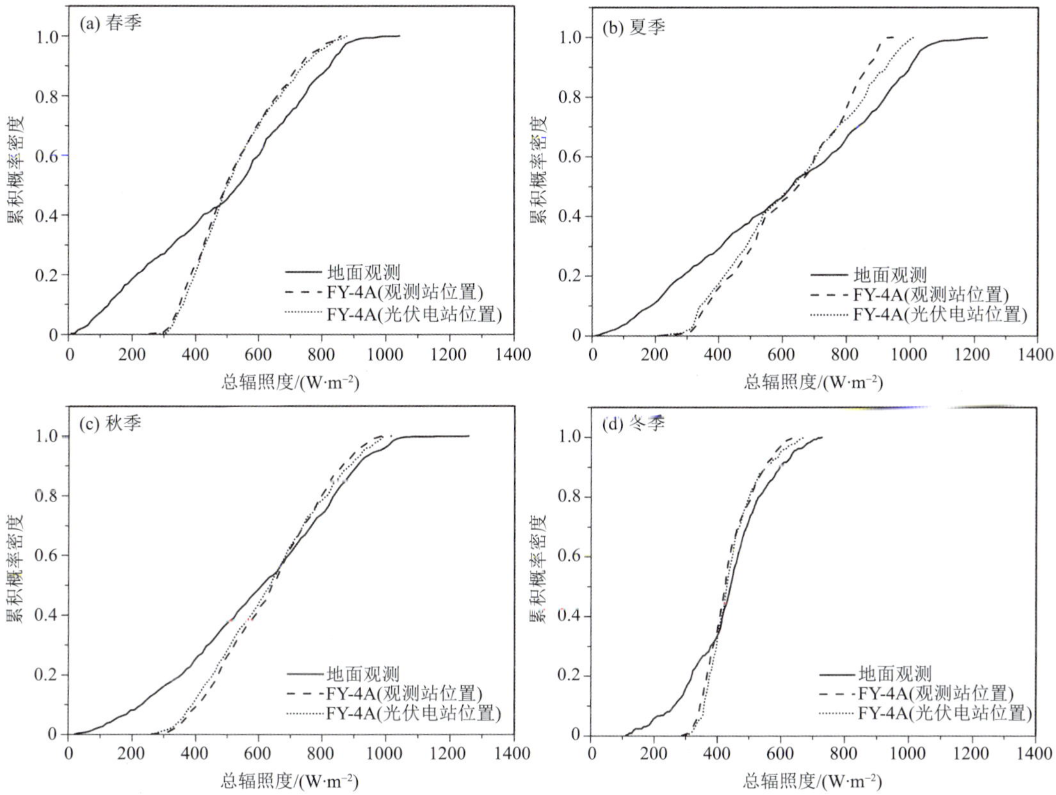


图 5.44 GDWET 时空窗口内地面观测与 FY-4A 卫星总辐照度的累积概率密度分布

（1）完整样本检验

图 5.45 为研究区订正前后相关系数、平均误差、平均绝对误差、平均绝对百分比误差对比。从图上可以看到，订正后，三家光伏电站的相关系数、平均误差、平均绝对误差、平均绝对百分比误差均有不同程度的改善，平均误差、平均绝对百分比误差改善效果尤为明显。其中，FEMSG 相关系数由 0.83 提升至 0.84，平均误差由 113.5 $W \cdot m^{-2}$ 降至 68.4 $W \cdot m^{-2}$，平均绝对误差由 174.0 $W \cdot m^{-2}$ 降至 135.3 $W \cdot m^{-2}$，平均绝对百分比误差由 92.6% 降至 57.4%；GDBRB 相关系数由 0.84 提升至 0.85，平均误差由 50.8 $W \cdot m^{-2}$ 降至 12.6 $W \cdot m^{-2}$，平均绝对误差由 107.8 $W \cdot m^{-2}$ 降至 92.8 $W \cdot m^{-2}$，平均绝对百分比误差由 44.4% 降至 27.0%；GDWET 相关系数由 0.83 提升至 0.85，平均误差由 43.0 $W \cdot m^{-2}$ 降至 24.6 $W \cdot m^{-2}$，平均绝对误差由 113.0 $W \cdot m^{-2}$ 降至 101.2 $W \cdot m^{-2}$，平均绝对百分比误差由 54.8% 降至

39.1%。整体来看，FY-4A卫星在三家光伏电站位置较实况偏大，均以正偏差为主，PDF方法可以有效改善FY-4A卫星的过高估计问题，且原始偏差越大，订正后下降越明显。

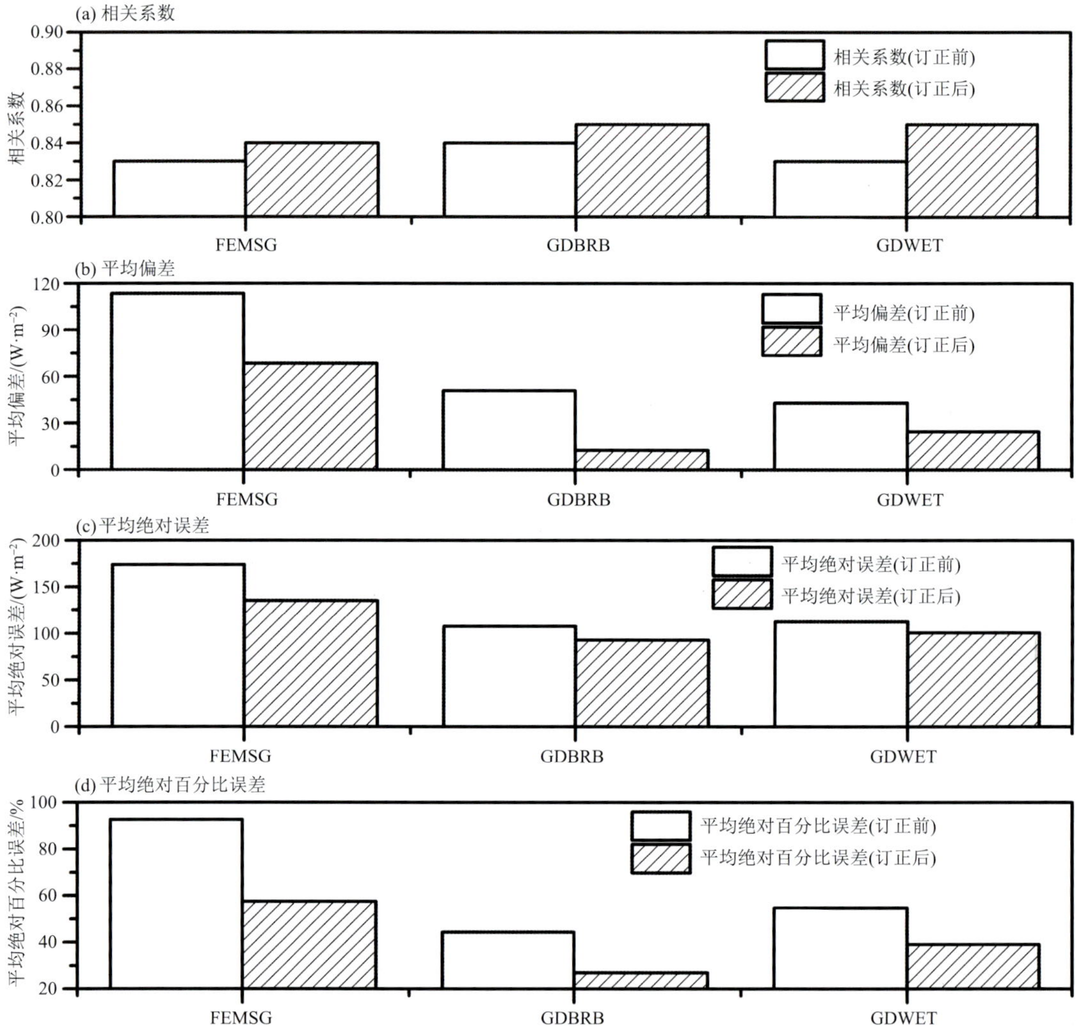


图5.45 订正前后相关系数(a)、平均偏差(b)、平均绝对误差(c)、平均绝对百分比误差(d)对比

(2)辐照度分级检验

为检验PDF方法对低值辐射、高值辐射的改进效果，将光伏电站观测总辐照度划分为(0,100)、[100,200)、[200,300)、[300,400)、[400,500)、[500,600)、[600,700)、[700,800)、[800,+∞)9个等级，进行不同辐照度等级下PDF方法订正效果分析。

订正前后平均偏差、平均绝对误差、平均绝对百分比误差随辐照度等级分布见图5.46。从图上可以看出，订正前，随着辐照度等级的增加，FY-4A卫星的平均偏差、平均绝对百分比误差逐渐减小，平均绝对误差呈先减小后增加趋势：总辐照度<400 $W \cdot m^{-2}$时，FY-4A卫星表现为明显的正偏差，平均偏差和平均绝对误差的值大致相同，400 $W \cdot m^{-2}$≤总辐照度<800 $W \cdot m^{-2}$时，平均偏差的不确定性较大，总辐照度≥800 $W \cdot m^{-2}$时，FY-4A卫星表现

为明显的负偏差。总辐照度<400 $W \cdot m^{-2}$时，订正后的平均偏差由 129.8～312.2 $W \cdot m^{-2}$降至−1.9～183.4 $W \cdot m^{-2}$，平均绝对误差由 138.4～312.2$W \cdot m^{-2}$降至 87.4～197.5 $W \cdot m^{-2}$，平均绝对百分比误差由 40.3%～605.5%降至 39.2%～307.5%，PDF 方法的改进效果明显，400 $W \cdot m^{-2}$≤总辐照度<800 $W \cdot m^{-2}$时，从订正结果看，在该辐照度等级范围内 FY-4A 卫星误差相对较小，PDF 方法存在负回报，这与 FY-4A SSI 产品在该辐照度等级范围内，正负偏差的不确定性有关。当总辐照度≥800 $W \cdot m^{-2}$时，订正后的平均偏差、平均绝对误差、平均绝对百分比误差均较订正前有所改善。可见，PDF 方法对小于 400 $W \cdot m^{-2}$的低值辐射和大于 800 $W \cdot m^{-2}$的高值辐射均具有较好的改善作用，可以有效弥补 FY-4A 卫星的"低值辐射高估，高值辐射低估"问题。

从三家光伏电站的订正结果对比看，PDF 方法对三家光伏电站的订正效果相当。因此，结合太阳辐射的时空变化特征，选取合适的时空窗口，基于时空窗口内的地面辐射观测订正有效区域内的 FY-4A SSI 产品是可行的。

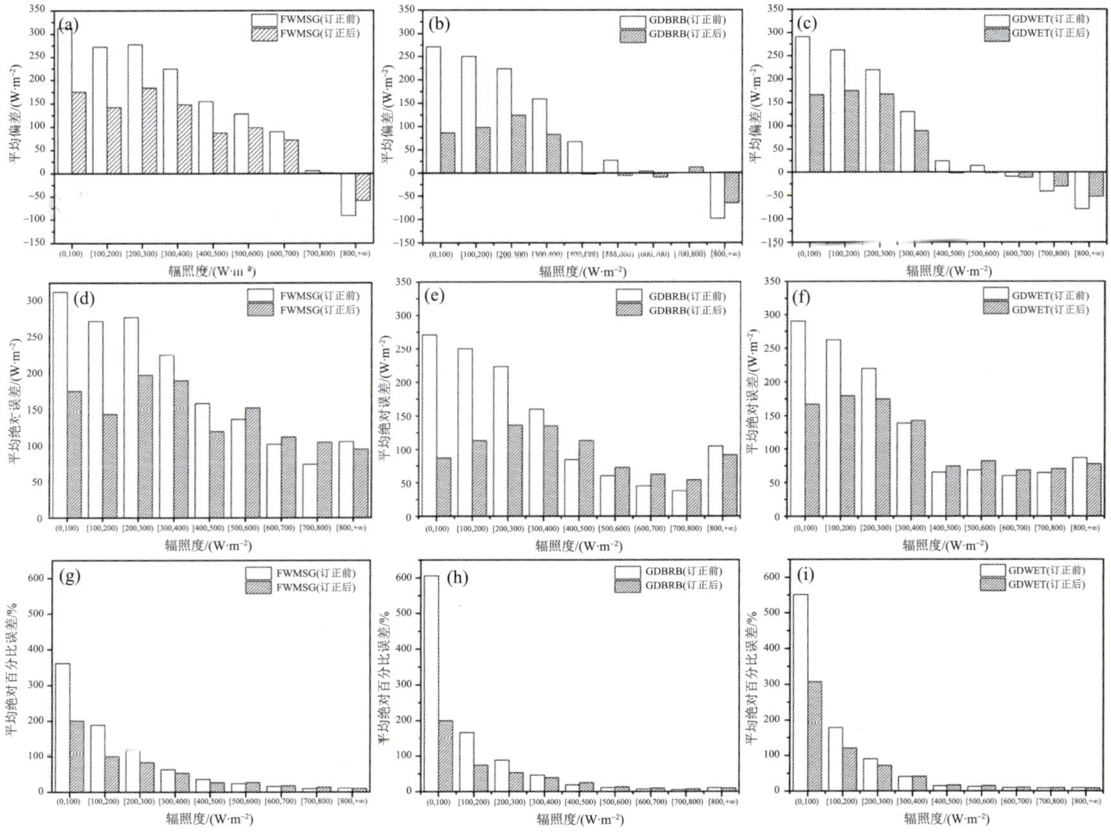


图 5.46 订正前后平均偏差(a—c)、平均绝对误差(d—f)、平均绝对百分比误差(g—i)随辐照度等级的对比

(3)降水或阴天气象条件检验

就近选取国家级自动气象站磴口、阿拉善左旗、察哈尔右翼前旗逐时日照时数、降水量依次代表 FWMSG、GDBRB、GDWET 光伏电站位置的辐射气象条件，分两种天气类型，类型Ⅰ：逐时降水量 > 0 mm，类型Ⅱ：逐时降水量=0 mm、0≤日照时数≤0.3 h，来进一步探

讨 PDF 方法对降水或阴天气象条件下辐照度的改进效果，检验结果见图 5.47。类型Ⅰ下平均绝对误差较订正前减小了 36.7%～62.2%，类型Ⅱ下平均绝对误差较订正前减小了 19.9%～32.2%，可见，PDF 方法对这两种天气类型下的 FY-4A 卫星总辐照度具有较强的订正能力，对降水气象条件下的改进效果尤为明显。

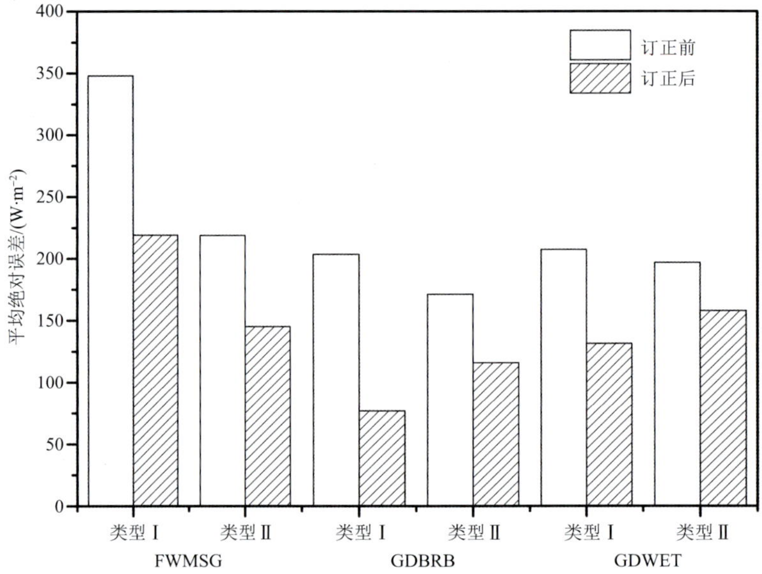


图 5.47 不同天气类型下订正前后平均绝对误差对比

（4）季节检验

受光伏电站辐射观测样本周期的限制，选取 GDBRB 的春季样本、FWMSG 的夏季样本、GDWET 的秋冬季样本，进行 PDF 方法在各季的订正效果分析（图 5.48）。春季平均偏差由 43.9 $W \cdot m^{-2}$降至 22.5 $W \cdot m^{-2}$，平均绝对误差由 100.5 $W \cdot m^{-2}$降至 88.6 $W \cdot m^{-2}$，平均绝对百分比误差由 32.4%降至 24.2%；夏季平均偏差由 118.8 $W \cdot m^{-2}$降至 72.0 $W \cdot m^{-2}$，平均绝对误差由 179.4 $W \cdot m^{-2}$降至 140.7 $W \cdot m^{-2}$，平均绝对百分比误差由 102.1%降至 63.1%；秋季平均偏差由 32.1 $W \cdot m^{-2}$降至 16.8 $W \cdot m^{-2}$，平均绝对误差由 86.1 $W \cdot m^{-2}$降至 79.9 $W \cdot m^{-2}$，平均绝对百分比误差由 52.2%降至 41.9%；冬季平均偏差由−1.7 $W \cdot m^{-2}$增至 3.4 $W \cdot m^{-2}$，平均绝对误差由 70.6 $W \cdot m^{-2}$降至 66.6 $W \cdot m^{-2}$，平均绝对百分比误差由 22.0%降至 20.6%。可见，经 PDF 方法订正后，FY-4A 卫星总辐照度在各季均有所改善，改善幅度夏季最为明显，春秋次之，冬季最不明显。

分别以 3 月、6 月、9 月、12 月代表春、夏、秋、冬四季，光伏电站与订正前后 FY-4A 卫星总辐照度的时序变化对比见图 5.48。也可以看出，PDF 方法对春、夏、秋三季的改善作用好于冬季。订正前，三家光伏电站位置 FY-4A 卫星总辐照度值基本介于 400～1000 $W \cdot m^{-2}$，日变化幅值较实况明显偏小。经 PDF 方法订正后，无论是峰值还是谷值都更趋近于实况。但是由于 FY-4A 卫星地表太阳入射辐射反演算法的局限性，冬季仅有正午前后的辐射值，且反演值基本介于 400～500 $W \cdot m^{-2}$，利用 PDF 方法建模时，小于 400 $W \cdot m^{-2}$与大于 500 $W \cdot m^{-2}$的 FY-4A 卫星样本数量有限，模拟出的 CDF 曲线与实际存在一定偏差，导致 PDF

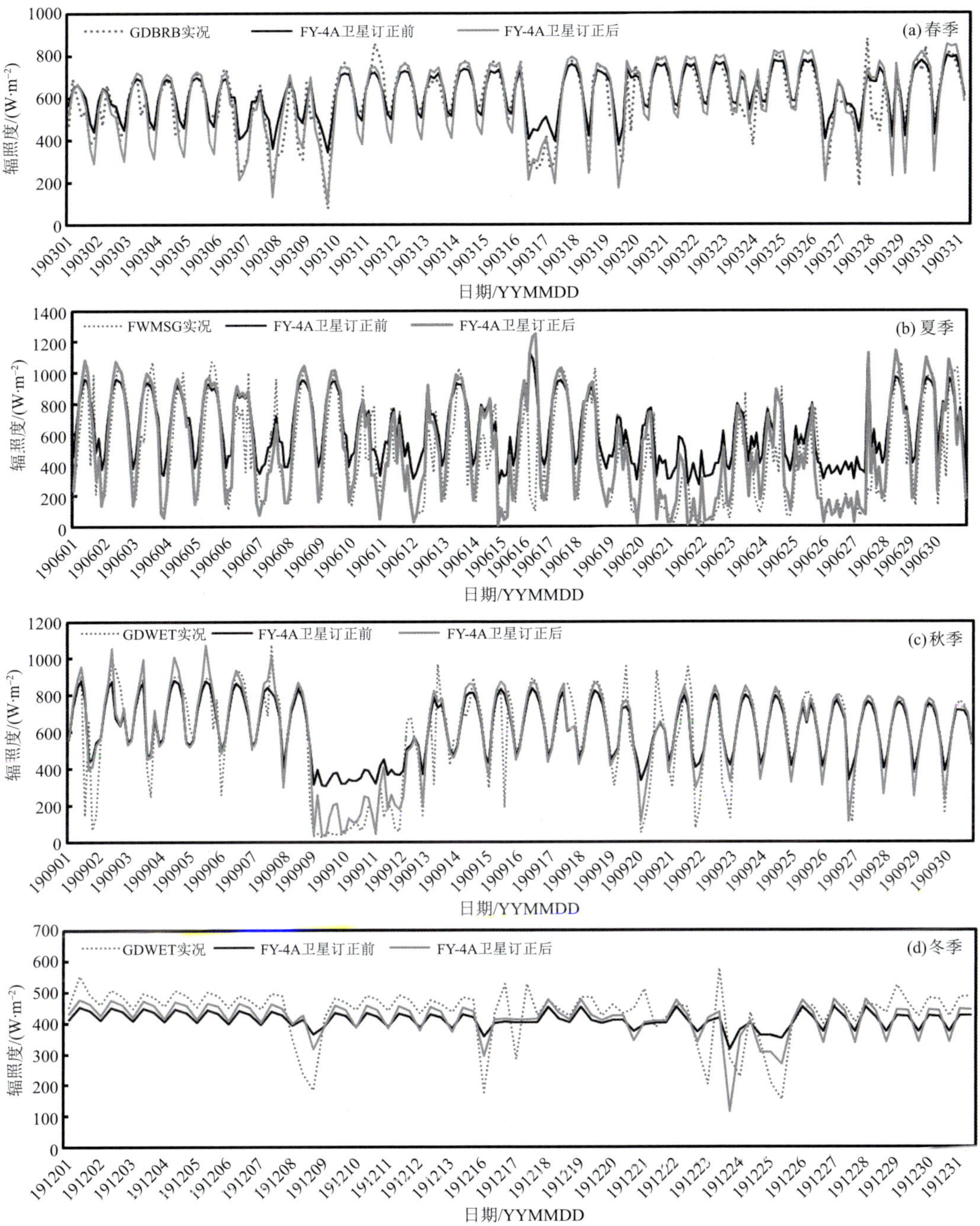


**图 5.48　各季代表月中订正前后 FY-4A 卫星总辐照度与实况的对比**

**(YY 代表年份后 2 位，MM 代表月份，DD 代表日)**

方法在冬季订正效果较其他三季次之。

### 5.4.4　基于 FY-4A 卫星地表入射太阳辐射订正产品的太阳辐射短期预报订正

以内蒙古中西部 6 家光伏电站(名称缩写分别为 FWMSG、GDBRB、GDWET、GDBLN、

THTGF、GHDL)为研究区，基于卫星反演总辐照度订正产品与数值模式预报 WRF 总辐照度预报产品，进行模型验证期光伏发电短期预报。

选取合适的订正因子，通过敏感性试验确定时间窗和订正因子权重等模型参数，将历史 WRF 预报产品作为历史预报样本，将基于光伏电站位置的 FY-4A 卫星历史辐射资料作为历史实况样本，建立总辐照度短期预报模型，以期有效改善 WRF 云天辐射预报，服务于光伏发电行业，提高太阳能资源短期预报服务能力。技术流程图见图 5.49。

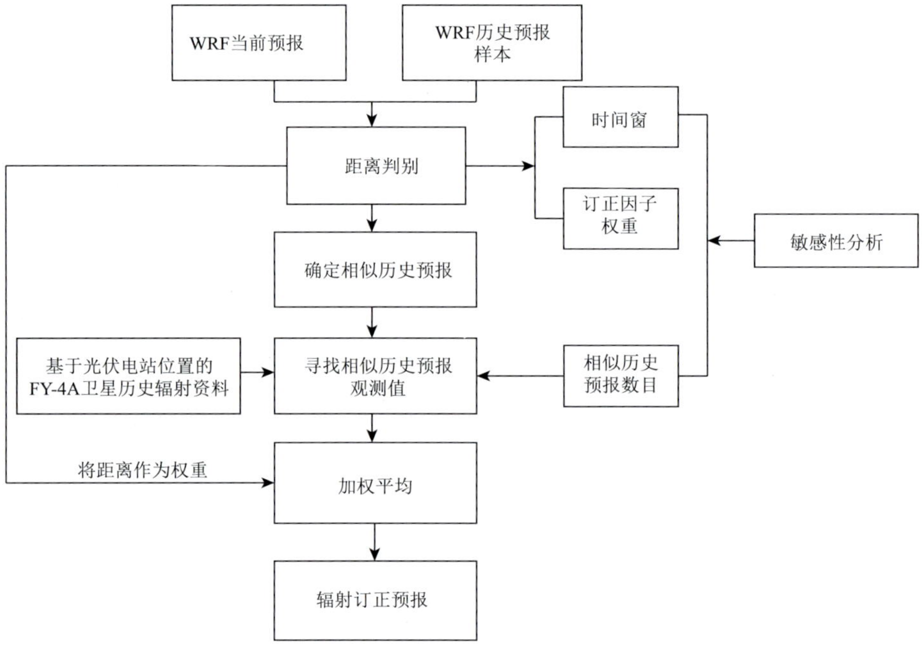


图 5.49　基于相似误差订正方法的太阳能短期预报订正技术流程

订正前后 6 家光伏电站相关系数、平均偏差、平均绝对误差对比如表 5.20 所示，可见订正后各项检验指标均有了不同程度的改进。图 5.50—图 5.51 为 GHDL_、GDWET 订正前后预报产品与实况的对比，可见，该方法可以明显改善 WRF 的预报性能，有效提高太阳辐射预报的准确率。

表 5.20　订正前后相关系数、平均偏差、平均绝对误差对比

| 站点名缩写 | 相关系数 | | 平均偏差 | | 平均绝对误差 | |
|---|---|---|---|---|---|---|
| | 订正前 | 订正后 | 订正前 | 订正后 | 订正前 | 订正后 |
| GDWET | 0.70 | 0.77 | 109.7 | 9.9 | 145.8 | 102.5 |
| GDBLN | 0.60 | 0.63 | 204.4 | 36.0 | 231.8 | 162.6 |
| THTGF | 0.69 | 0.64 | 190.6 | 49.4 | 211.5 | 180.7 |
| GHDL_ | 0.63 | 0.64 | 228.1 | 66.6 | 239.2 | 122.4 |
| GDBRB | 0.69 | 0.71 | 124.5 | 10.8 | 178.8 | 152.4 |
| FWMDG | 0.69 | 0.67 | 156.3 | −35.5 | 189.8 | 185.3 |

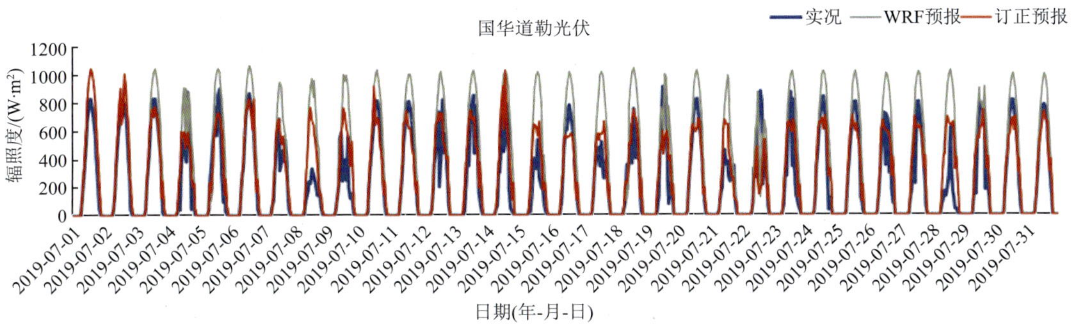


图 5.50 GHDL_订正前后预报产品与实况的对比

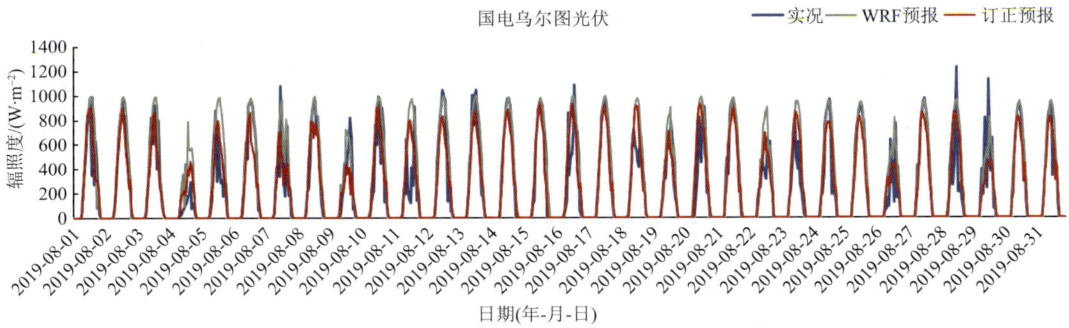


图 5.51 GDWET 订正前后预报产品与实况的对比

## 5.5 多模式预报融合方法研究

风的高可变性和不确定性导致的风功率预测精度较低，是造成弃风限电问题的重要原因之一。随着集合预报及其解释应用技术的不断发展，集合预报和多模式集成预报技术在诸多提高风速预测精度的研究中优势凸显，成为风速预测的前沿技术手段。BARAN(2014)利用 BMA 模型进行风速预报校准，减小了风速的预报误差，且 66.7%预测区间宽度与 90%预测区间宽度非常接近，产生了高度集中的预报 PDF。Sloughter 等(2010)将 BMA 扩展至非连续且分布呈偏态的风速后处理中，他在分析 BMA 预报的研究中认为，BMA 提供了一个具有可预报性的概率分布，并且经 BMA 修正过的概率预报要比集合成员的预报好。然而，发展高分辨率集合预报存在计算资源和运行条件等多种限制，现有的 ECMWF(欧洲中期天气预报中心)集合预报又存在时空分辨率低(3 h、0.5°×0.5°)、各成员预报风速差别较大等缺陷，无法满足风电气象服务需求。

因此，利用中国气象局下发的 ECMWF 集合预报和本地业务运行的 MM5、WRF 风能专业数值模式预报产品，开展风电场集合概率匹配校准、时间降尺度和多模式融合等技术研究，滚动建立多模式风速融合预报模型(图 5.52)，设计、研发一种适用于风功率短期预测、电网调度的风电场机组轮毂高度风速融合预报产品，提供风电场机组轮毂最优风速预测曲线和最低、最高可信区间，在现有中尺度数值预报模式的精准度不足以支撑内蒙古地区大规模风功率预测应用、集合预报时空分辨率低且各成员预报风速差别较大等情况下，提高风电气象预报服务产品的精准度，提升内蒙古风电气象服务支撑与保障能力。

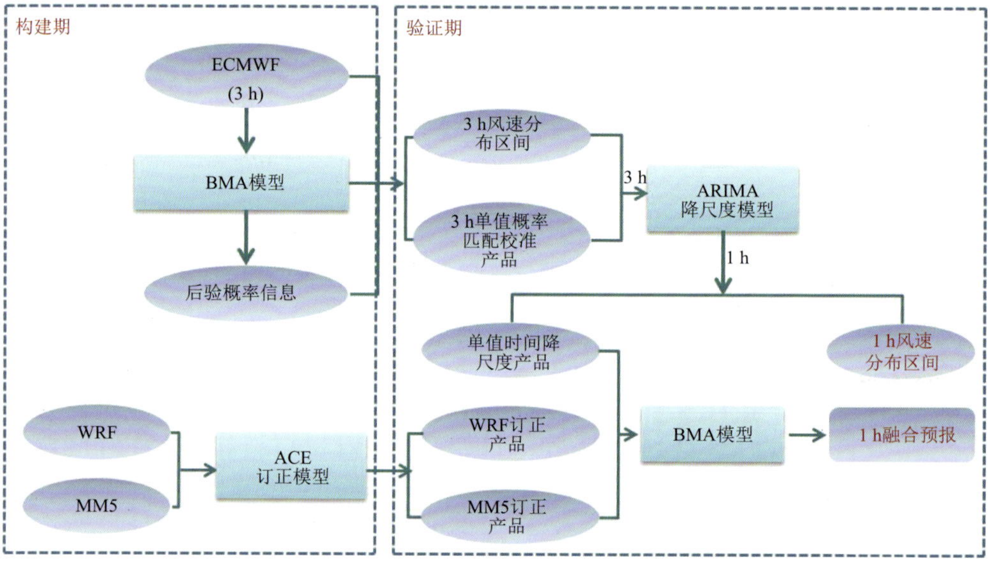


图 5.52　多模式风速融合预报模型业务流程

### 5.5.1　资料收集与整理

选取华电玫瑰营（HDMGY）风电场、中节能邓家梁（ZJDJL）风电场为研究区，HDMGY 风电场位于内蒙古乌兰察布市察右前旗境内，测风塔位置经纬度为（113.47°E，41.06°N）（图 5.53）；ZJDJL 风电场位于内蒙古乌兰察布市丰镇市境内，测风塔位置经纬度为（113.06°E，40.71°N）（图 5.54）。收集 2018 年 5 月 1 日 21 时—2019 年 4 月 30 日 20 时ECMWF集合预报、MM5、WRF 中尺度数值模式预报和研究区测风塔 70 m 逐时观测资料（HDMGY 实时观测资料长度为 2018 年 5 月 1 日 21 时—12 月 31 日 20 时，ZJDJL 实时观测资料长度为 2018

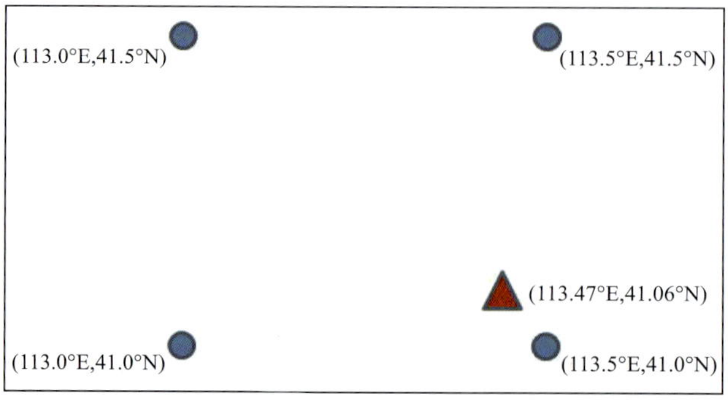


图 5.53　ECMWF 集合预报格点与 HDMGY 测风塔位置示意图

年5月1日21时—2019年4月30日20时)，ECMWF集合预报的空间分辨率为0.5°×0.5°，时间分辨率为3 h，MM5、WRF的空间分辨率为9 km×9 km，时间分辨率为1 h。对测风塔异常观测风速予以剔除。将ECMWF集合预报、MM5、WRF中尺度数值模式格点预报产品插值到测风塔位置。选取2018年5月1日—12月31日逐3 h实况、ECMWF集合平均预报数据，对比最近邻点插值、双线性插值两种方法，确定了双线性插值方法为最优插值方法(表5.21)。

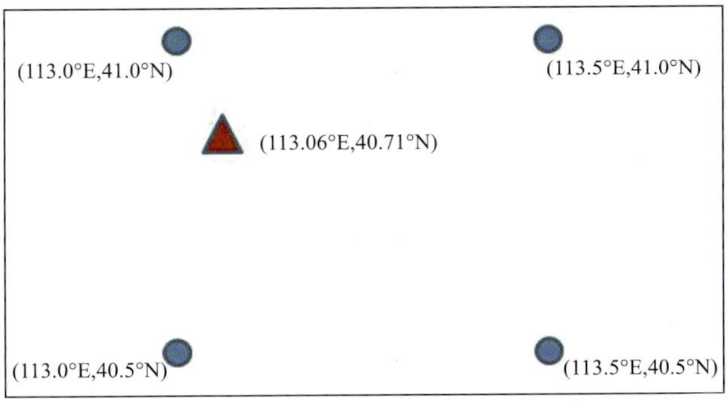


图5.54 ECMWF集合预报格点与ZJDJL测风塔位置示意图

表5.21 两种插值方法结果对比

| 指标 | HDMGY | | ZJDJL | |
| --- | --- | --- | --- | --- |
| | 最近邻点插值 | 双线性插值 | 最近邻点插值 | 双线性插值 |
| $R$ | 0.67 | 0.70 | 0.68 | 0.70 |
| MAE | 2.07 | 2.01 | 2.14 | 2.22 |
| RMSE | 2.67 | 2.57 | 2.72 | 2.8 |

## 5.5.2 概率匹配校准技术研发

### 5.5.2.1 贝叶斯模型平均方法基本原理

贝叶斯模型平均方法(Bayesian Model Averaging，BMA)是一种结合多个统计模型进行联合推断和预测的统计后处理方法，它对某一特定变量的概率预报(Probability Density Function，PDF)是经过偏差校正的单个模型概率预报的加权平均，其权重是相应模型的后验概率，代表着每个模型在模型训练阶段相对的预报技巧，也就是说，它能产生率定的、高集中度的预报PDF，可预测未来天气分布的百分位点。

假定研究风电场风速的概率密度函数(PDF)服从$N^0(\mu,\sigma^2)$的截断正态分布，即：

$$g(x\mid\mu,\sigma)=\frac{\frac{1}{\sigma}\varphi\left(\frac{x-\mu}{\sigma}\right)}{\phi\left(\frac{\mu}{\sigma}\right)},x\geqslant 0$$

$$g(x\mid\mu,\sigma)=0,x<0 \tag{5.46}$$

式中，$\varphi$、$\phi$分别代表PDF和累计分布函数(CDF)，$\mu$、$\sigma$分别为位置参数和尺度参数。假设位置参数$\mu$是ECMWF集合预报的线性函数，即：

$$\mu = a_k + b_k f_k \tag{5.47}$$

式中，$a$、$b$ 为常数，$k$ 为集合预报成员，利用 EM(Expectation Maximization Algorithm，最大期望算法)算法，进行极大似然估计，求解对数似然函数($l$)，对 BMA 模型参数进行率定。

$$l(w_1,\cdots,w_k,\sigma^2) = \sum_{s,t}\log\left(\sum_{k=1}^{K} w_k g_k(x_{s,t} \mid a_k + b_k f_{kst},\sigma^2)\right) \tag{5.48}$$

式中，$s$、$t$ 分别表示时间与空间指标，$f_{kst}$ 即表示预报集合中第 $k$ 个成员在空间 $s$ 与时间 $t$ 的预报结果，$w_k$ 为 BMA 模型训练阶段第 $k$ 个成员预报为最佳的后验概率，非负且满足 $\sum_{k=1}^{K} w_k = 1$。将 $w_k$ 代入式(5.49)，求得经概率匹配技术校准后的单值预报 $F_{\text{BMA}}$；代入式(5.50)，得到概率密度函数 $\text{PDF}_{\text{BMA}}$：

$$F_{\text{BMA}} = \sum_{k=1}^{K} w_k f_k \tag{5.49}$$

$$\text{PDF}_{\text{BMA}}(x \mid f_k;a_k;b_k;\sigma^2) = \sum_{k=1}^{K} w_k g_k(x_{s,t} \mid a_k + b_k f_{kst},\sigma^2) \tag{5.50}$$

#### 5.5.2.2 BMA 模型构建

利用 2018 年 5 月 1 日 21 时—12 月 31 日 20 时 ECMWF 集合预报、HDMGY 测风塔实时观测资料与 2018 年 5 月 1 日 21 时—2019 年 4 月 30 日 20 时 ECMWF 集合预报、ZJDJL 测风塔实时观测资料，分别构建逐 3 h 时间间隔预报与实况数据集。假定研究风电场风速的概率密度函数(PDF)服从 $N^0(\mu,\sigma^2)$ 的截断正态分布。假设位置参数 $\mu$ 是 ECMWF 最大期望算法的线性函数，利用模型构建期预报与实况数据，计算位置参数 $\mu$。利用 EM 算法，进行极大似然估计，对 BMA 模型参数进行率定，计算最佳后验概率，从而得到经概率匹配技术校准后的逐 3 h 时间间隔单值预报和概率密度函数。分别以 15 d、20 d、25 d、30 d 为模型培训期长度，对模型进行训练，通过与实况风速对比检验，确定模型最佳培训期为 15 d(表 5.22，图 5.25)。

经过概率匹配校准后，HDMGY 模型构建期相关系数由原来的 0.71 提高至 0.75，平均绝对误差由原来的 2.13 m·s$^{-1}$降低至 2.06 m·s$^{-1}$，均方根误差由原来的 2.69 m·s$^{-1}$降低至 2.59 m·s$^{-1}$(表 5.22)。

表 5.22 HDMGY 不同培训期长度检验结果

| 指标 | 培训期长度 | | | | | | | |
|---|---|---|---|---|---|---|---|---|
| | 15 d | | 20 d | | 25 d | | 30 d | |
| | 校准前 | 校准后 | 校准前 | 校准后 | 校准前 | 校准后 | 校准前 | 校准后 |
| $R$ | 0.71 | 0.75 | 0.60 | 0.63 | 0.71 | 0.73 | 0.73 | 0.74 |
| MAE/(m·s$^{-1}$) | 2.13 | 2.06 | 2.14 | 2.14 | 2.32 | 2.33 | 2.25 | 2.24 |
| RMSE/(m·s$^{-1}$) | 2.69 | 2.59 | 2.82 | 2.81 | 3.02 | 3.00 | 2.90 | 2.89 |

经过概率匹配校准后，ZJDJL 模型构建期相关系数由原来的 0.69 提高至 0.74，平均绝对误差由原来的 2.64 m·s$^{-1}$降低至 2.52 m·s$^{-1}$，均方根误差由原来的 3.26 m·s$^{-1}$降低至 3.12 m·s$^{-1}$(表 5.23)。

表 5.23 ZJDJL 不同培训期长度检验结果

| 指标 | 培训期长度 | | | | | | | |
|---|---|---|---|---|---|---|---|---|
| | 15 d | | 20 d | | 25 d | | 30 d | |
| | 校准前 | 校准后 | 校准前 | 校准后 | 校准前 | 校准后 | 校准前 | 校准后 |
| $R$ | 0.69 | 0.74 | 0.68 | 0.70 | 0.71 | 0.72 | 0.73 | 0.74 |
| MAE/(m·s$^{-1}$) | 2.64 | 2.52 | 2.71 | 2.68 | 2.68 | 2.70 | 2.54 | 2.49 |
| RMSE/(m·s$^{-1}$) | 3.26 | 3.12 | 3.37 | 3.34 | 3.3 | 3.32 | 3.16 | 3.10 |

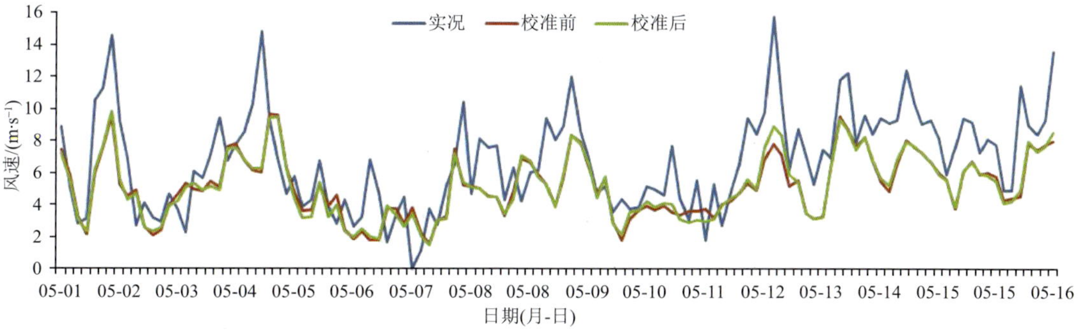


图 5.55 HDMGY 经 BMA 模型率定前后对比

采用回归滚动预报方式，即采用先前 15 d 作为培训期进行训练，培训出的模型参数应用到 0～72 h 预报中，建立动态 BMA 预报模型，生成 0～72 h BMA 概率匹配校准产品。

## 5.5.3 中尺度数值模式最优订正模型构建

### 5.5.3.1 LLS 订正

在研究两个变量($x$,$y$)之间的相互关系时，通常可以得到一系列成对的数据($x_1$,$y_1$,$x_2$,$y_2$…,$x_m$,$y_m$)；将这些数据描绘在 $x$-$y$ 直角坐标系中，若发现这些点在一条直线附近，可以令这条直线方程为：

$$y_i = a_0 + a_1 x \tag{5.51}$$

式中，$a_0$、$a_1$ 为任意实数，为建立这直线方程就要确定 $a_0$、$a_1$，应用最小二乘原理，将实测值 $y_i$ 与计算值 $Y_i$ ($Y_i = a_0 + a_1 x_i$) 的离差($y_i - Y_i$)的平方和 $\sum(y_i - Y_i)^2$ 最小为“优化判据”。

利用前 7 d 样本数据，滚动建立 LLS 订正模型，进行 MM5、WRF 0～72 h 预报订正。2018 年 6 月 24—30 日 WRF 模式 HDMGY 测风塔位置的 LLS 模型的参数：$a_0 = 0.68$，$a_1 = 2.15$，利用该模型参数进行 0～72 h 预报，结果如图 5.56 所示。订正后，MAE 由 2.63 m·s$^{-1}$ 降至 2.07 m·s$^{-1}$。

2018 年 6 月 24—30 日 MM5 模式 HDMGY 测风塔位置的 LLS 模型的参数：$a_0 = 0.183$，$a_1 = 4.43$，利用该模型参数进行 0～72 h 预报，结果如图 5.57 所示。订正后，MAE 由 3.0 m·s$^{-1}$降至 2.16 m·s$^{-1}$。

LLS 订正虽然能很好地降低 MSE，但是订正效果较大程度依赖于原始预报与实况的相

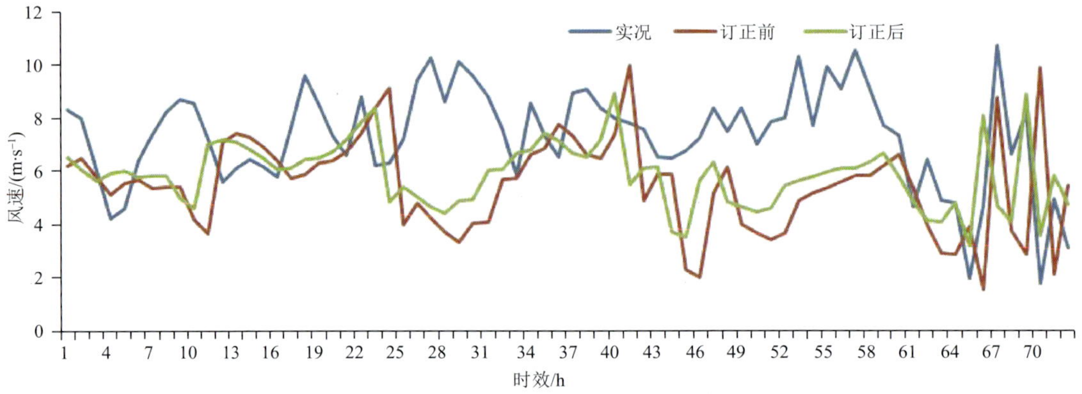


图 5.56　2018 年 7 月 1 日 WRF 模式 HDMGY 测风塔位置 0～72 h 预报经 LLS 模型订正前后对比

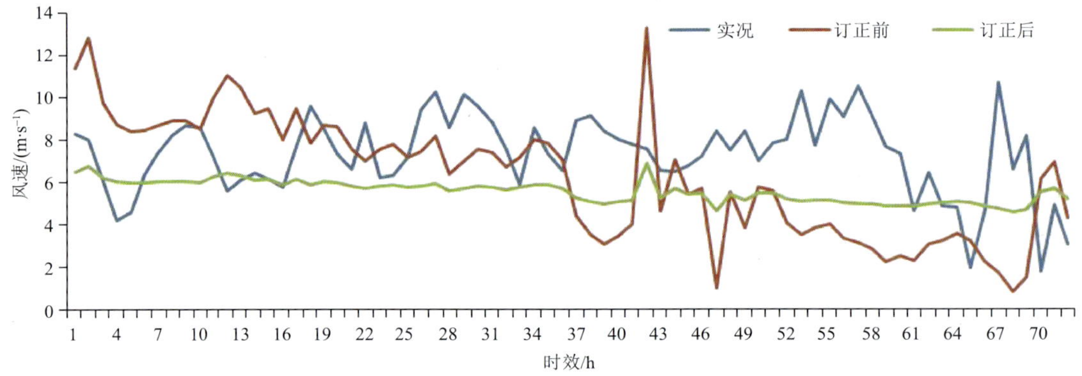


图 5.57　2018 年 7 月 1 日 WRF 模式 HDMGY 测风塔位置 0～72 h 预报经 LLS 模型订正前后对比

关性，若原始预报与实况相关性较差，则订正结果无法很好地捕捉风速的波动变化。

#### 5.5.3.2　NLS 订正

最小二乘法多项式曲线拟合，根据给定的 $m$ 个点，并不要求这条曲线精确地经过这些点，而是曲线 $y=f(x)$ 的近似曲线 $y=\phi(x)$。

$$y_1 = a_1 x_1^2 + b_1 x_1 + c_1 \tag{5.52}$$

$$y_2 = a_2 x_2^2 + b_2 x_2 + c_2 \tag{5.53}$$

$$y = k_1 y_1 + k_2 y_2 \tag{5.54}$$

式中：$a_1$、$b_1$、$c_1$、$a_2$、$b_2$、$c_2$、$k_1$、$k_2$ 为常数；$x_1$、$x_2$ 为影响实况风速 $y_1$、$y_2$ 的两个预报要素。

经过反复检验对比，多项式订正建模的样本量不宜太多，太多的样本量会使预报结果订正成一个平均水平，但是样本量也不宜太少，太少的样本抓不住风速变化的整个过程，一般从开始影响到完全结果一次过程风速为 2～3 d，一般抓住近期 2～3 次风速过程即可，将近期 7 d 的风速变化及风速预报作为模式样本，计算出模式方程，将每日预报带入到方程中，即可得到订正预报。

利用前 7 d 样本数据，滚动建立 NLS 订正模型，进行 MM5、WRF 0～72 h 预报订正。2018 年 7 月 1 日 WRF 模式 HDMGY 测风塔位置模型预报结果见图 5.58。订正后，MAE

由 2.63 $m \cdot s^{-1}$降至 2.33 $m \cdot s^{-1}$。

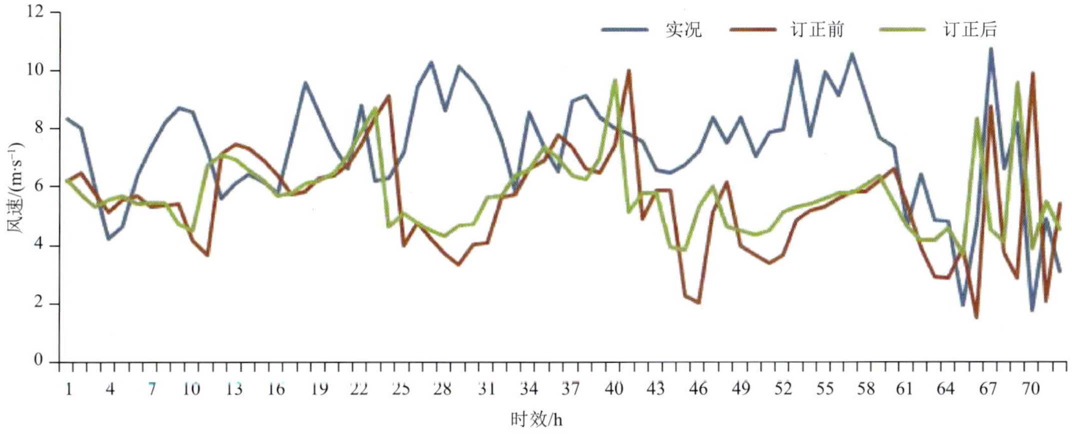


图 5.58 2018 年 7 月 1 日 WRF 模式 HDMGY 测风塔位置 0~72 h 预报经 NLS 模型订正前后对比

2018 年 7 月 1 日 MM5 模式 HDMGY 测风塔位置模型预报结果如图 5.59 所示。订正后,MAE 由 3 $m \cdot s^{-1}$降至 2.19 $m \cdot s^{-1}$。

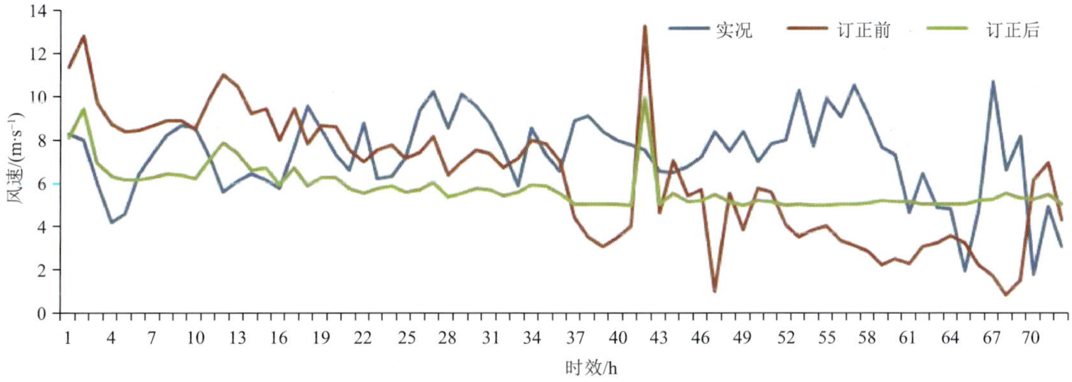


图 5.59 2018 年 7 月 1 日 MM5 模式 HDMGY 测风塔位置 0~72 h 预报经 NLS 模型订正前后对比

虽然 NLS 模型较 LLS 订正模型在风速的趋势变化上有了一定的改进,但是 NLS 订正结果仍偏向风速的平均水平,无法较好地捕捉风速的变化。

#### 5.5.3.3 ACE 订正

选取 50 m 风速、地面气压为订正因子,通过敏感性试验确定模型参数:时间窗 $2\tilde{t}$ 为2 h,风速权重为 1,气压权重为 0.1,相似预报的样本量 $N_a$ 为 25。滚动选取历史预报样本,进行 2018 年 6—11 月 HDMGY 测风塔位置风速订正,订正后,误差改进效果虽然不如 LLS、NLS 预报模型,但是在风速变化的捕捉上具有明显优势。

图 5.60 为 2018 年 7 月 WRF 模式 HDMGY 测风塔位置预报风速经 ACE 模型订正前后对比。订正后,$R$ 由 0.51 提升至 0.57,MAE 由 1.65 $m \cdot s^{-1}$降至 1.47 $m \cdot s^{-1}$。图 5.61 为 2018 年 7 月 WRF 模式 ZJDJL 测风塔位置预报风速经 ACE 模型订正前后对比。订正后,$R$ 由 0.55 提升至 0.56,MAE 由 1.99 $m \cdot s^{-1}$降至 1.62 $m \cdot s^{-1}$。

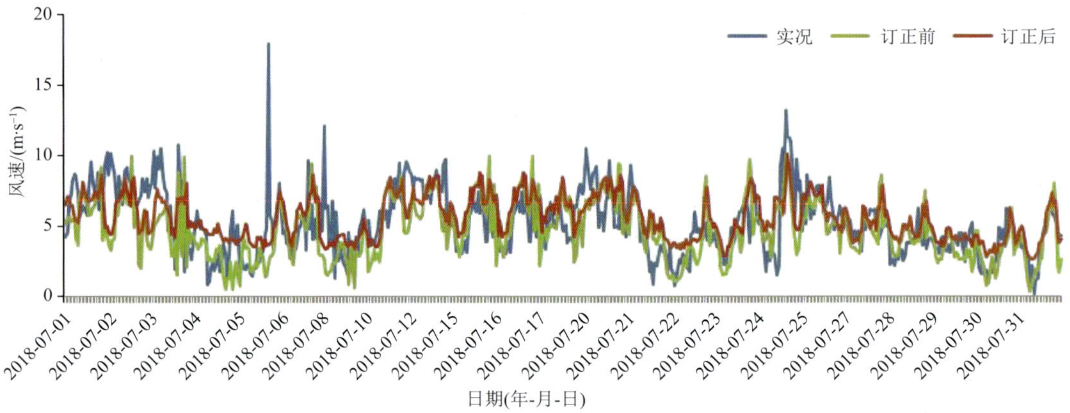


**图 5.60　2018 年 7 月 WRF 模式 HDMGY 测风塔位置预报风速经 ACE 模型订正前后对比**

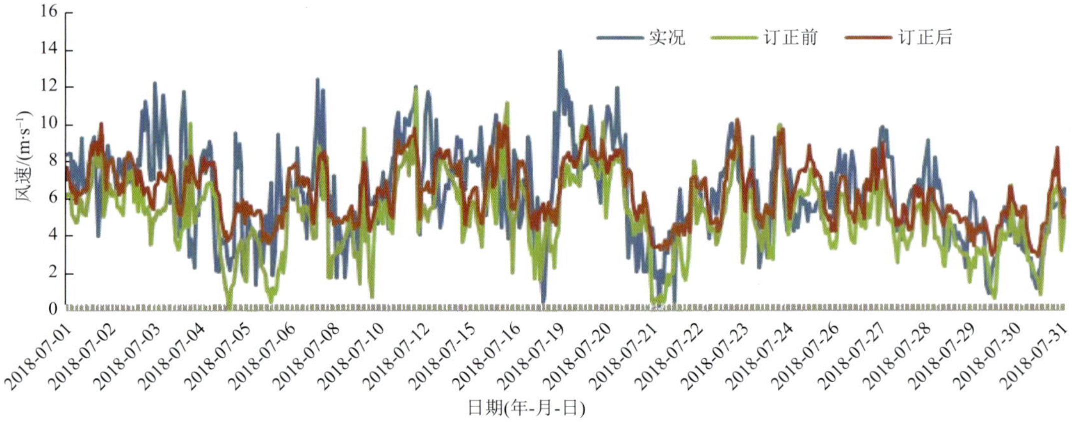


**图 5.61　2018 年 7 月 WRF 模式 ZJDJL 测风塔位置预报风速经 ACE 模型订正前后对比**

图 5.62 为 2018 年 7 月 MM5 模式 HDMGY 测风塔位置预报风速经 ACE 模型订正前后对比。订正后，$R$ 由 0.40 提升至 0.46，MAE 由 1.88 $m \cdot s^{-1}$降至 1.84 $m \cdot s^{-1}$。图 5.63 为 2018 年 7 月 MM5 模式 ZJDJL 测风塔位置预报风速经 ACE 模型订正前后对比。订正后，$R$ 由 0.43 提升至 0.46，MAE 由 2.10 $m \cdot s^{-1}$降至 1.83 $m \cdot s^{-1}$。

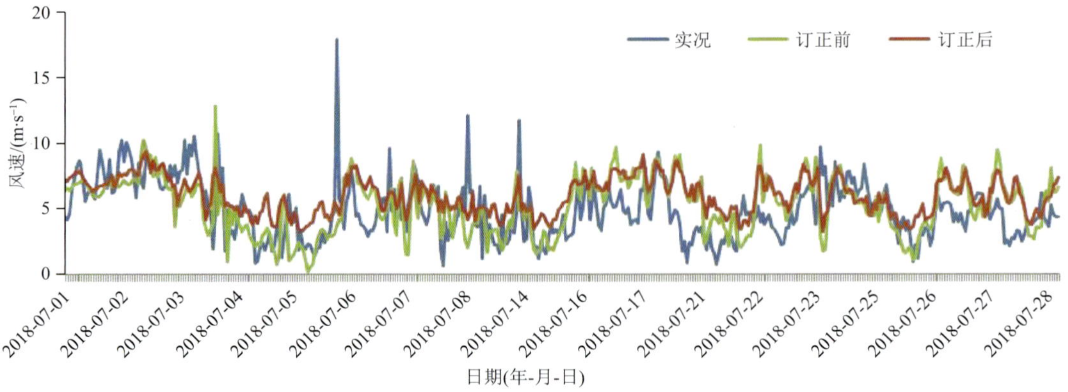


**图 5.62　2018 年 7 月 MM5 模式 HDMGY 测风塔位置预报风速经 ACE 模型订正前后对比**

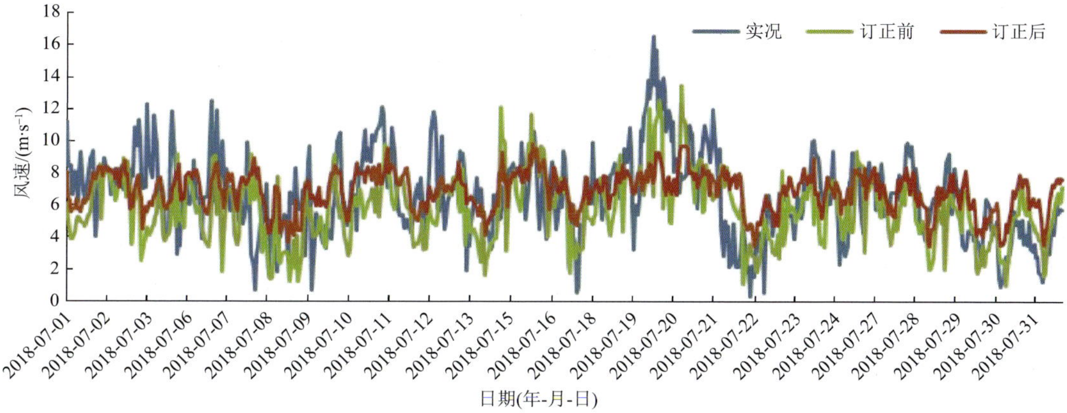


图 5.63 2018 年 7 月 MM5 模式 ZJDJL 测风塔位置预报风速经 ACE 模型订正前后对比

通过以上三种订正方法的检验分析，最终确定 ACE 订正方法为中尺度数值模式的最优订正方法。

### 5.5.4 时间降尺度技术研发

由于现有 ECMWF 集合预报产品的时间分辨率为 3 h，无法满足风电气象服务需要，因此需要将 ECMWF 集合预报产品的时间分辨率由 3 h 降至 1 h。

#### 5.5.4.1 自回归积分滑动平均模型基本原理

自回归积分滑动平均模型(ARIMA)是将预测对象随时间推移而形成的数据序列视为一个随机序列，用一定的数学模型来近似描述这个序列，并利用该模型从时间序列的过去值及现在值来预测未来值。技术流程图见图 5.64。

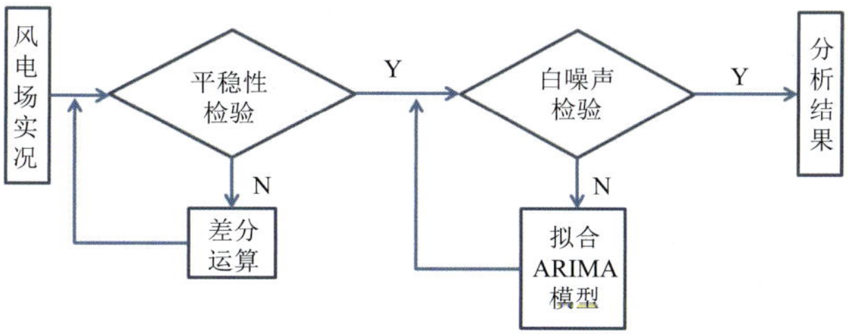


图 5.64 自回归积分滑动平均模型流程图

#### 5.5.4.2 ARIMA 模型构建

采用 HDMGY、ZJDJL 测风塔逐时测风资料，结合 3 h 间隔 BMA 概率匹配校准产品，建立验证期 ARIMA 时间降尺度模型，进行最佳参数估计，确定 7 d 为最佳模拟期，将 BMA 概率匹配校准产品时间分辨率由 3 h 降为 1 h(图 5.65)。

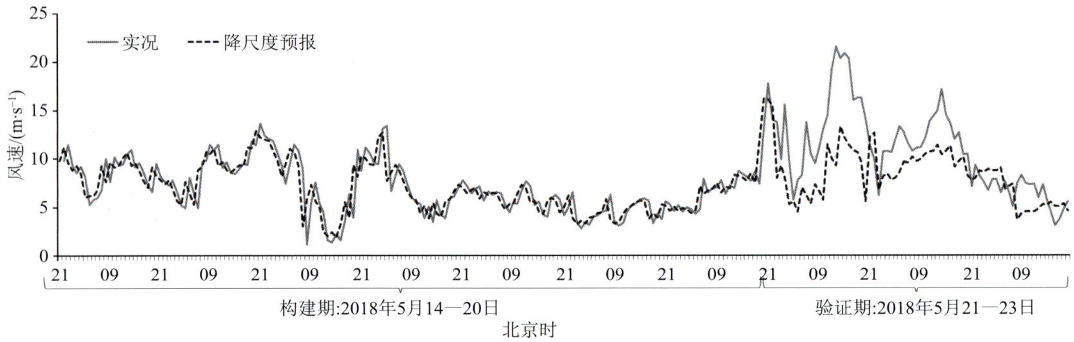


图 5.65　2018 年 5 月 20 日 0～72 h HDMGY 测风塔位置 ECMWF 集合预报降尺度预报与实况对比

### 5.5.5　多模式风速融合预报模型建立

将经过时间降尺度的 BMA 概率匹配校准产品（成员 1）、经 ACE 模型订正后的 MM5（成员 2）、WRF 预报（成员 3），进行多模式风速融合，生成多模式融合预报产品和风速波动区间产品。

2018 年 6 月 HDMGY 融合前成员 1、成员 2、成员 3、融合预报与测风塔位置实况的相关系数 $R$、平均绝对误差 MAE、均方根误差 RMSE 见表 5.24，时间序列对比见图 5.66，测风塔位置多模式风速预报区间与实况对比见图 5.67。融合后 $R$ 提升至 0.6，MAE 降低至 1.7 $m \cdot s^{-1}$，RMSE 降低至 2.2 $m \cdot s^{-1}$。

表 5.24　2018 年 6 月 HDMGY 测风塔位置多模式风速预报融合前后检验指标对比

| 指标 | 预报 | | | |
|---|---|---|---|---|
| | 成员 1 | 成员 2 | 成员 3 | 融合预报 |
| $R$ | 0.53 | 0.37 | 0.51 | 0.60 |
| MAE/($m \cdot s^{-1}$) | 2.2 | 2.0 | 1.8 | 1.7 |
| RMSE/($m \cdot s^{-1}$) | 2.8 | 2.6 | 2.3 | 2.2 |

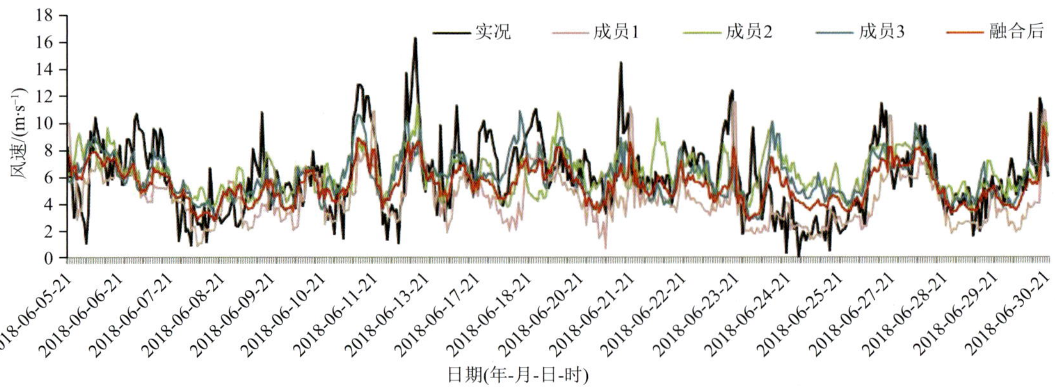


图 5.66　2018 年 6 月 HDMGY 测风塔位置多模式风速预报曲线融合前后对比

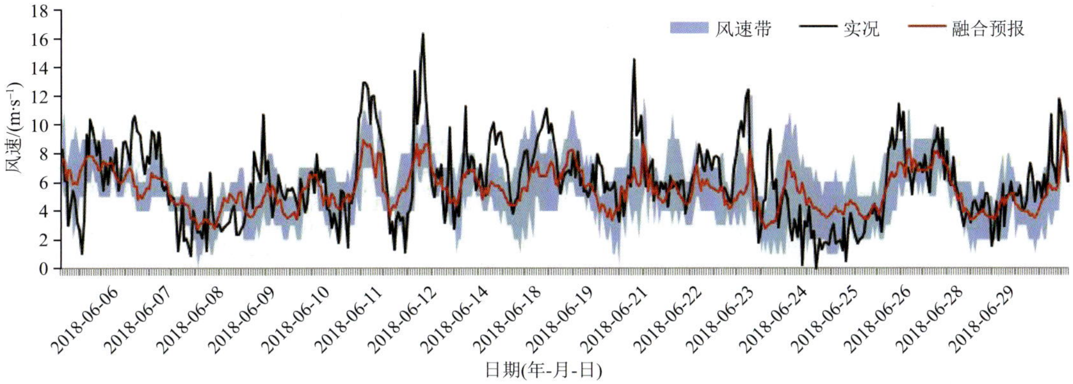


图 5.67　2018 年 6 月 HDMGY 测风塔位置多模式风速预报区间与实况对比

2018 年 6 月 ZJDJL 融合前成员 1、成员 2、成员 3、融合预报与 ZJDJL 测风塔位置实况的相关系数 $R$、平均绝对误差 MAE、均方根误差 RMSE 见表 5.25，时间序列对比见图 5.68，测风塔位置多模式风速预报区间与实况对比见图 5.69。融合后 $R$ 提升至 0.55，MAE 降低至 1.8 $m \cdot s^{-1}$，RMSE 降低至 2.4 $m \cdot s^{-1}$。

表 5.25　2018 年 6 月 ZJDJL 测风塔位置多模式风速预报融合前后检验指标对比

| 指标 | 预报 | | | |
|---|---|---|---|---|
| | 成员 1 | 成员 2 | 成员 3 | 融合预报 |
| $R$ | 0.47 | 0.41 | 0.48 | 0.55 |
| MAE/($m \cdot s^{-1}$) | 2.3 | 2.1 | 2.0 | 1.8 |
| RMSE/($m \cdot s^{-1}$) | 3.0 | 2.7 | 2.6 | 2.4 |

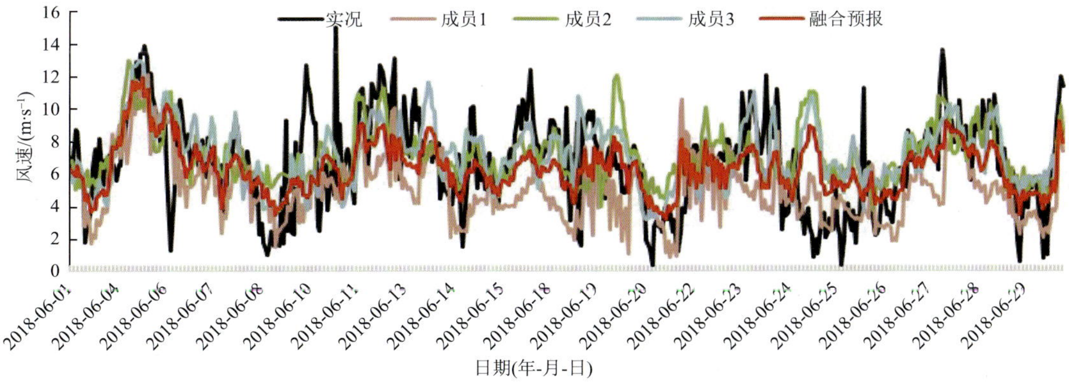


图 5.68　2018 年 6 月 ZJDJL 测风塔位置多模式风速预报曲线融合前后对比

2018 年 11 月 HDMGY 融合前成员 1、成员 2、成员 3、融合预报与 HDMGY 测风塔位置实况的相关系数 $R$、平均绝对误差 MAE、均方根误差 RMSE 见表 5.26，时间序列对比见图 5.70，测风塔位置多模式风速预报区间与实况对比见图 5.71。融合后 $R$ 提升至 0.61，MAE 降低至 1.8 $m \cdot s^{-1}$，RMSE 降低至 2.4 $m \cdot s^{-1}$。

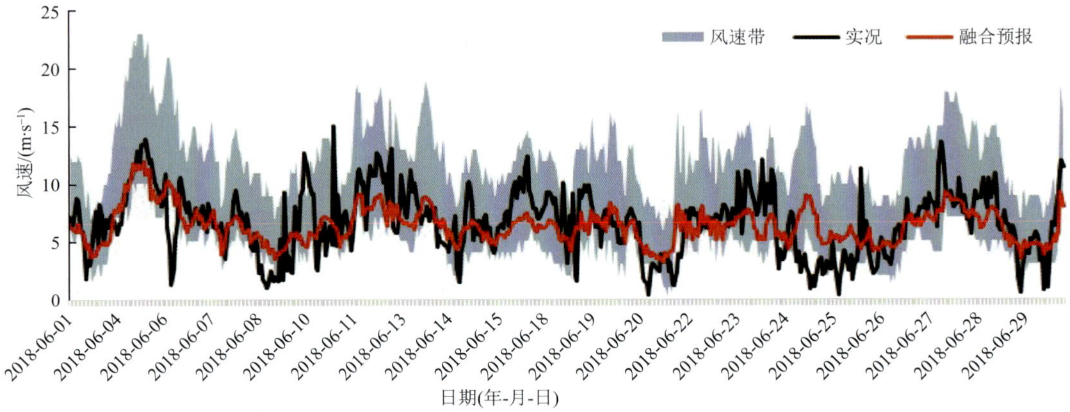


图 5.69　2018 年 6 月 ZJDJL 测风塔位置多模式风速预报区间与实况对比

表 5.26　2018 年 11 月 HDMGY 测风塔位置多模式风速预报融合前后检验指标对比

| 指标 | 预报 | | | |
|---|---|---|---|---|
| | 成员 1 | 成员 2 | 成员 3 | 融合预报 |
| $R$ | 0.53 | 0.35 | 0.35 | 0.61 |
| MAE/(m·s$^{-1}$) | 2.0 | 2.1 | 2.2 | 1.8 |
| RMSE/(m·s$^{-1}$) | 2.6 | 2.8 | 2.9 | 2.4 |

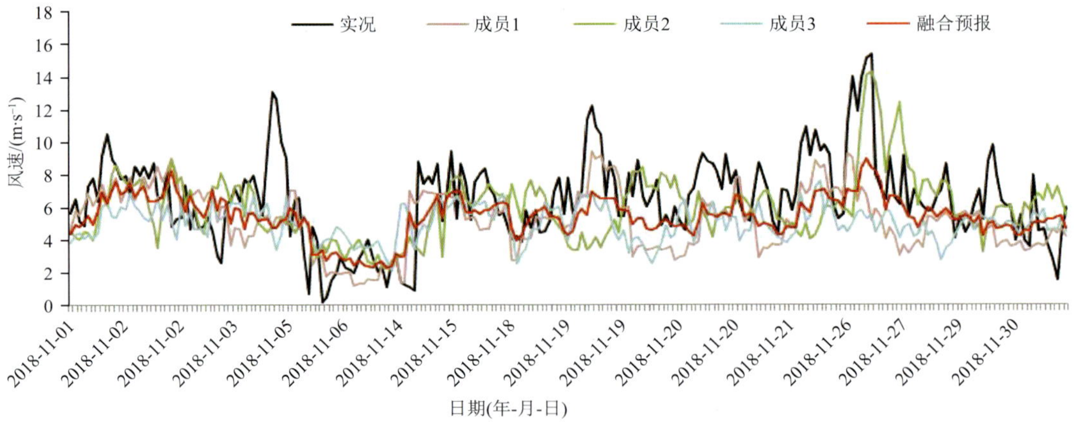


图 5.70　2018 年 11 月 HDMGY 测风塔位置多模式风速预报曲线融合前后对比

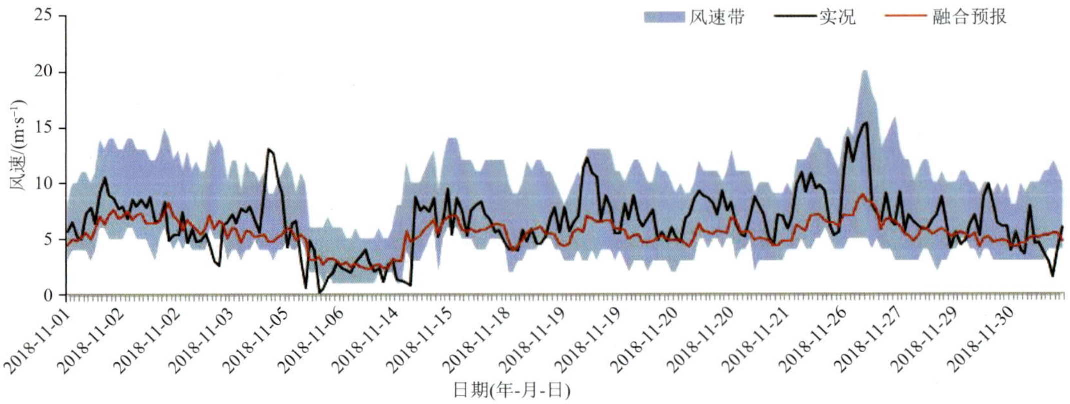


图 5.71　2018 年 11 月 HDMGY 测风塔位置多模式风速预报区间与实况对比

2018 年 11 月 ZJDJL 融合前成员 1、成员 2、成员 3、融合预报与 ZJDJL 测风塔位置实况的相关系数 $R$、平均绝对误差 MAE、均方根误差 RMSE 见表 5.27，时间序列对比见图 5.72，测风塔位置多模式风速预报区间与实况对比见图 5.73。融合后 $R$ 提升至 0.61，MAE 降低至 1.7 $m \cdot s^{-1}$，RMSE 降低至 2.1 $m \cdot s^{-1}$。

表 5.27 2018 年 11 月 ZJDJL 测风塔位置多模式风速预报融合前后检验指标对比

| 指标 | 预报 | | | |
|---|---|---|---|---|
| | 成员 1 | 成员 2 | 成员 3 | 融合预报 |
| $R$ | 0.52 | 0.33 | 0.55 | 0.61 |
| MAE/($m \cdot s^{-1}$) | 2.3 | 2.1 | 1.9 | 1.7 |
| RMSE/($m \cdot s^{-1}$) | 3.0 | 2.6 | 2.3 | 2.1 |

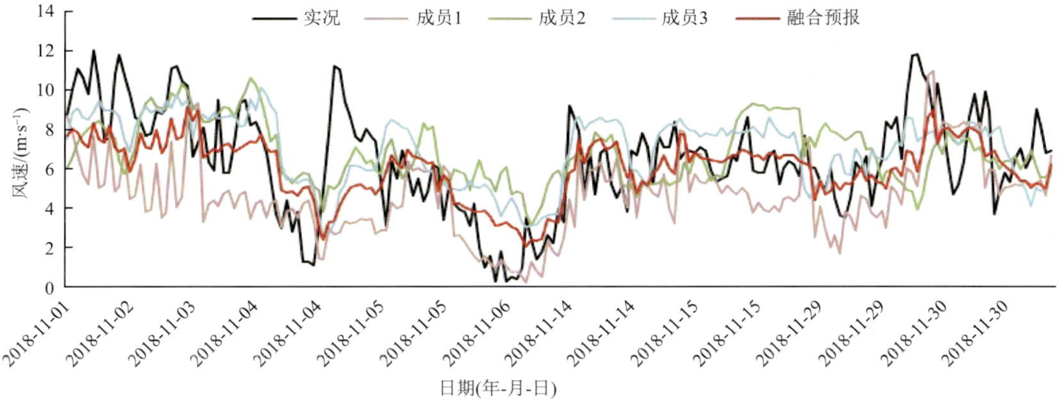


图 5.72 2018 年 11 月 ZJDJL 测风塔位置多模式风速预报曲线融合前后对比

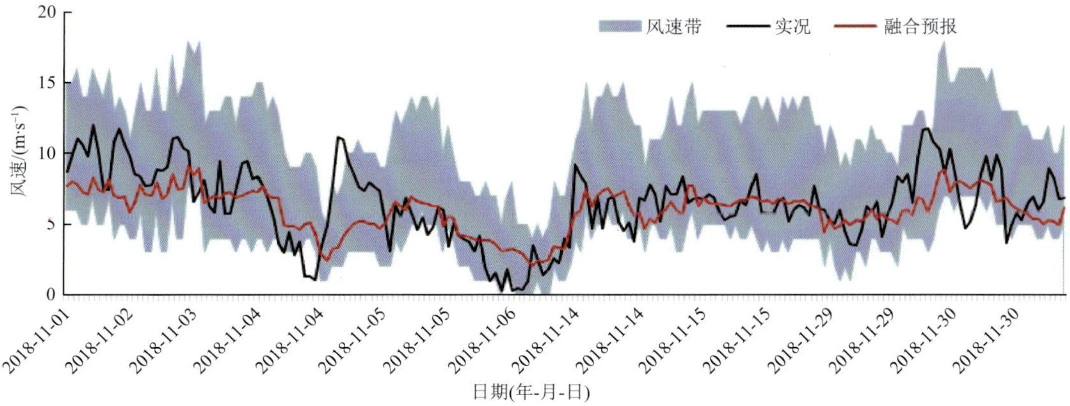


图 5.73 2018 年 11 月 ZJDJL 测风塔位置多模式风速预报区间与实况对比

## 5.6 数值预报方法

内蒙古风能太阳能数值预报系统由 MM5、WRF、CMA-MESO 等多种中尺度数值预报模式共同组成。其中，MM5、WRF 模式预报区域设置为 9～27 km 的双层嵌套，MM5 9 km 模式范围覆盖内蒙古地区，WRF 9 km 模式范围覆盖“三北”地区。CMA-MESO 模式预报区域覆盖蒙西区域，模拟区域水平分辨率为 3 km。

数值预报系统运行流程见图 5.74。模式系统由 NCEP、GRAPES 全球预报产品驱动，正常预报业务以 NCEP GFS 作为背景场，备份业务采用 CMA GFS 为背景场。背景场资料空间分辨率为 0.5°×0.5°。WRF 业务预报频次为 4 次/d(00:00、06:00、12:00、18:00 UTC)，时间分辨率 15 min，MM5、CMA-MESO 业务预报频次为 2 次/d(00:00、12:00 UTC)，时间分辨率 1 h。

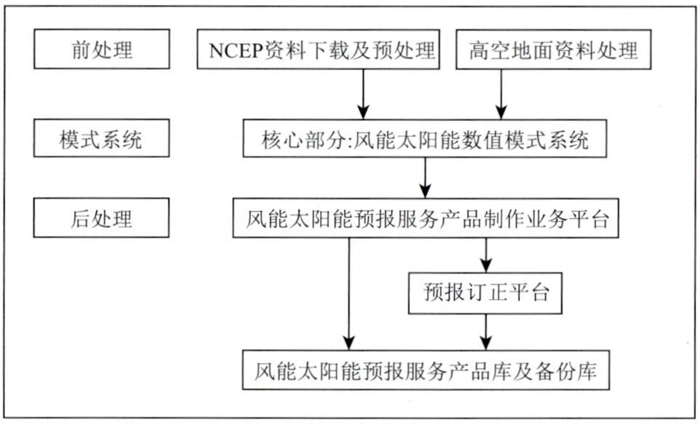


图 5.74 数值预报系统运行流程

### 5.6.1 CMA-MESO 物理过程参数化方案

#### 5.6.1.1 物理过程参数化方案设置

近地面层(surface-layer)方案采用 Monin-Obukhov 方案，陆面过程方案采用 Noah 陆面过程方案，边界层方案采用 YSU 方案，长波辐射方案采用 rrtm 方案，短波辐射方案采用 Dudhia 方案，微物理方案采用 WSM 6 类方案。

#### 5.6.1.2 边界层方案敏感性分析

通过物理参数化方案中不同的边界层方案敏感性分析，确定 YSU 方案为最优边界层方案。方案 1 为边界层方案中 MRF 方案，该方案在不稳定状态下使用反梯度通量来处理热量和水汽，其扩散系数是局地理查逊数的函数；方案 2 为边界层方案中 MYJ 方案，该方案是一个基于 1.5 阶湍流闭合的边界层参数化模式，从 2 阶闭合方案简化而来；方案 3 为边界层方案中 YSU 方案，该方案是 MRF 边界层方案的第二代，对于 MRF 增加了处理边界层顶部夹卷层的方法。以 2022 年 4 月 6—9 日不同起报时间的 24 h 模拟分析为例，从模拟结果（图 5.75—图 5.78）可以看出，三种方案均能较好地模拟出实况的变化趋势。从相关系数及误差对比结果（表 5.28）来看，相同起报时间，方案 3（YSU 方案）的相关系数较高，最高可达 0.91，且其均方根误差、平均绝对误差均较小，结果显示方案 3（YSU 方案）的模拟效果更优。

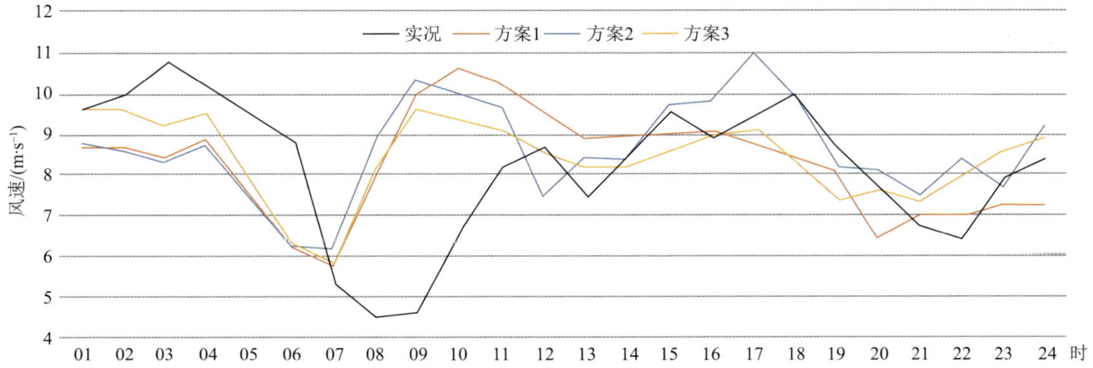


图 5.75　2022 年 4 月 6 日三种参数化方案模拟结果与实况的对比

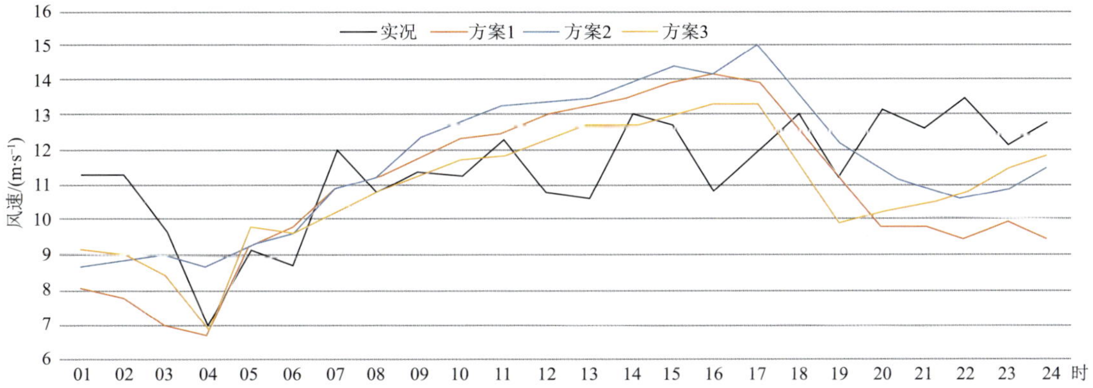


图 5.76　2022 年 4 月 7 日三种参数化方案模拟结果与实况的对比

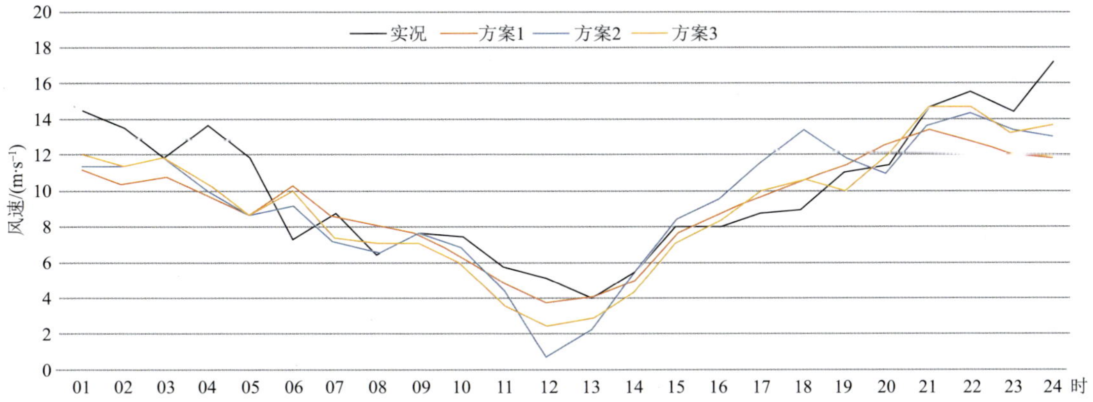


图 5.77　2022 年 4 月 8 日三种参数化方案模拟结果与实况的对比

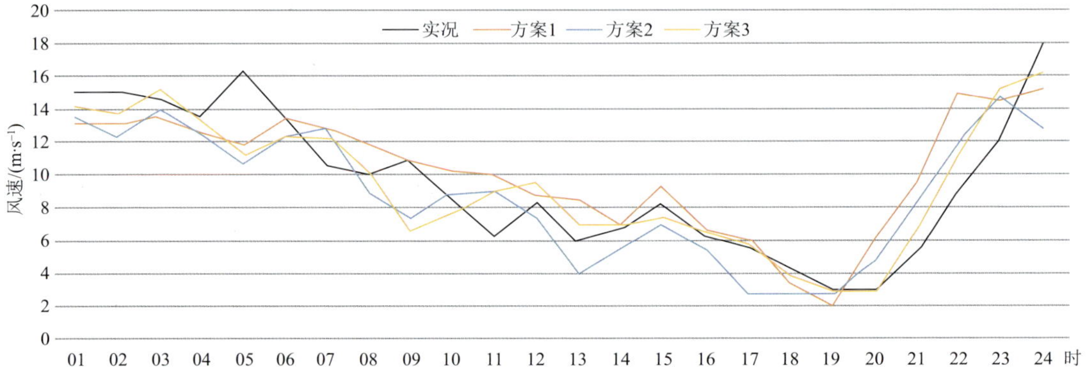


图 5.78　2022 年 4 月 9 日三种参数化方案模拟结果与实况的对比

表 5.28　三种参数化方案的相关系数及误差对比

| 起报时间 | 相关系数 | | | 均方根误差/($m \cdot s^{-1}$) | | | 平均绝对误差/($m \cdot s^{-1}$) | | |
|---|---|---|---|---|---|---|---|---|---|
| | 方案 1 | 方案 2 | 方案 3 | 方案 1 | 方案 2 | 方案 3 | 方案 1 | 方案 2 | 方案 3 |
| 6 日 08 时 | 0.16 | 0.09 | 0.32 | 1.9 | 2.0 | 1.7 | 1.5 | 1.5 | 1.2 |
| 7 日 08 时 | 0.40 | 0.47 | 0.56 | 2.2 | 1.8 | 1.6 | 1.8 | 1.6 | 1.3 |
| 8 日 08 时 | 0.85 | 0.83 | 0.91 | 2.2 | 2.2 | 1.8 | 1.7 | 1.7 | 1.5 |
| 9 日 08 时 | 0.84 | 0.84 | 0.90 | 2.4 | 2.4 | 1.9 | 1.9 | 2.0 | 1.3 |

### 5.6.2　CMA-MESO 风能数值模式后处理系统建立

为了提高后处理系统的稳定性和时效性，在服务器端搭建 CMA-MESO 风能数值模式后处理系统，用于蒙西地区风电场近地层气象场要素预报输出，并基于国网 E 格式生成蒙西地区风能气象服务产品，包括近地层气象场要素预报提取、风电场气象服务产品制作及传输三个子系统。

#### 5.6.2.1　近地层气象场要素预报提取子系统

基于 CMA-MESO 预报系统模式面输出结果，提取风功率预报所需的温、压、湿、风及降水量等气象要素，生成二进制格点文件，近地层气象场要素预报提取子系统运行脚本见图 5.79。

#### 5.6.2.2　风电场气象服务产品制作子系统

基于 CMA-MESO 格点预报，建立抽点流程，即将 3 km 分辨率的网格化预报产品插值到具体的风电场点位上。插值方法包括最近点抽取、双线性差值两种插值方法，可根据风电场地理位置选择合适插值方案。通过风电场基本信息配置文件，进行格点数据插值方法自动判别、风电场灵活添加、风电预报服务产品自动生成等功能。服务产品采用国网 E 格式，气象要素包括地面气压、降水量、2 m 温度、2 m 相对湿度、10 m 风速、10 m 风向以及 50 m、110 m、180 m、260 m、350 m 高度层上温度、湿度、风向、风速。

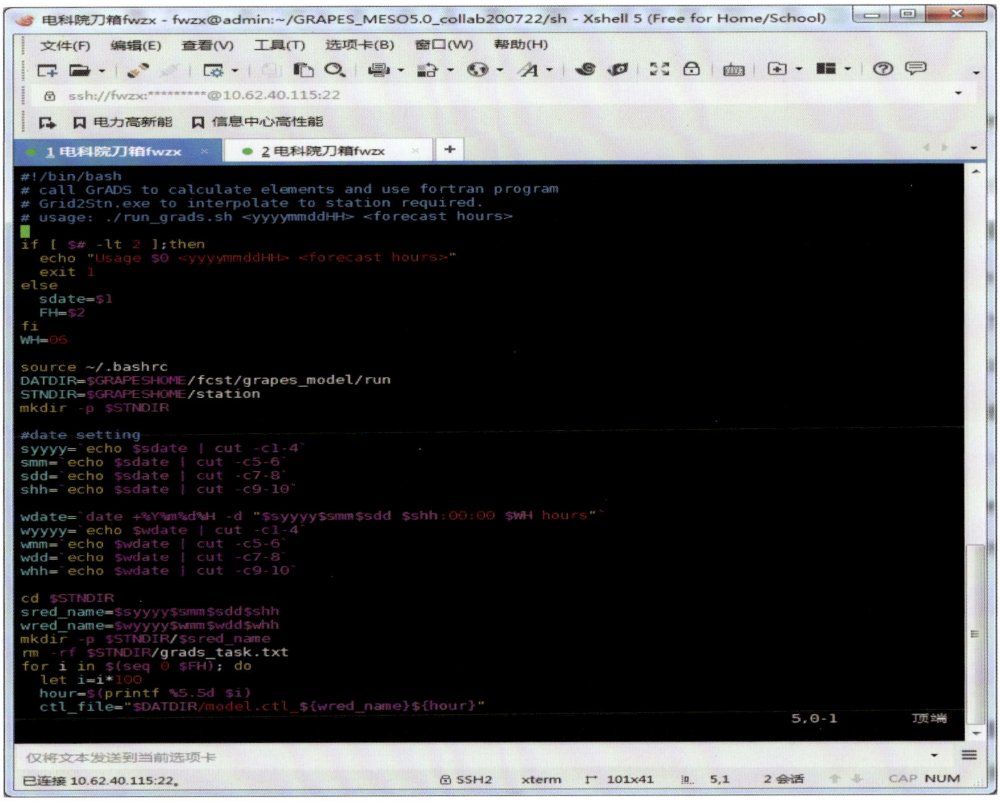


图 5.79　近地层气象场要素预报提取子系统运行脚本

（1）最近点抽取法

最近点抽取法为抽取风电场点位周围最近的 4 个格点，生成风电预报服务产品。

（2）双线性插值法

双线性插值分为两步：第一步为 $X$ 方向的线性插值，在 $Q_{11}$、$Q_{21}$ 中插入蓝色点 $R_1$，见式（5.55），$Q_{12}$、$Q_{22}$ 中插入蓝色点 $R_2$，见式（5.56）；第二步为 $Y$ 方向的线性插值，通过第一步计算出的 $R_1$ 与 $R_2$ 在 $y$ 方向上插值计算出 $P$ 点，见式（5.57），双线性插值示意图见图 5.80。

$$f(R_1)\approx\frac{x_2-x}{x_2-x_1}f(Q_{11})+\frac{x-x_1}{x_2-x_1}f(Q_{21}) \tag{5.55}$$

$$f(R_2)\approx\frac{x_2-x}{x_2-x_1}f(Q_{12})+\frac{x-x_1}{x_2-x_1}f(Q_{22}) \tag{5.56}$$

$$f(P)\approx\frac{y_2-y}{y_2-y_1}f(R_1)+\frac{y-y_1}{y_2-y_1}f(R_2) \tag{5.57}$$

#### 5.6.2.3　风电场气象服务产品传输子系统

主要功能是实现高性能服务器生成的风电气象服务产品通过内网传输到指定的外网服务器。由于风电场对气象预报数据的时效性要求较高，产品传输子系统将风电气象服务产品第一时间传输到用户服务器，有效保障了服务产品传输的时效性，运行脚本见图 5.81。

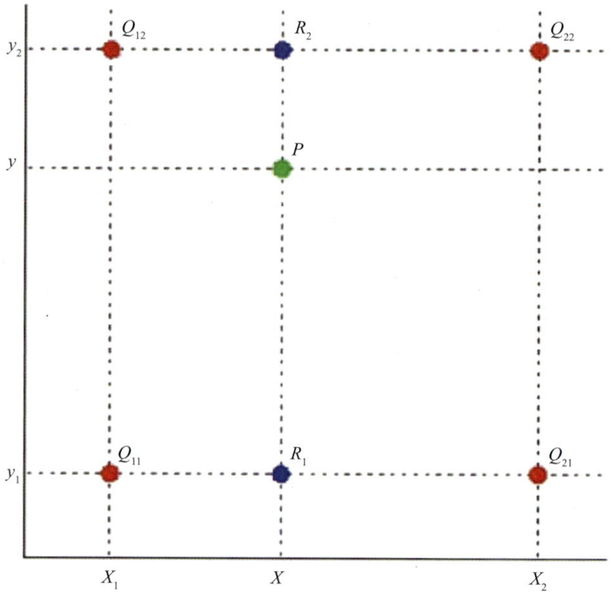


图 5.80　双线性插值示意图

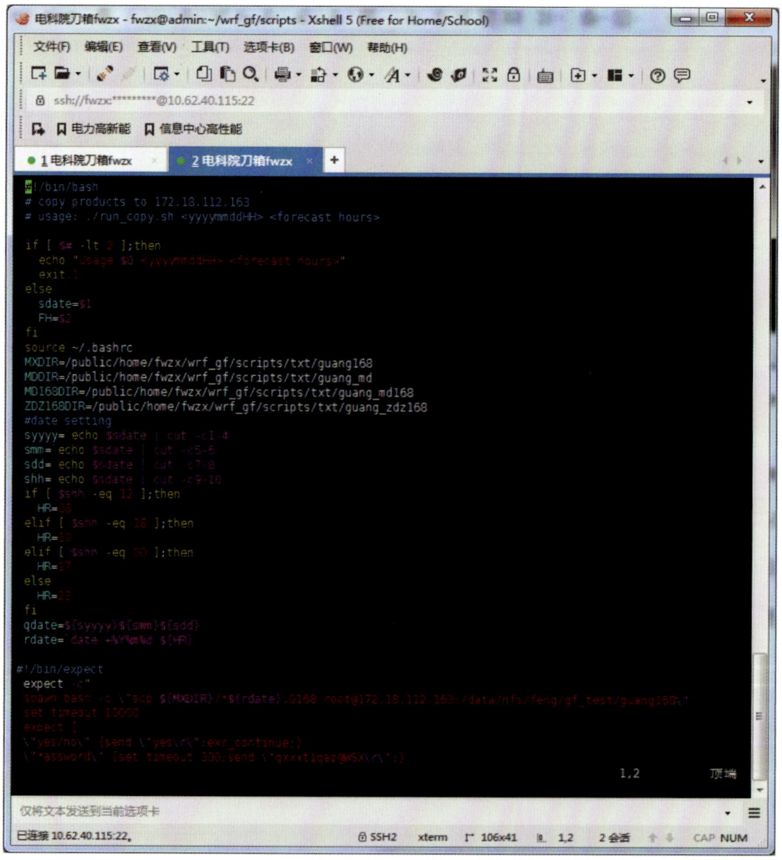


图 5.81　风电场气象服务产品传输子系统运行脚本

### 5.6.3 基于 CMA-MESO 的近地面风等数值产品检验评估

预报数据采用 CMA-MESO 及 WRF 数值模式输出的格点预报产品，CMA-MESO 空间分辨率为 3 km×3 km，时间分辨率为 1 h，预报时效为 100 h；WRF 空间分辨率为 9 km×9 km，时间分辨率为 1 h，预报时效为 100 h。

选取内蒙古中部 3 家风电场为代表风电场，分别为：申能百灵庙风电场（110.732°E，41.833°N）、国龙白山武川风电场（111.18°E，41.18°N）和中节能聚隆风电场（113.432°E，41.212°N），风电场地理位置及地形分布见图 5.82，风电场实况数据基本信息见表 5.29。

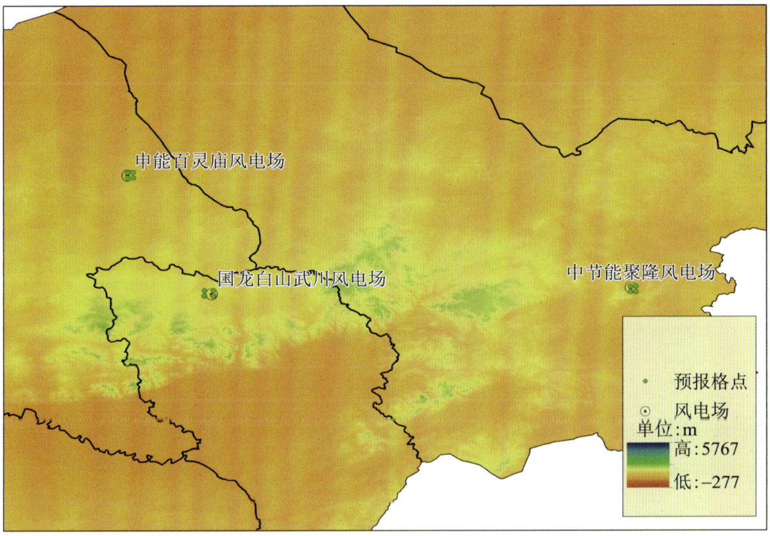


图 5.82 代表风电场地理位置及地形分布

表 5.29 代表风电场实况数据基本信息

| 风电场 | 场址所在盟市 | 数据来源 | 时间分辨率/min |
| --- | --- | --- | --- |
| 申能百灵庙风电场 | 包头市 | 2 座测风塔数据 | 5 |
| 国龙白山武川风电场 | 呼和浩特市 | 44 座风机轮毂高度测风数据 | 15 |
| 中节能聚隆风电场 | 乌兰察布市 | 1 座测风塔数据 | 5 |

检验样本长度为 2021 年 8 月 7 日 14 时—12 月 23 日 14 时，检验时段为 0～24 h、24～48 h、48～72 h。

#### 5.6.3.1 实况数据预处理

为保证模式预报的检验质量，需要对实况数据进行质量控制：①缺失处理：剔除数据缺测的时间段；②无效处理：连续出现 3 个以上相同值时，剔除相应时间段和数据。

将国龙白山武川风电场 44 座风机轮毂高度测风数据求平均代表白山风电场实况，将申能百灵庙风电场 2 座测风塔数据求平均代表百灵庙风电场实况；为了与预报数据的时间分辨率（1 h）匹配，还需将 3 个代表风电场分钟级数据处理为逐小时数据。

#### 5.6.3.2 预报数据预处理

采用双线性插值方法，将 CMA-MESO 及 WRF 格点数据插值到风电场位置。

#### 5.6.3.3 检验指标

为检验模式预报效果和准确性，采用平均绝对误差（MAE）、均方误差（MSE）、均方根误差（RMSE）和相关系数（$R$）进行定量评估，其中相关系数（$R$）表征预报值和观测值的相关性，即变化趋势是否一致，越趋于 1 越一致；平均绝对误差（MAE）、均方误差（MSE）和均方根误差（RMSE）用来衡量预报值和观测值在数值上的误差大小，越趋于 0 误差越小。计算公式如下：

$$\mathrm{MAE}=\frac{1}{N}\sum_{i=1}^{N}|C_{\mathrm{m}i}-C_{\mathrm{o}i}| \tag{5.58}$$

$$\mathrm{MSE}=\frac{1}{N}\sum_{i=1}^{N}(C_{\mathrm{m}i}-C_{\mathrm{o}i})^2 \tag{5.59}$$

$$\mathrm{RMSE}=\sqrt{\frac{1}{N}\sum_{i=1}^{N}(C_{\mathrm{m}i}-C_{\mathrm{o}i})^2} \tag{5.60}$$

$$R=\frac{\sum_{i=1}^{N}(C_{\mathrm{m}i}-\overline{C_{\mathrm{m}}})(C_{\mathrm{o}i}-\overline{C_{\mathrm{o}}})}{\sqrt{\sum_{i=1}^{N}(C_{\mathrm{m}i}-\overline{C_{\mathrm{m}}})^2}\sqrt{\sum_{i=1}^{N}(C_{\mathrm{o}i}-\overline{C_{\mathrm{o}}})^2}} \tag{5.61}$$

式中，$C_{\mathrm{m}}$为预报值，$C_{\mathrm{o}}$为观测值，$R$ 为无量纲量，MAE 和 RMSE 单位为 $\mathrm{m\cdot s^{-1}}$。

#### 5.6.3.4 全周期检验结果

申能百灵庙风电场风速预报和实况数据随时间的变化趋势如图 5.83 所示，黑色线为观测值，红色线为 CMA-MESO(GRAPES) 预报值（下同），检验指标见表 5.30。从来检验指标结果看，24 h、48 h 和 72 h 预报与实况的相关系数（$R$）分别为 0.84、0.81 和 0.80，平均绝对

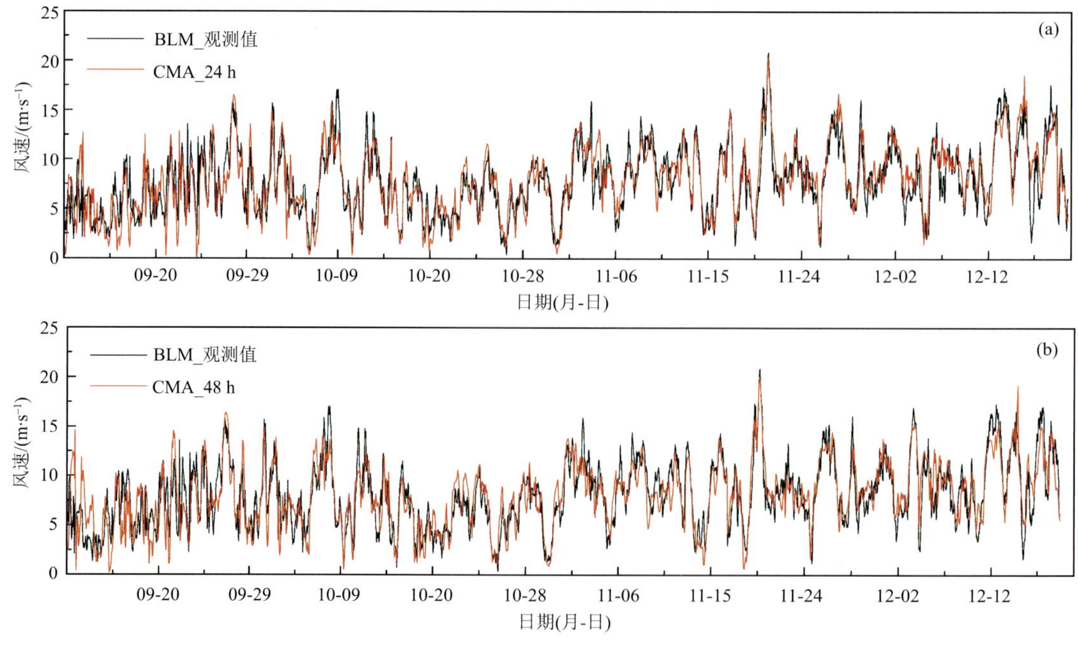

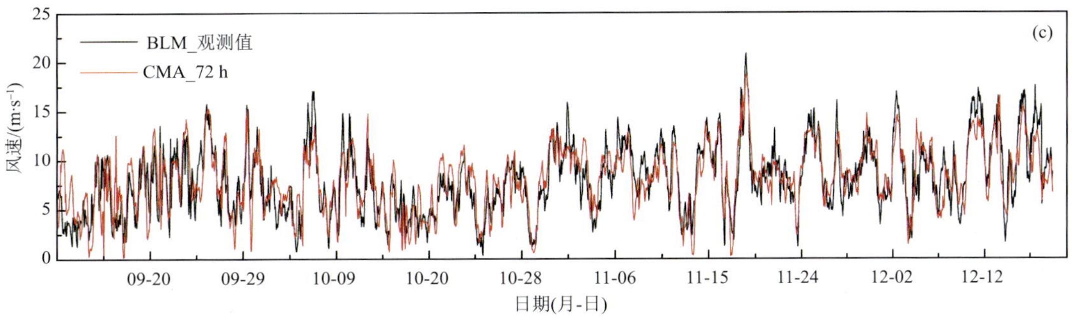


图 5.83 申能百灵庙风电场 CMA_Meso(GRAPES)风速预报(24 h(a)、48 h(b)、72 h(c))和实况对比

误差(MAE)为 1.47～1.70 m·$s^{-1}$,均方根误差(RMSE) 为 1.93～2.16 m·$s^{-1}$。从风速变化趋势来看,预报与实况变化趋势基本一致,个别峰值处预报偏低。从预报时效来看,随着预报时效增加,相关性降低,预报误差增大,72 h 预报与实况的相关系数比 24 h 降低 5%,平均绝对误差(MAE)增大 16%,均方根误差(RMSE)增大 12%。

表 5.30 CMA-MESO 24 h、48 h 和 72 h 风速预报的检验指标(申能百灵庙风电场)

| | 平均绝对误差(MAE) | 均方误差(MSE) | 均方根误差(RMSE) | 相关系数(*R*) |
|---|---|---|---|---|
| GMA_24 h | 1.47 | 3.71 | 1.93 | 0.84 |
| GMA_48 h | 1.60 | 4.31 | 2.07 | 0.81 |
| GMA_72 h | 1.70 | 4.65 | 2.16 | 0.80 |

国龙白山武川风电场风速预报和实况数据随时间的变化趋势如图 5.84 所示,检验指标见表 5.31。从来检验指标结果看, 24 h、48 h 和 72 h 预报与实况的相关系数(*R*)分别为 0.82、

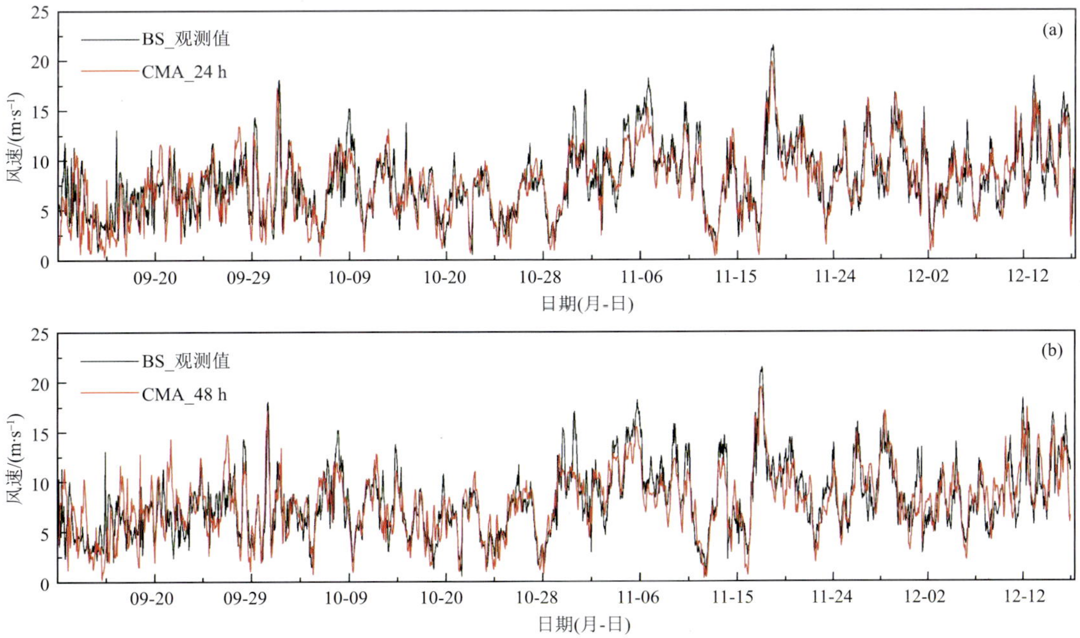

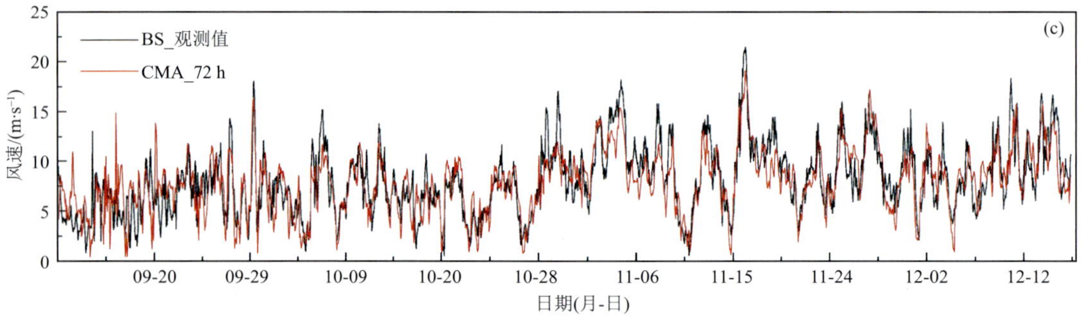


图 5.84 国龙白山武川风电场 CMA-MESO 风速预报(24 h(a)、48 h(b)、72 h(c))和实况对比

0.79 和 0.78，平均绝对误差(MAE)为 1.59～1.77 m·s$^{-1}$，均方根误差(RMSE) 为 2.05～2.25 m·s$^{-1}$。从风速变化趋势来看，预报与实况变化趋势基本一致，个别峰值处预报偏低。从预报时效来看，随着预报时效增加，相关性降低，预报误差增大，72 h 预报与实况的相关系数比 24 h 降低 5%，平均绝对误差(MAE)增大 11%，均方根误差(RMSE)增大 10%。

表 5.31 CMA-MESO 24 h、48 h 和 72 h 风速预报的检验指标(国龙白山武川风电场)

| | 平均绝对误差(MAE) | 均方误差(MSE) | 均方根误差(RMSE) | 相关系数(*R*) |
|---|---|---|---|---|
| GMA_24 h | 1.59 | 4.21 | 2.05 | 0.82 |
| GMA_48 h | 1.70 | 4.75 | 2.18 | 0.79 |
| GMA_72 h | 1.77 | 5.05 | 2.25 | 0.78 |

中节能聚隆风电场风速预报和实况数据随时间的变化趋势如图 5.85 所示，检验指标见表 5.32。从来检验指标结果看，24 h、48 h 和 72 h 预报与实况的相关系数(*R*)分别为 0.84、0.82

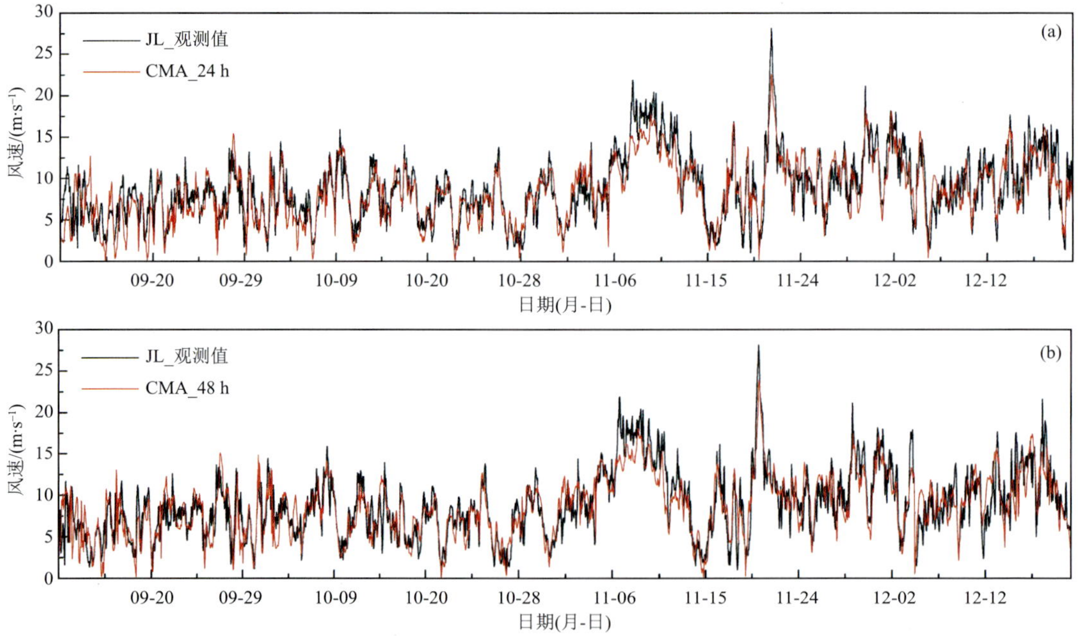

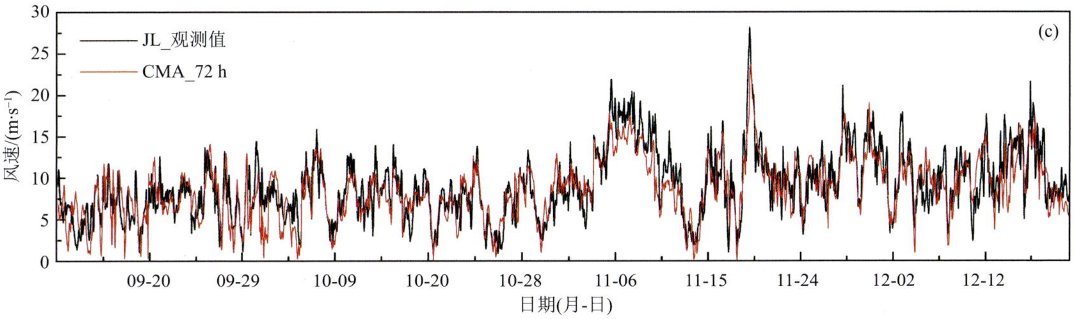


图 5.85　中节能聚隆风电场 CMA-MESO 风速预报(24 h(a)、48 h(b)、72 h(c))和实况对比

和 0.80，平均绝对误差(MAE)为 1.74～1.96 m・$s^{-1}$，均方根误差(RMSE)为 2.24～2.50 m・$s^{-1}$。从风速变化趋势来看，预报与实况变化趋势基本一致，峰值处预报偏低。从预报时效来看，随着预报时效增加，相关性降低，预报误差增大，72 h 预报与实况的相关系数($R$)比 24 h 降低 5%，平均绝对误差(MAE)增大 13%，均方根误差(RMSE)增大 12%。

表 5.32　CMA-MESO 24 h、48 h 和 72 h 风速预报的检验指标(中节能聚隆风电场)

| | 平均绝对误差(MAE) | 均方误差(MSE) | 均方根误差(RMSE) | 相关系数($R$) |
|---|---|---|---|---|
| CMA_24 h | 1.74 | 5.02 | 2.24 | 0.84 |
| CMA _48 h | 1.79 | 5.42 | 2.33 | 0.82 |
| CMA_72 h | 1.96 | 6.26 | 2.50 | 0.80 |

从全周期检验结果来看，3 家风电场的检验结果较为一致，CMA-MESO 与实况的相关性较高，两者的误差较小，虽然存在个别峰值处预报值偏低的情况，但总体而言对峰值、谷值的预报能力较好，且随着预报时效的延长，预报性能也较为稳定。

#### 5.6.3.5　分风速段检验

由于 3 家风电场的全周期检验结果较为一致，因此分风速段检验时以申能百灵庙风电场为例，将实况风速按照切入风速、额定风速、切成风速划分为 5 个风速段：$v \leqslant 3$ m・$s^{-1}$，3 m・$s^{-1} < v \leqslant 6$ m・$s^{-1}$，6 m・$s^{-1} < v \leqslant 9$ m・$s^{-1}$，9 m・$s^{-1} < v \leqslant 12$ m・$s^{-1}$ 和 12 m・$s^{-1} < v \leqslant 25$ m・$s^{-1}$，分别对各个风速段 24 h、48 h 和 72 h 预报时效的预报效果进行检验，数据样本量和检验指标见表 5.33，检验指标变化情况见图 5.86。

从相关系数($R$)来看，相关系数随着风速增大而增大，将 24 h、48 h 和 72 h 相关系数取平均值，按照风速段由小到大，相关系数依次为 0.23、0.31、0.32、0.37 和 0.53，说明风速越大，预报值和观测值的相关性越高。

从误差大小来看，将 24 h、48 h 和 72 h 均方根误差(RMSE)取平均，6 m・$s^{-1} < v \leqslant 9$ m・$s^{-1}$ 和 9 m・$s^{-1} < v \leqslant 12$ m・$s^{-1}$ 风速段 RMSE 较小，分别为 1.94 m・$s^{-1}$ 和 1.93 m・$s^{-1}$，其他风速段为 2.17～2.26 m・$s^{-1}$；将 24 h、48 h 和 72 h 平均绝对误差(MAE)取平均，$v \leqslant 3$ m・$s^{-1}$、6 m・$s^{-1} < v \leqslant 9$ m・$s^{-1}$ 和 9 m・$s^{-1} < v \leqslant 12$ m・$s^{-1}$ 风速段 MAE 较小，分别为 1.52 m・$s^{-1}$、1.53 m・$s^{-1}$ 和 1.49 m・$s^{-1}$，其他风速段为 1.70～1.76 m・$s^{-1}$；综上，6 m・$s^{-1} < v \leqslant 12$ m・$s^{-1}$ 风速段预报误差相对较小。

表 5.33　申能百灵庙风电场风速分段样本量和检验指标

| 风速段 | 时效 | 样本量 | MAE | MSE | RMSE | $R$ |
|---|---|---|---|---|---|---|
| ≤3 | 24 h | 133 | 1.25 | 3.57 | 1.89 | 0.25 |
| | 48 h | 117 | 1.51 | 5.01 | 2.24 | 0.32 |
| | 72 h | 136 | 1.78 | 5.62 | 2.37 | 0.14 |
| $3<v\leqslant6$ | 24 h | 567 | 1.55 | 4.01 | 2.00 | 0.39 |
| | 48 h | 503 | 1.74 | 4.86 | 2.21 | 0.27 |
| | 72 h | 528 | 1.81 | 5.03 | 2.24 | 0.29 |
| $6<v\leqslant9$ | 24 h | 728 | 1.45 | 3.49 | 1.87 | 0.37 |
| | 48 h | 709 | 1.53 | 3.85 | 1.96 | 0.32 |
| | 72 h | 686 | 1.61 | 4.01 | 2.00 | 0.28 |
| $9<v\leqslant12$ | 24 h | 480 | 1.40 | 3.28 | 1.81 | 0.39 |
| | 48 h | 529 | 1.52 | 3.87 | 1.97 | 0.39 |
| | 72 h | 494 | 1.54 | 4.09 | 2.02 | 0.32 |
| $12<v\leqslant25$ | 24 h | 265 | 1.61 | 4.53 | 2.13 | 0.50 |
| | 48 h | 291 | 1.73 | 4.96 | 2.23 | 0.57 |
| | 72 h | 305 | 1.95 | 5.95 | 2.44 | 0.54 |

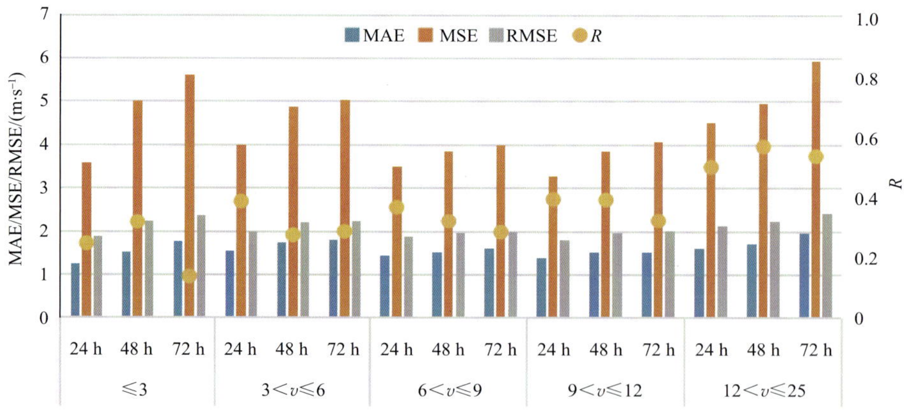


图 5.86　申能百灵庙风电场风速分段检验指标

### 5.6.3.6　与 WRF 预报结果对比

CMA-MESO 和 WRF 模式风速预报和实况的检验指标如图 5.87 和表 5.34 所示。从预报误差来看，WRF 风速预报的误差明显比 CMA-MESO 偏大，尤其均方误差（MSE）更为显著。将 24 h、48 h 和 72 h 预报检验指标求平均，百灵庙、白山和聚隆风电场 CMA-MESO 风速预报均方误差（MSE）分别为 4.22、4.67 和 5.57，WRF 分别为 10.10、10.82 和 15.39；百灵庙、白山和聚隆风电场 CMA-MESO 风速预报均方根误差（RMSE）分别为 2.05 $m\cdot s^{-1}$、2.16 $m\cdot s^{-1}$和 2.36 $m\cdot s^{-1}$，WRF 分别为 3.17 $m\cdot s^{-1}$、3.29 $m\cdot s^{-1}$和 3.92 $m\cdot s^{-1}$；百灵庙、白山和聚隆风电场 CMA-MESO 风速预报平均绝对误差（MAE）分别为 1.59 $m\cdot s^{-1}$、

1.69 m·s$^{-1}$和 1.83 m·s$^{-1}$，WRF 分别为 2.55 m·s$^{-1}$、2.61 m·s$^{-1}$和 3.11 m·s$^{-1}$。从不同风电场的预报误差来看，CMA-MESO 和 WRF 风速预报误差大小依次表现为聚隆风电场>白山风电场>百灵庙风电场，但 WRF 对聚隆风电场的模拟误差较其他两个风电场偏高更明显，CMA-MESO 则相差略小。

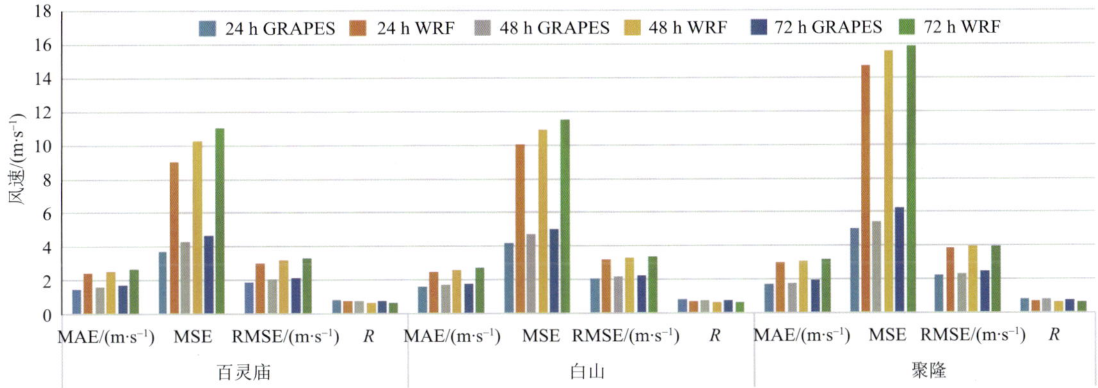


图 5.87 CMA-MESO 和 WRF 检验指标对比

表 5.34 CMA-MESO 和 WRF 检验指标对比

| 模式 | | 预报时效 | | | | | |
|---|---|---|---|---|---|---|---|
| | | 24 h | | 48 h | | 72 h | |
| | | CMA-MESO | WRF | CMA-MESO | WRF | CMA-MESO | WRF |
| 百灵庙 | MAE | 1.47 | 2.42 | 1.60 | 2.57 | 1.70 | 2.67 |
| | MSE | 3.71 | 9.03 | 4.31 | 10.25 | 4.65 | 11.02 |
| | RMSE | 1.93 | 3.00 | 2.07 | 3.20 | 2.16 | 3.32 |
| | $R$ | 0.84 | 0.76 | 0.81 | 0.69 | 0.80 | 0.66 |
| 白山 | MAE | 1.59 | 2.51 | 1.70 | 2.60 | 1.77 | 2.71 |
| | MSE | 4.21 | 10.03 | 4.75 | 10.94 | 5.05 | 11.49 |
| | RMSE | 2.05 | 3.17 | 2.18 | 3.31 | 2.25 | 3.39 |
| | $R$ | 0.82 | 0.75 | 0.79 | 0.68 | 0.78 | 0.67 |
| 聚隆 | MAE | 1.74 | 3.05 | 1.79 | 3.09 | 1.96 | 3.19 |
| | MSE | 5.02 | 14.72 | 5.42 | 15.60 | 6.26 | 15.86 |
| | RMSE | 2.24 | 3.84 | 2.33 | 3.95 | 2.50 | 3.98 |
| | $R$ | 0.84 | 0.75 | 0.82 | 0.69 | 0.80 | 0.68 |

从预报和实况的相关性来看，CMA-MESO 模拟风速变化趋势比 WRF 更佳，CMA-MESO 风速预报和实况的相关系数($R$)为 0.78～0.84，将 24 h、48 h 和 72 h 相关系数($R$)求平均，百灵庙、白山和聚隆风电场分别为 0.82、0.80 和 0.82；WRF 风速预报和实况的相关系数($R$)为 0.66～0.76，将 24 h、48 h 和 72 h 相关系数($R$)求平均，百灵庙、白山和聚隆风电场分别为 0.70、0.70 和 0.71。百灵庙风电场和聚隆风电场 CMA-MESO(GRAPES)风速预报和实况相关性略高于白山风电场，WRF 则表现为三者相差不大。

从预报时效(24 h、48 h 和 72 h)来看，随着预报时效增长，CMA-MESO 和 WRF 均表现为预报和实况的误差增大、相关性降低。平均绝对误差(MAE)CMA-MESO 72 h 比 24 h 高 11%～16%，WRF 72 h 比 24 h 高 5%～10%；均方根误差(RMSE)CMA-MESO 72 h 比24 h 高 10%～12%，WRF 72 h 比 24 h 高 4 %～11%；均方误差(MSE)CMA-MESO 72 h 比 24 h 高 20%～25%，WRF 72 h 比 24 h 高 8%～22%；相关系数(R)CMA-MESO 72 h 比 24 h 低 5% ，WRF 72 h 比 24 h 低 9%～13%。综上，随着预报时效的增长，CMA-MESO 预报和实况的相关性仍保持较高水平，WRF 的预报和实况相关性下降比 CMA-MESO 更明显，但预报误差比 CMA-MESO 偏小。

CMA-MESO 和 WRF 风速预报和实况随时间的变化趋势如图 5.88—图 5.90 所示，黑色线为观测值，红色线为 CMA-MESO 预报值，蓝色线为 WRF 预报值，其中预报值在个别时间段有缺失。从对比情况来看，3 个代表风电场表现较相似，CMA-MESO 风速预报和实况的变化趋势基本一致，峰值和谷值的模拟效果也较好，而 WRF 风速模拟整体偏低，尤其在风速大于 12 m·$s^{-1}$时更为显著。

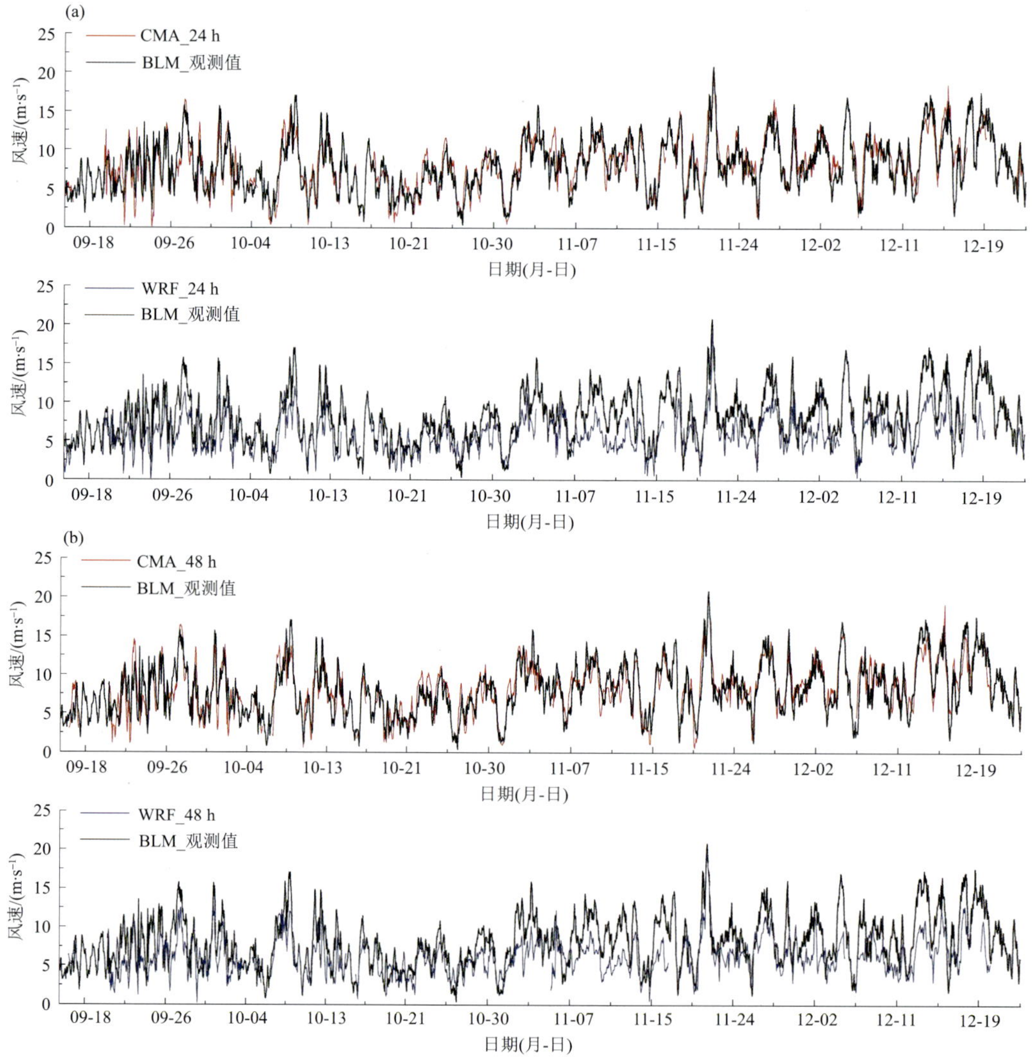

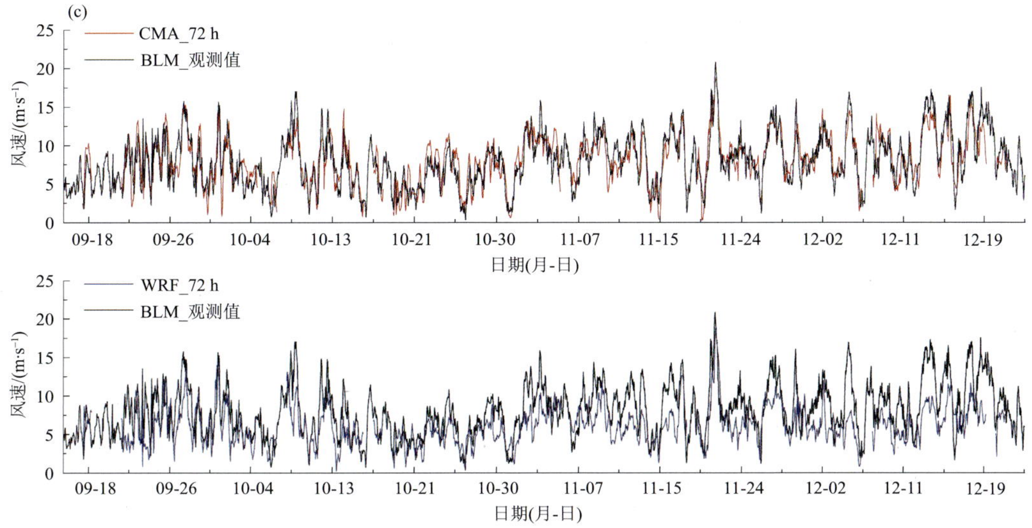


**图 5.88　申能百灵庙风电场 CMA-MESO、WRF 模式 24 h(a)、48 h(b)和 72 h(c)风速预报与实况的对比**

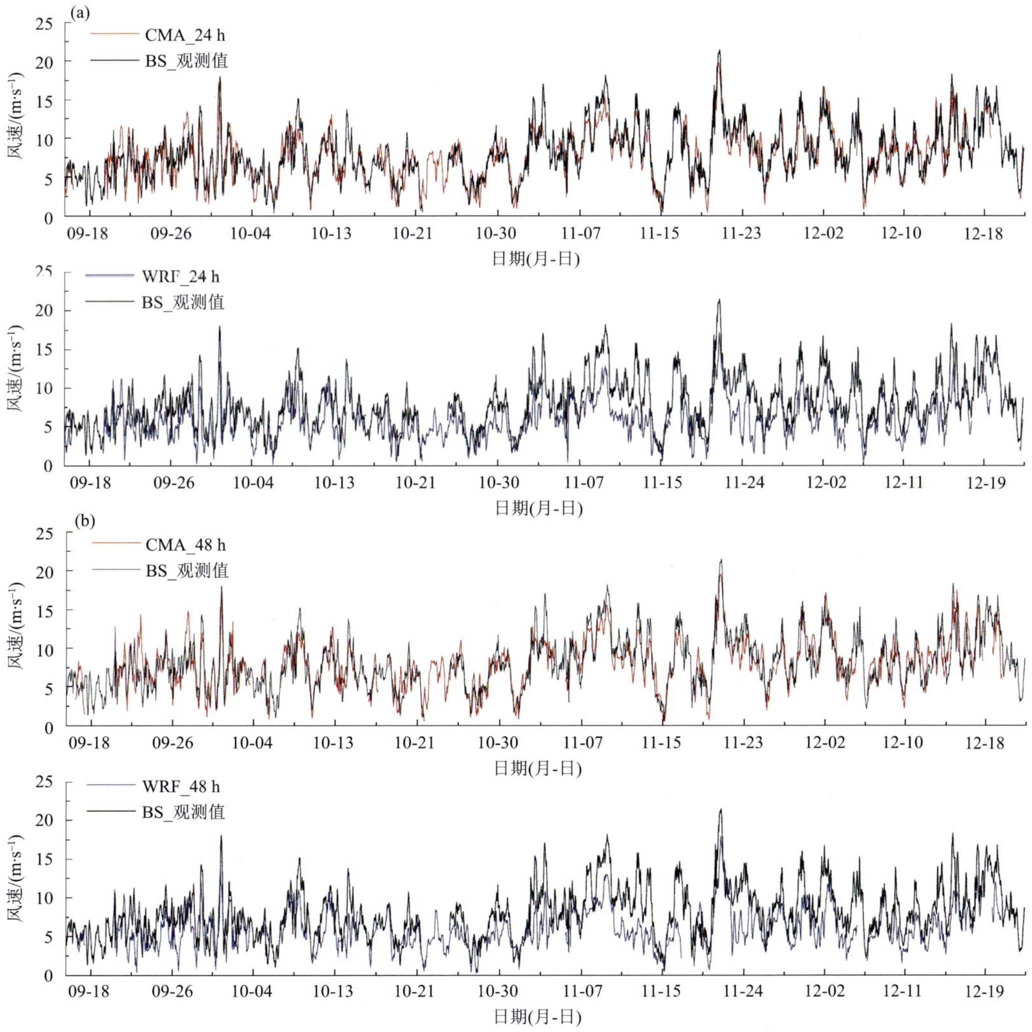

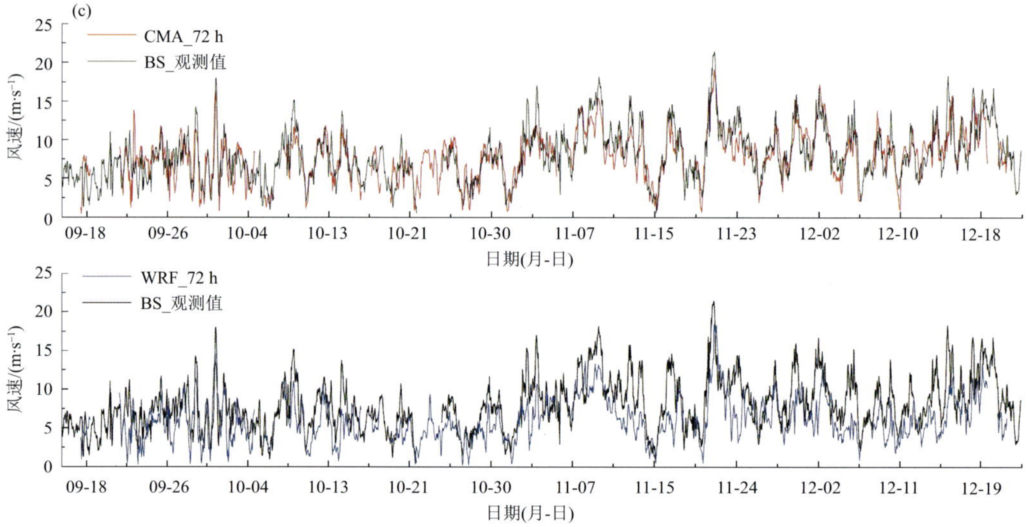


图 5.89 国龙白山武川风电场 CMA-MESO、WRF 模式 24 h(a)、48 h(b)和 72 h(c)风速预报与实况的对比

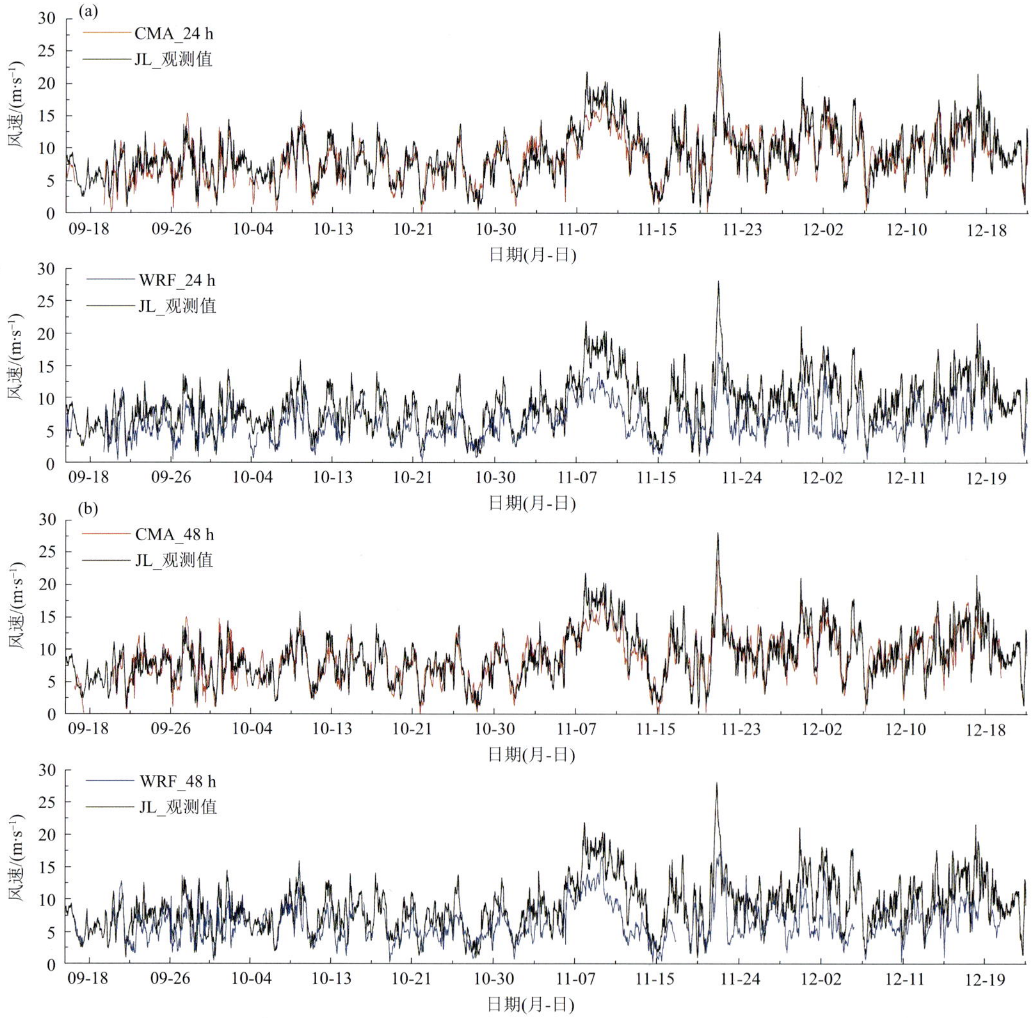

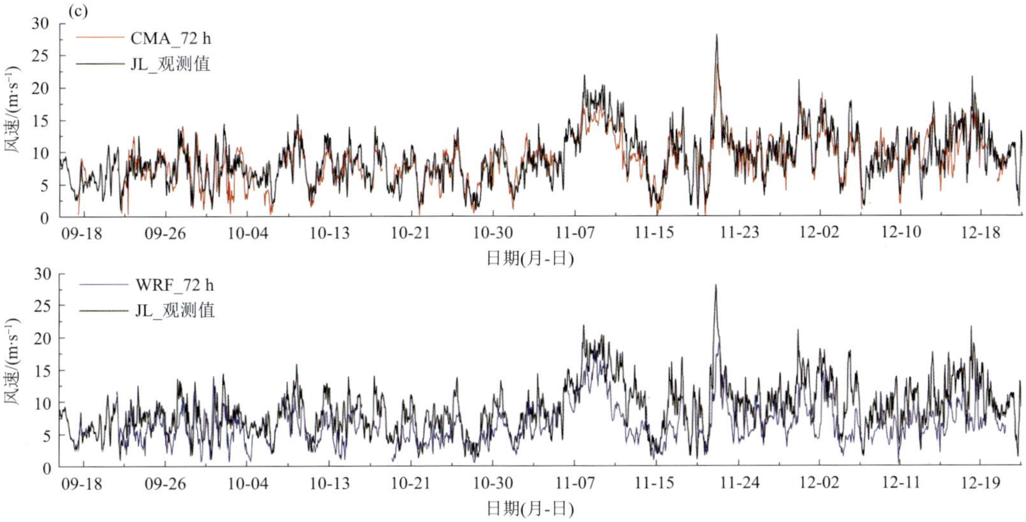


图 5.90　中节能聚隆风电场 CMA-MESO、WRF 模式 24 h(a)、48 h(b)和 72 h(c)风速预报与实况的对比

#### 5.6.3.7　检验结论

(1)内蒙古 3 个代表风电场 CMA-MESO 风速预报和实况随时间的变化趋势较为一致，个别峰值处模拟偏低；取 24 h、48 h 和 72 h 预报检验指标平均值来看，相关系数在 0.80～0.82，平均绝对误差在 1.59～1.83 $m \cdot s^{-1}$，均方根误差在 2.05～2.36 $m \cdot s^{-1}$。从预报时效来看，72 h 预报与实况的相关系数比 24 h 下降 5%，平均绝对误差下降 11%～16%，均方根误差下降 10%～12%。

(2)CMA-MESO 对不同风速段模拟效果显示，风速越大，预报值和观测值的相关性越高；6 $m \cdot s^{-1} < v \leqslant 9$ $m \cdot s^{-1}$ 和 9 $m \cdot s^{-1} < v \leqslant 12$ $m \cdot s^{-1}$ 风速段预报和实况的平均绝对误差(MAE)和均方根误差(RMSE)相对其他风速段较小。

(3)CMA-MESO 和 WRF 风速预报和实况检验对比发现，CMA-MESO 模拟风速变化趋势比 WRF 更佳，预报和实况的误差比 WRF 偏小。随着预报时效增长，CMA-MESO 预报和实况的相关性仍保持较高水平，WRF 相关性下降比 CMA-MESO 更明显，但预报误差比 CMA-MESO 偏小。

## 5.7　人工智能在新能源气象预报中的应用

### 5.7.1　人工智能深度学习算法

#### 5.7.1.1　长短期记忆网络 LSTM

LSTM 是一种循环神经网络(RNN)。在标准的 RNN 中，重复神经网络模块结构非常简单，缺点是易出现梯度爆炸和长期记忆丢失问题。LSTM 采用门机制解决梯度消失问题，采用 cell state 来保存长期记忆，配合门机制对信息进行过滤，从而达到对长期记忆的控制。门机制是一种让信息选择式通过的方法，他们包含一个 sigmoid 神经网络层和一个 pointwise 乘法操作。LSTM 拥有遗忘门 $f_t$、输入门 $i_t$、输出门 $o_t$ 三个门来保护和控制细胞状态。网络结构见图 5.91。

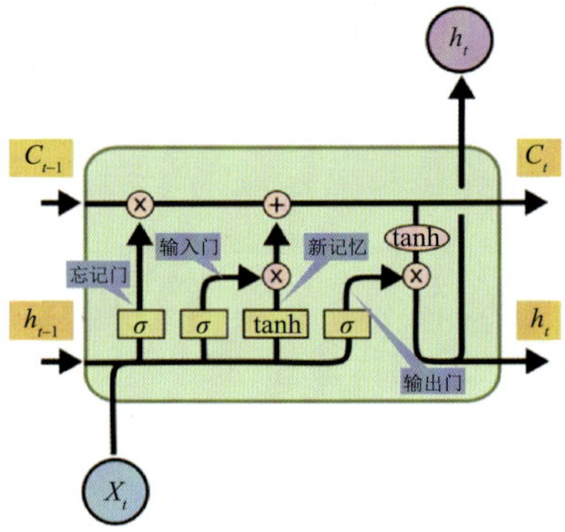


图 5.91　LSTM 网络结构图

遗忘门 $f_t$ 是计算上一个时刻的输入、输出以及细胞状态的 sigmoid 函数，数值位于(0,1)之间，遗忘上个状态的无用信息，留下有用信息。为了有选择地记住新信息，LSTM 增加了记忆门 $g_t$，乘以输入门 $i_t$ 可以有选择地记住一些信息。遗忘门 $f_t$、输入门 $i_t$、输出门 $o_t$，输入都是 $[x_t, h_t - 1]$，只是参数不同，然后经过激活函数(通常为 sigmoid)，把值放缩到[0, 1]，公式如下：

$$f_t = \sigma_g(W_f x_t + U_f h_{t-1} + b_f) \tag{5.62}$$

$$g_t = \sigma(W_g x_t + U_g h_{t-1} + b_c) \tag{5.63}$$

$$i_t = \sigma_g(W_i x_t + U_i h_{t-1} + b_i) \tag{5.64}$$

$$o_t = \sigma_g(W_o x_t + U_o h_{t-1} + b_o) \tag{5.65}$$

式中，$f_t$ 为遗忘门、$g_t$ 为记忆门、$i_t$ 为输入门、$o_t$ 为输出门。其中，$\sigma$ 为 sigmod 函数，$x_t$ 为时序输入变量，$W_f$、$U_f$ 为遗忘门权重变量，$W_g$、$U_g$ 为记忆门权重变量，$W_i$、$U_i$ 为输入门权重变量，$W_o$、$U_o$ 为输出门权重变量。$h_{t-1}$ 代表 $t-1$ 时刻的状态，$b_f$、$b_c$、$b_i$、$b_o$ 为偏置变量。

为了有选择的输出信息，还需要输出门 $o_t$ 来进行控制，输出门 $o_t$ 决定是否输出进行“细胞状态”$c_t$ 的更新，公式如下：

$$c_t = f_t \times c_{t-1} + i_t \times g_t \tag{5.66}$$

$$h_t = o_t \times \sigma_h(c_t) \tag{5.67}$$

式中，$C_t$ 为 $t$ 时刻细胞记忆，$C_{t-1}$ 为 $t-1$ 时刻细胞记忆，$h_t$ 为 $t$ 时刻状态。

#### 5.7.1.2　门控循环单元网络 GRU

GRU 是 LSTM 的变体，虽然 LSTM 能够解决循环神经网络因长期依赖带来的梯度消失和梯度爆炸问题，但是 LSTM 中引入了三个门函数：输入门、遗忘门和输出门来控制输入值、记忆值和输出值，参数较多，训练起来比较困难。在 GRU 模型中只有两个门：更新门和重置门，因此 GRU 在 LSTM 的基础上结构更为简单，参数少，效率高。网络结构见图 5.92。

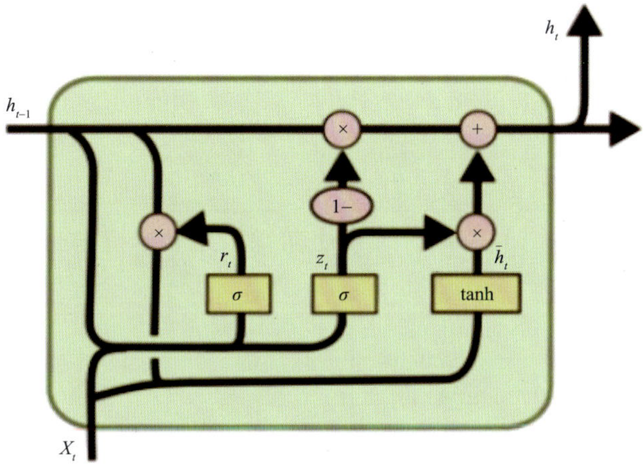


图 5.92　GRU 网络结构图

重置门 $r_t$ 控制前一状态 $h_{t-1}$ 有多少历史信息被写入到当前状态 $h_t$ 上；更新门 $z_t$ 控制当前状态 $h_t$ 需要从前一状态 $h_{t-1}$ 中保留多少信息。重置门 $r_t$、更新门 $z_t$ 都是将前一时刻和当前时刻的信息分别右乘权重矩阵，即与 sigmoid 函数相乘，得出的数值在[0,1]，进行信息传递。公式如下：

$$z_t = \sigma(W_z x_t + U_z h_{t-1}) \tag{5.68}$$

$$r_t = \sigma(W_r x_t + U_r h_{t-1}) \tag{5.69}$$

式中，$r_t$ 为重置门，$z_t$ 为更新门，$\sigma$ 为 sigmod 函数，$x_t$ 为时序输入变量，$W_z$、$U_z$ 为更新门权重变量，$W_r$、$U_r$ 为重置门权重变量，$h_{t-1}$ 为 $t-1$ 时刻的状态。

GRU 的 $h_t$ 相当于 LSTM 的 $c_t$ 状态，表示当前信息，公式如下：

$$\overline{h_t} = \tan(W x_t + U(r_t \times h_{t-1})) \tag{5.70}$$

$$h_t = (1 - z_t) \times h_{t-1} + z_t \times \overline{h_t} \tag{5.71}$$

式中，$W$ 、$U$ 为权重变量，$\overline{h_t}$ 为 $t$ 时刻细胞记忆，$h_t$ 为 $t$ 时刻更新状态，$h_{t-1}$ 为 $t-1$ 时刻的状态。

#### 5.7.1.3　双向传播长短期记忆网络 Bi-LSTM

Bi-LSTM(Bi-directional Long Short-Term Memory)是由前向 LSTM 与后向 LSTM 结合的双向循环结构，有两条单元状态传送带，可以更好地挖掘时序数据的关联特征。网络结构见图 5.93。

Bi-LSTM 网络输出就是两部分隐藏层状态 $\overrightarrow{h_t}$ 和 $\overleftarrow{h_t}$ 组合在一起，从而构成网络整体隐藏层状态 $h_t$。$\overrightarrow{h_t}$ 为 $t$ 时刻正向 LSTM 网络的隐藏层状态，$\overleftarrow{h_t}$ 为 $t$ 时刻反向 LSTM 网络的隐藏层状态，可以看作是单层的 LSTM 网络，公式如下：

$$\overrightarrow{h_t} = \text{LSTM}(x_t, \overrightarrow{h_{t-1}}) \tag{5.72}$$

$$\overleftarrow{h_t} = \text{LSTM}(x_t, \overleftarrow{h_{t-1}}) \tag{5.73}$$

$$y_t = \overrightarrow{W}\overrightarrow{h_t} + \overleftarrow{W}\overleftarrow{h_t} + b_y \tag{5.74}$$

式中：$\overrightarrow{h}_{t-1}$ 为 $t-1$ 时刻正向 LSTM 网络的隐藏层状态，$\overleftarrow{h}_{t-1}$ 为 $t-1$ 时刻反向 LSTM 网络的隐藏层状态，LSTM 为 LSTM 单元，$x_t$ 为 $t$ 时刻的输入；$y_t$ 为 $t$ 时刻输出，$\overrightarrow{W}$ 为正向权重，$\overleftarrow{W}$ 为反向权重，$b_y$ 为偏置变量。

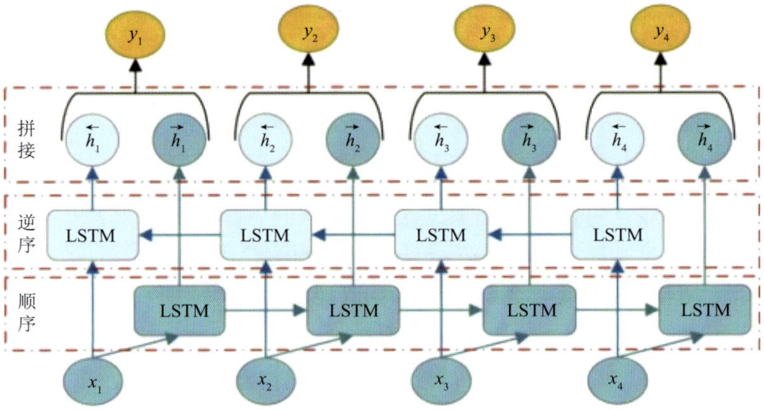


图 5.93　Bi-LSTM 网络结构图

## 5.7.2　超参数调节与优化方案

对人工智能模型优化主要是对超参数进行调优，超参数是在神经网络开始学习训练之前设置值的参数，而不是通过训练得到的参数数据，主要包括激活函数、batch_size、epoch、学习率、正则化策略等。通常情况下，使用网格搜索法对人工智能模型的超参数进行优化，选取一组最优超参数以提高模型学习性能和泛化能力，网格搜索法结构见图 5.94。但是网格搜索并不是一劳永逸的优化方法，因为把所有参数全部组合为很细致的网格，会对计算内存和模型运行稳定度产生巨大影响，大大降低效率。

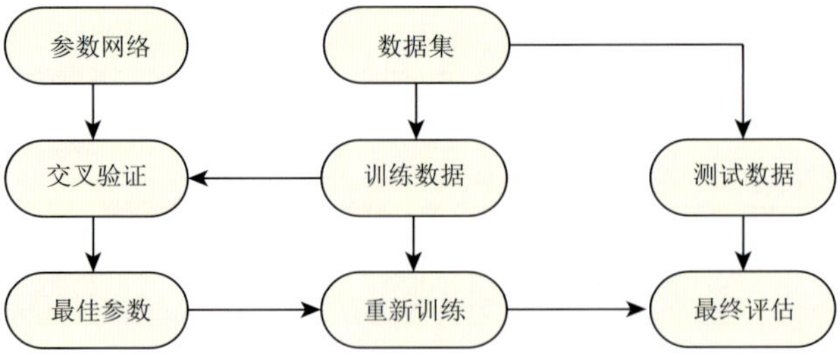


图 5.94　网格搜索法结构图

因此，需要利用经验判断和网格设置技巧来制定合理的模型优化方案，对模型进行调节与优化。首先根据各类模型大量训练的损失值拟合情况，选定合适的优化器。其次使用 sigmoid 等不同激活函数建立各类模型，经误差指标评估后选定最优激活函数。然后通过大量实验经验判断合适的学习率和正则化策略。最后使用网格搜索法确定最优 epoch 和 batch_size。超参数优化方案具体流程见图 5.95。

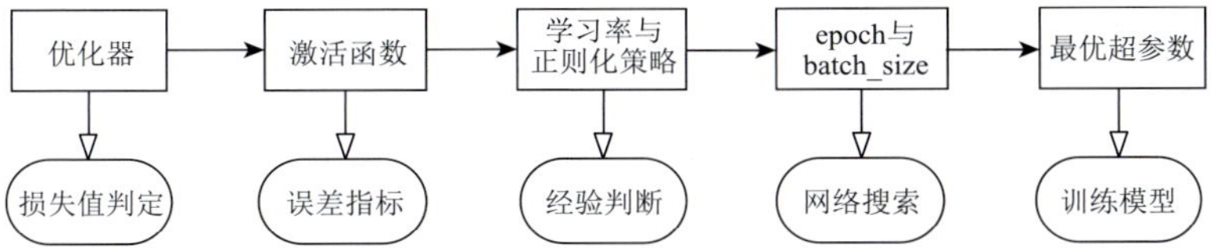


图 5.95 人工智能订正模型超参数优化方案

## 5.7.3 新能源气象预报的订正技术

### 5.7.3.1 订正技术流程

以风电场 WRF 数值模式风速预报的订正研究为案例。基于 WRF 数值模式风能预报，使用人工智能深度学习算法，对内蒙古阿拉善盟阿拉善左旗中铝巴兴图风电场进行 70 m 风速预报订正，风机实况数据时间长度为 2021 年 1 月 1 日—2024 年 4 月 23 日，订正技术流程见图 5.96。

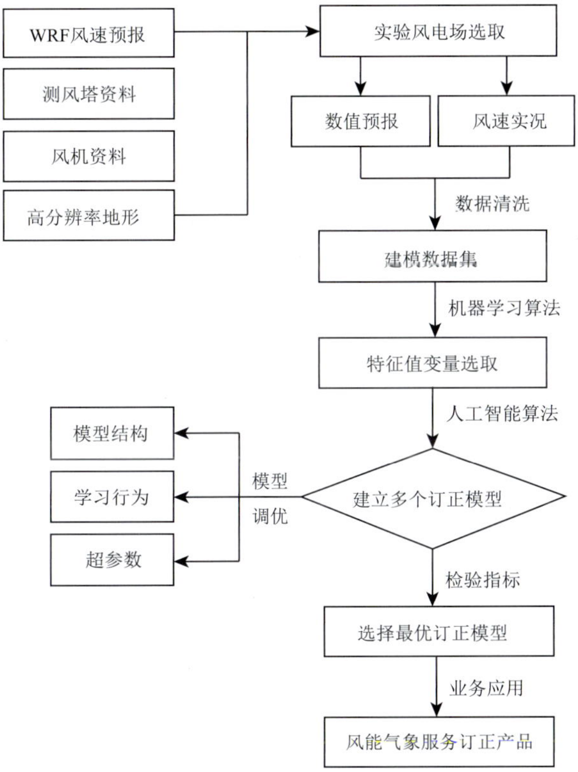


图 5.96 订正技术流程

### 5.7.3.2 特征工程

(1)特征变量直方图和 Q-Q 图

模型建立的第一环节就是特征工程，选择适合建模的特征变量首先要了解特征变量数据分布特征情况。直方图可以显示特征变量数据的正态性。Q-Q 图是指特征变量数据的分位数和正态分布的分位数对比参照的图，如果特征变量数据符合正态分布，则所有的点都会落到直线上。

中铝巴兴图风电场 WRF 风速预报所有特征变量的直方图和 Q-Q 图(图 5.97),可以看出降水特征数据完全不符合正态分布,部分特征变量地面相对湿度、30 m 相对湿度的数据分布也不是正态的,数据并不跟随对角线分布,后续可以使用数据变换对其进行处理,效果仍差可以删掉。

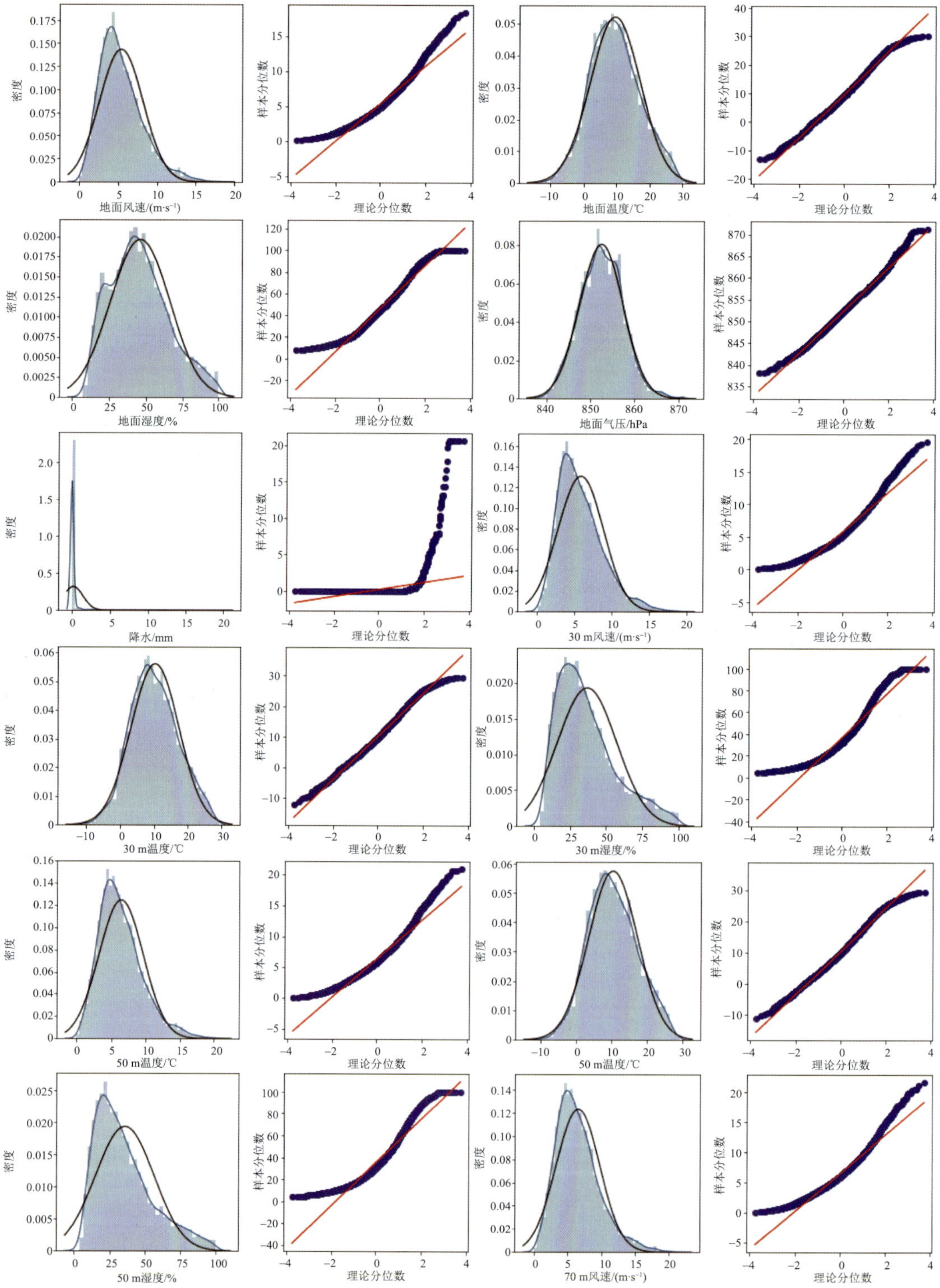

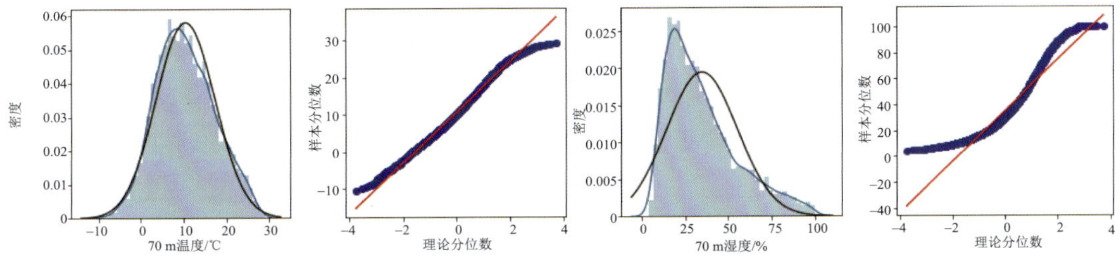


图 5.97　特征变量直方图和 Q-Q 图

(2)特征变量核密度估计(KDE)

核密度估计 KDE(Kernel Density Estimation)分布图可以查看并对比训练集和测试集中特征变量的分布情况,进而发现两个数据集中分布不一致的特征变量。所有特征变量在训练集和测试集中的 KDE 分布情况见图 5.98,可以看出降水特征变量在训练集和测试集中分布不一致,这样会导致模型的泛化能力变差,所以在选择特征值环节前删除此类特征。

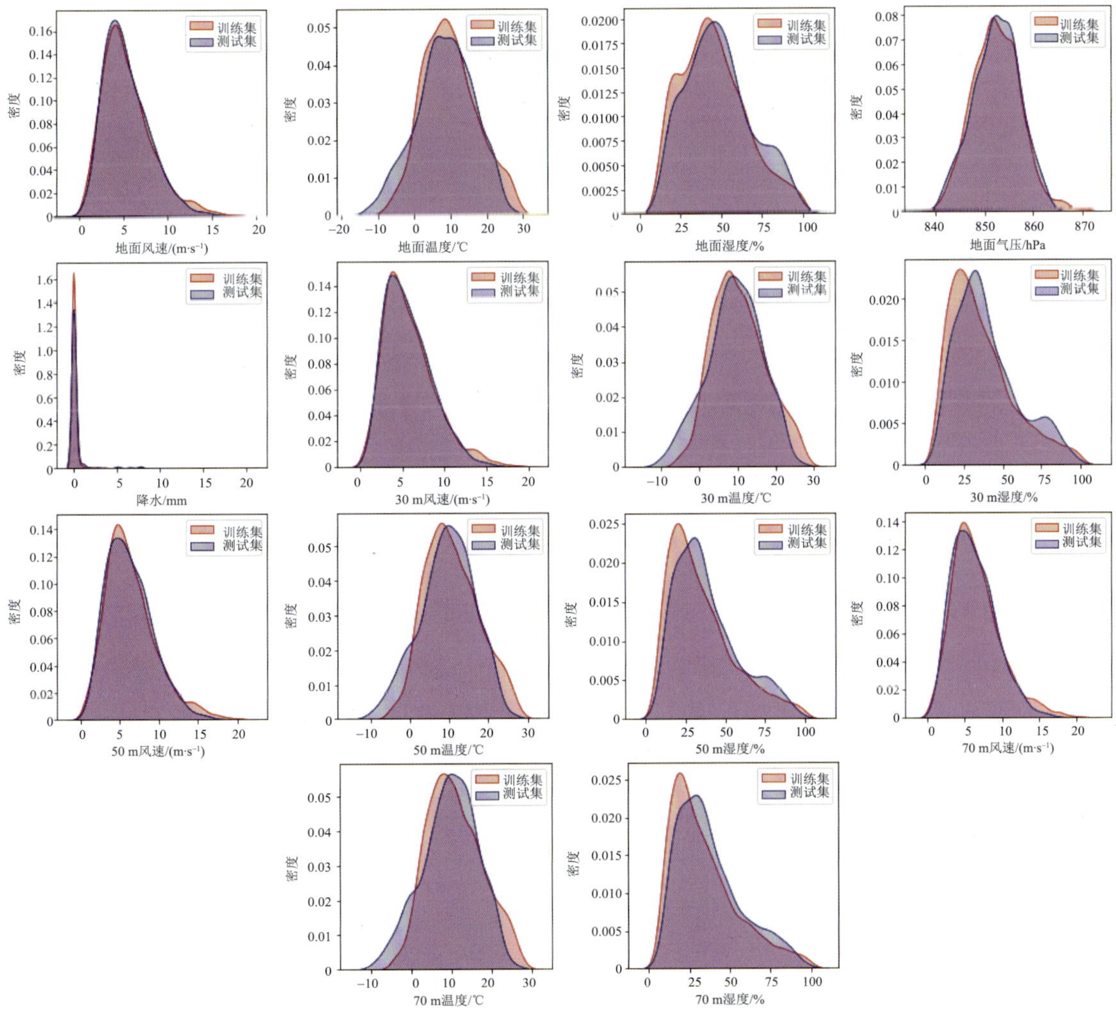


图 5.98　特征变量 KDE 分布图

(3)随机森林 RF 选择特征变量

使用随机森林 RF 算法对特征变量重要性进行排序，通过对比分析选择对中铝巴兴图风电场 70 m 风速预报订正模型有显著影响的特征变量顺序为：70 m 风速、50 m 风速、30 m 风速、地面风速、地面气压、70 m 温度、30 m 温度、50 m 温度、地面温度。结果见图 5.99。

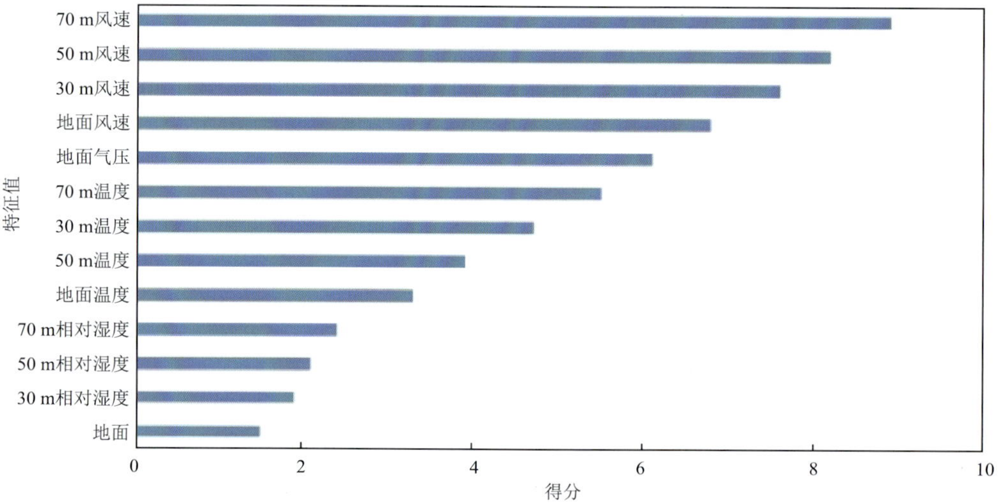


图 5.99　随机森林选择特征变量

(4)PCA 特征变量降维

风速不同于温度等具有连续性变化的气象要素，它有较强的非线性特征，而且中铝巴兴图风电场 WRF 风速预报产品包含各层风速，这就导致多种特征值间有较大共线性的可能。所以选用主成分分析法 PCA 对特征值变量降维，即去除特征值之间的多重共线性。把各个特征轴上的数据除以对应特征值，从而达到在每个特征轴上都归一化幅度的结果。保留 90%的数据信息，数据去噪后再进行模型训练效果会更好。对训练集和测试集分别进行 PCA 处理，各个主成分对应的方差大小和占全部方差的比例见图 5.100，可以看到，前 7 个主成分已经解释了样本分布 90%的差异。

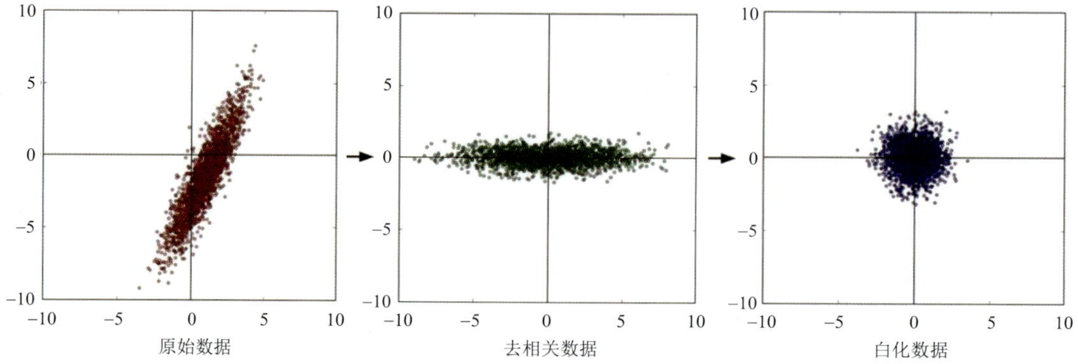

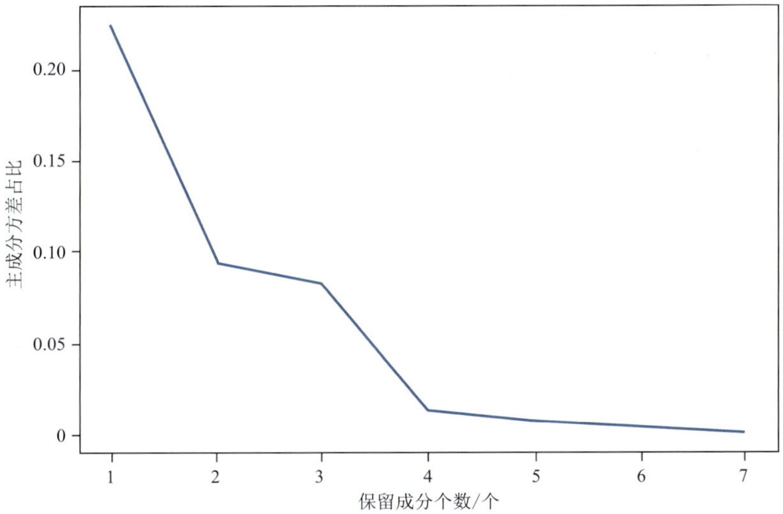


图 5.100 特征变量 PCA 降维结果

#### 5.7.3.3 建立人工智能订正模型

人工智能算法不同的网络结构在不同的情景条件下均有不同的训练效果，因此需要通过实验寻找最适宜的算法网络结构。首先，根据前期大量实验测试，设置 LSTM、Bi-LSTM、GRU 三种人工智能订正模型的网络结构均为 3 层，其中 1 层网络层的神经元数量为 16、32、64；2 层网络层的神经元数量为 16；3 层网络层的神经元数量为 16、32。其次，进行订正模型训练实验，根据模型损失值收敛拟合情况判定模型是否有意义，进一步对比均方根误差。最后，确定订正模型最优网络结构参数，以求实现订正效果最大化，LSTM、GRU、Bi-LSTM 订正模型训练结果见表 5.35。

表 5.35 设计 LSTM、Bi-LSTM、GRU 算法网络结构的模型训练结果

| 算法 | 网络层数 | 一层神经元数目 | 二层神经元数目 | 三层神经元数目 | 均方根误差/($m \cdot s^{-1}$) | 损失值是否收敛 |
|---|---|---|---|---|---|---|
| LSTM | 1 | 16 | — | — | 2.85 | √ |
| | 1 | 32 | — | — | 2.76 | √ |
| | 1 | 64 | — | — | 2.58 | √ |
| | 2 | 16 | 16 | — | 2.73 | √ |
| | 2 | 32 | 16 | — | 2.66 | √ |
| | 2 | 64 | 16 | — | 2.50 | √ |
| | 3 | 16 | 16 | 16 | 2.82 | × |
| | 3 | 32 | 16 | 16 | 2.88 | × |
| | 3 | 64 | 16 | 16 | 3.57 | × |
| | 3 | 64 | 32 | 16 | 3.40 | × |

续表

| 算法 | 网络层数 | 一层神经元数目 | 二层神经元数目 | 三层神经元数目 | 均方根误差/($m \cdot s^{-1}$) | 损失值是否收敛 |
|---|---|---|---|---|---|---|
| Bi-LSTM | 1 | 16 | — | — | 2.74 | √ |
| | 1 | 32 | — | — | 2.54 | √ |
| | 1 | 64 | — | — | 2.52 | √ |
| | 2 | 16 | 16 | — | 2.56 | √ |
| | 2 | 32 | 16 | — | 2.70 | √ |
| | 2 | 64 | 16 | — | 2.48 | √ |
| | 3 | 16 | 16 | 16 | 3.06 | × |
| | 3 | 32 | 16 | 16 | 2.81 | × |
| | 3 | 64 | 16 | 16 | 3.32 | × |
| | 3 | 64 | 32 | 16 | 3.47 | × |
| GRU | 1 | 16 | — | — | 2.52 | √ |
| | 1 | 32 | — | — | 2.44 | √ |
| | 1 | 64 | — | — | 2.31 | √ |
| | 2 | 16 | 16 | — | 2.43 | √ |
| | 2 | 32 | 16 | — | 2.50 | √ |
| | 2 | 64 | 16 | — | 2.24 | √ |
| | 3 | 16 | 16 | 16 | 2.62 | × |
| | 3 | 32 | 16 | 16 | 2.68 | × |
| | 3 | 64 | 16 | 16 | 3.16 | × |
| | 3 | 64 | 32 | 16 | 3.03 | × |

LSTM 网络层数为 3 层以上时，订正模型损失值不收敛，说明订正模型学习训练的拟合效果较差，订正模型表现不稳定，泛化能力很低。LSTM 网络层数为 1 层和 2 层时，订正模型损失值均为收敛，说明订正模型有一定泛化能力，有继续优化和超参数调优的必要性。LSTM 网络层数为 1 层时，随着神经元个数增加，均方根误差呈减小趋势，说明神经元越复杂模型效果越好。然而 LSTM 网络层数为 2 层时，随着 1 层神经元个数增加(2 层神经元均为 16)，均方根误差无明显规律，说明网络层数的复杂度与模型效果有时未必有正相关关系，而且在 1 层神经元 64，2 层神经元 16 时订正模型的均方根误差最小为 2.50 $m \cdot s^{-1}$。

因此，从整体来看，LSTM 订正模型最佳网络结构的参数为：2 层 LSTM，神经元数目分别为 64 和 16。Bi-LSTM 订正模型最佳网络结构的参数为：2 层 Bi-LSTM，神经元数目分别为 64 和 16。GRU 订正模型最佳网络结构的参数为：2 层 GRU，神经元数目分别为 64 和 16。

#### 5.7.3.4 模型超参数优化与调节

(1)优化器

优化器是引导神经网络更新参数的工具，深度学习在计算出损失函数之后，需要利用优化器来进行反向传播，完成网络参数的更新。优化器可以利用计算机数值计算的方法来获取损失函数最小的网络参数。现阶段主流的深度学习优化器是基于梯度的优化方法，代表有：SGD、Adam、Momentum、AdaGrad 等。

中铝巴兴图风电场 70 m 风速预报订正选取 SGD 和 Adam 作为备选优化器来构建各类订正模型，通过训练集损失值(Train loss)和测试集损失值(Validation loss)的拟合收敛情况判断优化器是否适用于本研究。有代表性的训练结果见图 5.101，结果显示，随着调整 units(神经元个数)、epoch、batch_size 等其他模型参数时，SGD 的 Train loss 和 Validation loss 大部分不收敛，有过拟合的现象；Adam 的 Train loss 和 Validation loss 总体上呈收敛趋势，因此选取 Adam 作为模型训练的优化器。

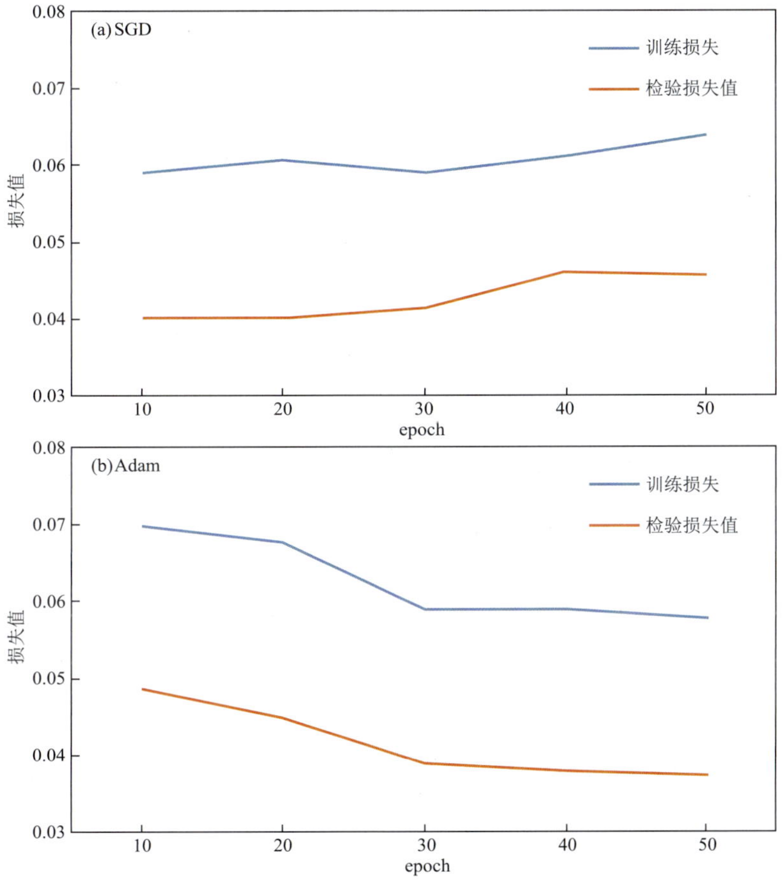


图 5.101　使用不同优化器模型损失值

(2)激活函数

激活函数是在人工智能神经网络的神经元上运行的函数，负责将神经元的输入映射到输出端，帮助神经网络学习数据中的复杂模式。激活函数能够给神经元引入非线性因素，使神经网络可以任意逼近任何非线性函数，使深层神经网络表达能力更加强大，这样神经网络就可以应用到众多的非线性模型中。现阶段常用激活函数有 relu、tanh、softmax、sigmoid、softplus、leaky relu 等，其中 relu 函数值域范围为[0,+∞]，tanh 函数值域范围为[−1,1]，sigmoid、softmax 函数值域范围为[0,1]。

选取 relu、tanh、softmax、sigmoid 作为备选激活函数来构建各类模型，通过模型评价指标即均方根误差(RMSE)和平均绝对误差(MAE)来选取最适用于本研究的激活函数。使用不同激活函数的各类模型训练结果(epoch＝10，batch_size＝64，units＝128)见图 5.102，结果显示，LSTM、Bi-LSTM 和 GRU 模型表现效果最好的激活函数是 relu，其次是sigmoid和tanh，softmax 表现效果最差，因此选取 relu 作为模型训练的激活函数。

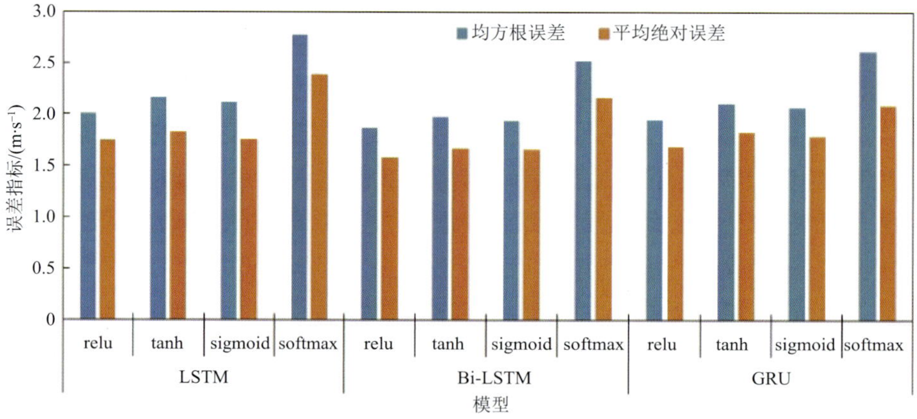


图 5.102　使用不同激活函数的各类模型误差指标

(3)学习率和正则化

学习率(Learning rate)在迭代过程中会控制模型的学习进度。学习率太小会导致神经网络损失值下降非常慢，如果学习率太大，那么参数更新的幅度就非常大，训练有可能不收敛，也可能就会导致神经网络收敛到局部最优点。如何确定学习率方式及大小对控制模型的学习进度非常重要，也是后续研究的重点方向。通常研究方法是，从一个比较大的学习率开始试，如果不收敛就减少 10 倍继续试验，直到训练收敛为止。

人工智能模型在学习训练的过程中可能存在过拟合现象，正则化策略则是有效的解决方法。常见的正则化方法有 L1 正则化、L2 正则化、输出丢弃法 (Dropout)、随机池化(Random Pooling)等。传统机器学习算法主要通过限制模型的复杂度来提高泛化能力，通常使用 L1 和 L2 正则化，但在深层神经网络中，L1 和 L2 正则化的效果往往不显著。Dropout是深度学习领域中最常用的正则化技术，可以让神经网络模型优于正常的模型。

因此通过前期大量实验测试，结合经验判断，确定中铝巴兴图风电场 70 m 风速预报订正研究学习率为 learning rate＝0.001，正则化策略为 Dropout＝0.1。

(4)epoch 和 batch_size

epoch 是使用训练集中的全部样本对模型进行训练的次数，被称为“一代训练”。batch 是使用训练集中的一部分样本对模型权重进行一次反向传播的参数更新，这部分样本被称为“一批数据”。batch_size 是一次训练所选取的样本数，batch_size 的大小影响梯度下降的方向，影响模型的优化程度和速度。epoch 和 batch_size 的大小要根据各种数据和模型应用情况而决定，取值不同模型效果也不同。

使用网格搜索法进行超参数最优值寻找。首先，建立合理的超参数网格，这是最关键的环节，5.5.5 节图 5.69 选取 Adam 优化器时可以看出，epoch>30 以后 loss 值几乎没有明显的下降，而且经过前期测试，epoch=15 左右有良好的效果，所以建立 epoch [5,30]间隔为 5 的数列，建立 batch_size [16,256]间隔为 2 倍的数列。然后利用机器学习算法建立超参数网格组合，对每个组合用于各类模型训练。最后以模型均方根误差(RMSE)为评价指标，使用交叉验证找到最佳的超参数组合。本研究网格搜索结果见表 5.36，可以看出，LSTM、Bi-LSTM 订正模型均是在 epoch=10，batch_size=64 的均方根误差最小，GRU 订正模型在 epoch=10，batch_size=32 的均方根误差最小。因此 LSTM、Bi-LSTM 订正模型最优超参数为epoch=10，batch_size=64，GRU 订正模型最优超参数为 epoch=10，batch size=32。

**表 5.36　各类模型超参数网格搜索结果**

| 模型 | epoch | batch_size | | | | |
|---|---|---|---|---|---|---|
| | | 16 | 32 | 64 | 128 | 256 |
| LSTM | 5 | 2.47 | 2.42 | 1.93 | 2.43 | 2.64 |
| | 10 | 2.24 | 1.90 | 1.85 | 2.80 | 2.02 |
| | 15 | 2.60 | 2.16 | 1.87 | 2.50 | 2.76 |
| | 20 | 2.98 | 2.70 | 2.31 | 2.86 | 2.48 |
| | 25 | 2.47 | 2.98 | 2.67 | 2.80 | 2.63 |
| | 30 | 3.03 | 2.91 | 2.90 | 2.99 | 3.32 |
| Bi-LSTM | 5 | 2.65 | 3.03 | 1.82 | 2.72 | 2.49 |
| | 10 | 2.54 | 1.91 | 1.73 | 2.48 | 2.43 |
| | 15 | 2.61 | 2.52 | 1.91 | 2.58 | 2.71 |
| | 20 | 2.68 | 2.02 | 2.08 | 2.81 | 2.81 |
| | 25 | 2.58 | 2.24 | 2.79 | 2.49 | 2.60 |
| | 30 | 2.83 | 2.60 | 2.42 | 2.82 | 2.93 |
| GRU | 5 | 2.74 | 1.77 | 2.18 | 2.63 | 2.31 |
| | 10 | 2.31 | 1.75 | 1.94 | 2.55 | 2.53 |
| | 15 | 2.48 | 1.87 | 2.22 | 2.79 | 2.73 |
| | 20 | 2.81 | 1.98 | 2.62 | 3.33 | 2.81 |
| | 25 | 2.93 | 1.76 | 2.80 | 2.78 | 2.56 |
| | 30 | 3.22 | 2.06 | 2.84 | 2.91 | 3.21 |

#### 5.7.3.5　模型评估

按照模型优化方案，经过大量实验确定各类模型的超参数，使用最优超参数训练模型后的检验评估结果见表 5.37，风电场风速原始预报的均方根误差为 3.46 $m \cdot s^{-1}$，平均绝对误差为 2.72 $m \cdot s^{-1}$，可以看出，各类订正模型训练后误差指标均有显著下降，其中订正模型 Bi-LSTM 的均方根误差和平均绝对误差值最小，分别为 2.61 $m \cdot s^{-1}$、1.98 $m \cdot s^{-1}$，较原始预报分别下降 0.39 $m \cdot s^{-1}$、0.41 $m \cdot s^{-1}$；模型 GRU 的均方根误差和平均绝对误差值最大，分别为 2.65 $m \cdot s^{-1}$、2.07 $m \cdot s^{-1}$，较原始预报分别下降 0.81 $m \cdot s^{-1}$、0.65 $m \cdot s^{-1}$。从订正模型性能方面来看，各类模型排名为 Bi-LSTM>LSTM>GRU。

表 5.37　各类订正模型最优超参数与训练评估结果

| 模型参数 | 优化器 | 激活函数 activation | epoch | batch size | 均方根误差 (RMSE)/(m·s$^{-1}$) | 平均绝对误差 (MAE)/(m·s$^{-1}$) |
|---|---|---|---|---|---|---|
| 原始预报 | — | — | — | — | 3.46 | 2.72 |
| LSTM | Adam | Relu | 10 | 64 | 2.62 | 2.03 |
| Bi-LSTM | Adam | Relu | 10 | 64 | 2.61 | 1.98 |
| GRU | Adam | Relu | 10 | 32 | 2.65 | 2.07 |

各类订正模型检验结果见表 5.38，可以看出，风电场风速原始预报准确率为 79.87%，使用各类订正模型训练后准确率均有显著提升，其中 Bi-LSTM 准确率最高为 87.56%，较原始预报提升 7.69%，LSTM 准确率最低为 86.45%，提升 6.58%。从订正模型准确率效果方面来看，各类模型排名为 Bi-LSTM>GRU>LSTM。

表 5.38　各类订正模型检验结果

| 订正模型 | 均方根误差降低/(m·s$^{-1}$) | 平均绝对误差降低/(m·s$^{-1}$) | 准确率/% | 准确率提升/% |
|---|---|---|---|---|
| 原始预报 | — | — | 79.87 | — |
| LSTM | 0.84 | 0.69 | 86.45 | 6.58 |
| Bi-LSTM | 0.85 | 0.74 | 87.56 | 7.69 |
| GRU | 0.81 | 0.65 | 87.04 | 7.17 |

### 5.7.3.6　订正模型融合

在数据科学领域，模型融合是一种常见的机器学习策略，通过融合多个订正模型，可以提高整体的订正性能，并且单个订正模型容易发生过拟合，多个订正模型融合较单个模型可以提高模型泛化能力。

使用不同季节和预报时效的均方根误差、平均绝对误差作为检验指标，使用加权平均法对 LSTM 订正结果、Bi-LSTM 订正结果、GRU 订正结果进行加权融合，确定 LSTM、Bi-LSTM、GRU 不同季节、不同预报时效的最优融合订正模型权重及检验指标，结果见表 5.39。

不同季节、各预报时效的融合订正模型准确率较 LSTM 准确率提升，均方根误差较 LSTM 有所下降，由于 LSTM、Bi- LSTM、GRU 三种订正模型的性能和订正效果相近，所以融合后的订正模型准确率进一步提升但改善幅度较小。

表 5.39　不同季节和预报时效的最优融合订正模型权重及检验指标(较 LSTM)

| 季节 | 预报时效/h | 订正模型权重 | | | 准确率/% | | 均方根误差/(m·s$^{-1}$) | |
|---|---|---|---|---|---|---|---|---|
| | | LSTM | Bi-LSTM | GRU | 融合模型 | 提升 | 融合模型 | 下降 |
| 春 | 24 | 0.3 | 0.4 | 0.3 | 89.33 | 0.03 | 2.13 | 0.02 |
| | 48 | 0.3 | 0.5 | 0.2 | 86.84 | 0.03 | 2.63 | 0.01 |
| | 72 | 0.2 | 0.6 | 0.2 | 85.60 | 0.23 | 2.88 | 0.05 |
| | 100 | 0.3 | 0.4 | 0.3 | 85.21 | 0.09 | 2.96 | 0.03 |

续表

| 季节 | 预报时效/h | 订正模型权重 | | | 准确率/% | | 均方根误差/(m·s)$^{-1}$ | |
|---|---|---|---|---|---|---|---|---|
| | | LSTM | Bi-LSTM | GRU | 融合模型 | 提升 | 融合模型 | 下降 |
| 夏 | 24 | 0.2 | 0.6 | 0.2 | 87.67 | 0.09 | 2.47 | 0.05 |
| | 48 | 0.7 | 0.2 | 0.1 | 86.37 | 0.02 | 2.73 | 0.01 |
| | 72 | 0.6 | 0.3 | 0.1 | 85.50 | 0.01 | 2.90 | 0.00 |
| | 100 | 0.4 | 0.4 | 0.2 | 85.36 | 0.02 | 2.93 | 0.01 |
| 秋 | 24 | 0.2 | 0.7 | 0.1 | 90.96 | 0.06 | 1.81 | 0.02 |
| | 48 | 0.4 | 0.3 | 0.3 | 88.63 | 0.17 | 2.27 | 0.02 |
| | 72 | 0.4 | 0.2 | 0.4 | 88.09 | 0.01 | 2.38 | 0.02 |
| | 100 | 0.3 | 0.5 | 0.2 | 87.51 | 0.13 | 2.50 | 0.02 |
| 冬 | 24 | 0.3 | 0.4 | 0.3 | 90.77 | 0.24 | 1.85 | 0.02 |
| | 48 | 0.2 | 0.2 | 0.6 | 88.40 | 0.06 | 2.32 | 0.00 |
| | 72 | 0.2 | 0.5 | 0.3 | 86.62 | 0.03 | 2.68 | 0.01 |
| | 100 | 0.4 | 0.3 | 0.3 | 86.01 | 0.17 | 2.80 | 0.04 |

### 5.7.4 风速预报订正效果

中铝巴兴图风电场各季节检验数据集的时间段分别为：春季2023年5月17—31日和2024年3月1日—4月22日。夏季2023年7月5日—8月31日。秋季2023年10月4日—11月30。冬季2021年12月24—31日、2022年12月1—31日、2023年12月1—30日。

#### 5.7.4.1 预报时效订正效果

(1)准确率($A$)

分季节、分预报时效的风速订正预报准确率与提升效果见图5.103和表5.40。从整体上看，各预报时效段的WRF原始预报准确率为76.70%～85.39%，融合模型订正后准确率为85.21%～90.96%，提升5.57%～8.90%，平均提升6.82%。

从预报时效看，随着预报时效延长，准确率呈缓慢下降趋势，但融合订正模型的准确率提升水平呈上升趋势，其中春、夏季48～72 h准确率提升为峰值，分别为8.90%、7.24%；秋、冬季72～100 h准确率提升为峰值，分别为7.13%、7.49%；各季节0～24 h准确率提升为谷值，分别为5.77%、5.73%、5.57%、5.63%。

从各季节看，原始预报准确率排序为秋季>冬季>夏季>春季，订正预报准确率排序为秋季>冬季>春季>夏季，准确率提升排序为春季>冬季>夏季>秋季。

从各类订正模型看，LSTM、Bi-LSTM、GRU三种模型订正后的准确率相近，其中LSTM准确率为85.13%～90.91%，提高5.40%～8.68%；Bi-LSTM准确率为85.19%～91.29%，提高5.58%～8.87%；GRU准确率为85.20%～90.93%，提高5.52%～8.75%。RF准确率为84.05%～89.62%，提高3.90%～7.65%。因此，各季节RF均比LSTM准确率偏小，融合模型订正后的准确率比LSTM、Bi-LSTM、GRU单一模型准确率效果偏好。

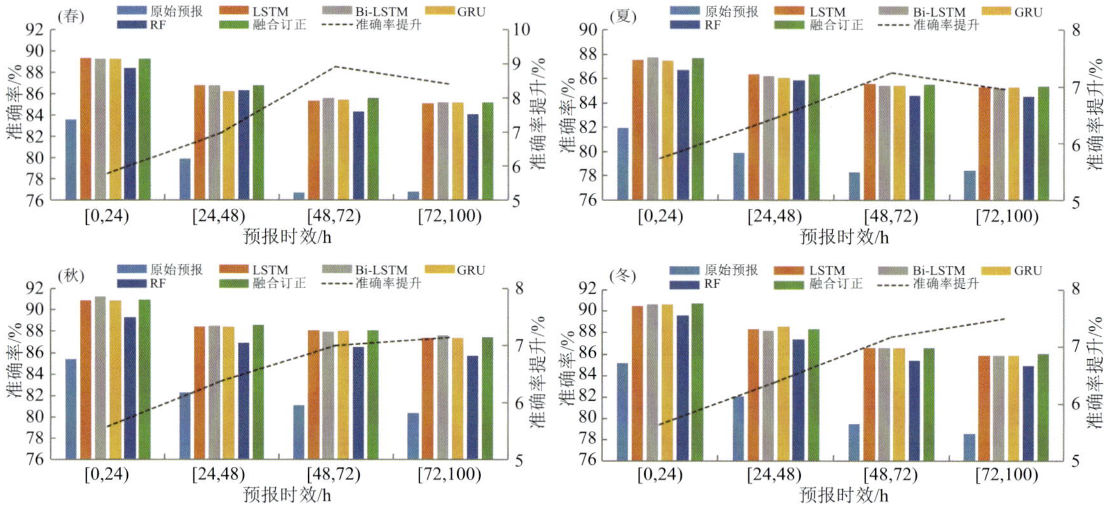


图 5.103　分季节、分预报时效的风速订正预报准确率

表 5.40　分季节、分预报时效的风速订正预报准确率与提升效果

| 季节 | 预报时效/h | 原始预报/% | LSTM/% | | Bi-LSTM/% | | GRU/% | | RF/% | | 融合订正/% | |
|---|---|---|---|---|---|---|---|---|---|---|---|---|
| | | | 订正 | 提升 | 订正 | 提升 | 订正 | 提升 | 订正 | 提升 | 订正 | 提升 |
| 春季 | 24 | 83.56 | 89.34 | 5.78 | 89.28 | 5.71 | 89.30 | 5.74 | 88.44 | 4.88 | 89.33 | 5.77 |
| | 48 | 79.88 | 86.82 | 6.94 | 86.84 | 6.96 | 86.27 | 6.39 | 86.32 | 6.44 | 86.84 | 6.96 |
| | 72 | 76.70 | 85.38 | 8.68 | 85.56 | 8.87 | 85.45 | 8.75 | 84.35 | 7.65 | 85.60 | 8.90 |
| | 100 | 76.81 | 85.13 | 8.31 | 85.19 | 8.37 | 85.20 | 8.38 | 84.05 | 7.24 | 85.21 | 8.39 |
| 夏季 | 24 | 81.94 | 87.59 | 5.65 | 87.75 | 5.81 | 87.51 | 5.57 | 86.75 | 4.81 | 87.67 | 5.73 |
| | 48 | 79.93 | 86.37 | 6.44 | 86.20 | 6.27 | 86.10 | 6.18 | 85.87 | 5.94 | 86.37 | 6.45 |
| | 72 | 78.27 | 85.58 | 7.31 | 85.45 | 7.18 | 85.49 | 7.22 | 84.59 | 6.32 | 85.50 | 7.24 |
| | 100 | 78.42 | 85.35 | 6.93 | 85.27 | 6.85 | 85.34 | 6.93 | 84.55 | 6.13 | 85.36 | 6.94 |
| 秋季 | 24 | 85.39 | 90.91 | 5.52 | 91.29 | 5.90 | 90.93 | 5.54 | 89.29 | 3.90 | 90.96 | 5.57 |
| | 48 | 82.27 | 88.48 | 6.21 | 88.52 | 6.25 | 88.41 | 6.14 | 86.93 | 4.66 | 88.63 | 6.37 |
| | 72 | 81.10 | 88.11 | 7.00 | 87.98 | 6.87 | 88.07 | 6.97 | 86.53 | 5.43 | 88.09 | 6.99 |
| | 100 | 80.37 | 87.39 | 7.01 | 87.63 | 7.25 | 87.42 | 7.04 | 85.75 | 5.37 | 87.51 | 7.13 |
| 冬季 | 24 | 85.14 | 90.54 | 5.40 | 90.72 | 5.58 | 90.66 | 5.52 | 89.62 | 4.48 | 90.77 | 5.63 |
| | 48 | 82.02 | 88.34 | 6.32 | 88.22 | 6.20 | 88.56 | 6.54 | 87.37 | 5.35 | 88.40 | 6.38 |
| | 72 | 79.46 | 86.60 | 7.15 | 86.57 | 7.12 | 86.62 | 7.17 | 85.39 | 5.94 | 86.62 | 7.17 |
| | 100 | 78.51 | 85.85 | 7.33 | 85.91 | 7.40 | 85.86 | 7.34 | 84.96 | 6.44 | 86.01 | 7.49 |
| 最大值 | | 85.39 | 90.91 | 8.68 | 91.29 | 8.87 | 90.93 | 8.75 | 89.62 | 7.65 | 90.96 | 5.57 |
| 最小值 | | 76.70 | 85.13 | 5.40 | 85.19 | 5.58 | 85.20 | 5.52 | 84.05 | 3.90 | 85.21 | 8.51 |

(2)均方根误差(RMSE)

分季节、分预报时效的风速订正预报均方根误差与下降效果见图 5.104 和表 5.41。从整体上看，各预报时效段的 WRF 原始预报均方根误差为 2.72～4.46 $m \cdot s^{-1}$，融合模型订正后均方根误差为 1.81～2.96 $m \cdot s^{-1}$，下降 0.91～1.58 $m \cdot s^{-1}$，平均下降 1.16 $m \cdot s^{-1}$，

下降率为 38.36%～54.87%，平均下降率为 46.44%。

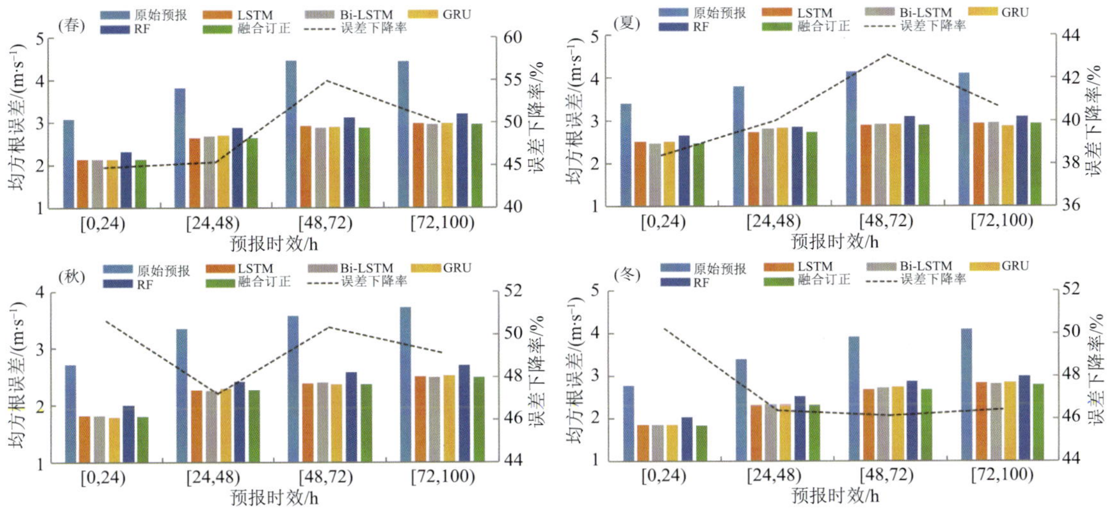


图 5.104 分季节、分预报时效的风速订正预报均方根误差

表 5.41 分季节、分预报时效的风速订正预报均方根误差与下降效果

| 季节 | 预报时效/h | 原始预报/(m·s⁻¹) | LSTM/(m·s⁻¹) | | Bi-LSTM/(m·s⁻¹) | | GRU/(m·s⁻¹) | | RF/(m·s⁻¹) | | 融合订正/(m·s⁻¹) | |
|---|---|---|---|---|---|---|---|---|---|---|---|---|
| | | | 订正 | 下降 | 订正 | 下降 | 订正 | 下降 | 订正 | 下降 | 订正 | 下降 |
| 春季 | 24 | 3.09 | 2.14 | 30.70 | 2.14 | 30.54 | 2.13 | 31.01 | 2.31 | 25.11 | 2.13 | 44.67 |
| | 48 | 3.82 | 2.64 | 31.06 | 2.67 | 30.19 | 2.69 | 29.67 | 2.89 | 24.54 | 2.63 | 45.30 |
| | 72 | 4.46 | 2.92 | 34.45 | 2.89 | 35.28 | 2.90 | 34.99 | 3.11 | 30.28 | 2.88 | 54.87 |
| | 100 | 4.44 | 2.97 | 32.97 | 2.96 | 33.24 | 2.98 | 32.84 | 3.19 | 28.10 | 2.96 | 49.97 |
| 夏季 | 24 | 3.41 | 2.51 | 26.44 | 2.48 | 27.29 | 2.52 | 26.15 | 2.65 | 22.35 | 2.47 | 38.36 |
| | 48 | 3.81 | 2.73 | 28.55 | 2.81 | 26.34 | 2.83 | 25.81 | 2.86 | 25.01 | 2.73 | 39.97 |
| | 72 | 4.15 | 2.88 | 30.46 | 2.91 | 29.81 | 2.92 | 29.59 | 3.08 | 25.67 | 2.90 | 43.04 |
| | 100 | 4.12 | 2.93 | 28.82 | 2.95 | 28.44 | 2.87 | 30.29 | 3.09 | 24.93 | 2.93 | 40.61 |
| 秋季 | 24 | 2.72 | 1.82 | 33.21 | 1.82 | 33.04 | 1.80 | 33.87 | 2.00 | 26.47 | 1.81 | 50.61 |
| | 48 | 3.35 | 2.28 | 31.87 | 2.26 | 32.47 | 2.30 | 31.16 | 2.43 | 27.39 | 2.27 | 47.19 |
| | 72 | 3.58 | 2.39 | 33.23 | 2.40 | 32.82 | 2.38 | 33.51 | 2.59 | 27.64 | 2.38 | 50.31 |
| | 100 | 3.73 | 2.51 | 32.62 | 2.50 | 32.89 | 2.52 | 32.29 | 2.71 | 27.25 | 2.50 | 49.11 |
| 冬季 | 24 | 2.77 | 1.86 | 33.06 | 1.85 | 33.27 | 1.86 | 33.07 | 2.04 | 26.58 | 1.85 | 50.20 |
| | 48 | 3.40 | 2.31 | 31.99 | 2.34 | 31.00 | 2.33 | 31.35 | 2.52 | 25.92 | 2.32 | 46.35 |
| | 72 | 3.91 | 2.68 | 31.45 | 2.71 | 30.67 | 2.74 | 29.90 | 2.87 | 26.58 | 2.68 | 46.11 |
| | 100 | 4.10 | 2.83 | 30.92 | 2.81 | 31.41 | 2.85 | 30.44 | 3.00 | 26.77 | 2.80 | 46.39 |
| 最大值 | | 4.46 | 2.97 | 34.45 | 2.96 | 35.28 | 2.98 | 34.99 | 3.19 | 30.28 | 2.96 | 54.87 |
| 最小值 | | 2.72 | 1.82 | 26.44 | 1.82 | 26.34 | 1.80 | 25.81 | 2.00 | 22.35 | 1.81 | 38.36 |

从预报时效看，随着预报时效延长，均方根误差呈缓慢上升趋势。春、夏季 48～72 h 均方根误差下降率为峰值，分别为 54.87%、43.04%；0～24 h 均方根误差下降率为谷值，分别为 44.67%、38.36%。秋、冬季 0～24 h 均方根误差下降率为峰值，分别为 50.61%、50.20%；秋季 24～48 h 均方根误差下降率为谷值为 47.19%；冬季 48～72 h 均方根误差下降率为谷值，为 46.11%。

从各季节看，原始预报均方根误差排序为春季>夏季>冬季>秋季，订正预报均方根误差排序为夏季>春季>冬季>秋季，均方根误差下降率排序为春季>冬季>夏季>秋季。

从各类订正模型看，LSTM、Bi-LSTM、GRU 三种模型订正后的均方根误差相近，其中 LSTM 均方根误差为 1.82～2.97 $\mathrm{m \cdot s^{-1}}$，下降率为 26.44%～34.45%；Bi-LSTM 均方根误差为 1.82～2.96 $\mathrm{m \cdot s^{-1}}$，下降率为 26.34%～35.28%；GRU 均方根误差为 1.80～2.98 $\mathrm{m \cdot s^{-1}}$，下降率为 25.81%～34.99%。RF 均方根误差为 2.00～3.19 $\mathrm{m \cdot s^{-1}}$，下降率为 22.35%～30.28%。因此，各季节 RF 均比 LSTM 均方根误差偏大，融合模型订正后的均方根误差比单一模型均方根误差偏小。

（3）平均绝对误差（MAE）

分季节、分预报时效的风速订正预报平均绝对误差与下降效果见图 5.105 和表 5.42。从整体上看，各预报时效段的 WRF 原始预报平均绝对误差为 2.13～3.58 $\mathrm{m \cdot s^{-1}}$，融合模型订正后平均绝对误差为 1.36～2.44 $\mathrm{m \cdot s^{-1}}$，下降 0.78～1.14 $\mathrm{m \cdot s^{-1}}$，平均下降 0.94 $\mathrm{m \cdot s^{-1}}$，下降率为 39.02%～58.06%，平均下降率为 48.34%。

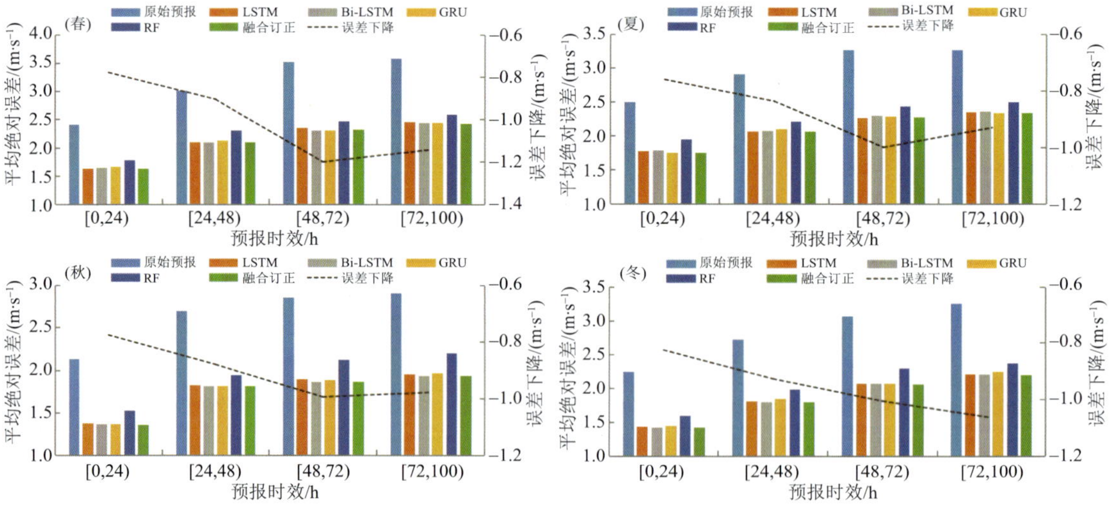


图 5.105 分季节、分预报时效的风速订正预报平均绝对误差

从预报时效看，随着预报时效延长，平均绝对误差呈缓慢上升趋势。春、夏季 48～72 h 均方根误差下降率提升为峰值，分别为 51.73%、43.85%；秋、冬季 0～24 h 均方根误差下降率提升为峰值，分别为 57.23%、58.06%；春、秋季 24～48 h 均方根误差下降率提升为谷值，分别为 42.97%、39.62%；夏、冬季 72～100 h 均方根误差下降率提升为谷值，分别为 48.38%、48.63%。

从各季节看，原始预报平均绝对误差和订正预报平均绝对误差的排序为春季>夏季>

冬季>秋季，平均绝对误差下降率排序为秋季>冬季>春季>夏季。

从各类订正模型看，LSTM、Bi-LSTM、GRU 三种模型订正后的平均绝对误差相近，其中 LSTM 平均绝对误差为 1.38～2.46 m·s$^{-1}$，下降率为 28.27%～36.38%；Bi-LSTM 平均绝对误差为 1.37～2.45 m·s$^{-1}$，下降率为 27.98%～36.86%；GRU 平均绝对误差为 1.37～2.44 m·s$^{-1}$，下降率为 27.53%～35.81%。RF 平均绝对误差为1.52～2.60 m·s$^{-1}$，下降率为 22.35%～29.44%。因此，各季节 RF 均比 LSTM 平均绝对误差偏大，融合模型订正后的平均绝对误差比单一模型均方根误差偏小。

表 5.42 分季节、分预报时效的风速订正预报平均绝对误差与下降效果

| 季节 | 预报时效/h | 原始预报/(m·s$^{-1}$) | LSTM/(m·s$^{-1}$) | | Bi-LSTM/(m·s$^{-1}$) | | GRU/(m·s$^{-1}$) | | RF/(m·s$^{-1}$) | | 融合订正/(m·s$^{-1}$) | |
|---|---|---|---|---|---|---|---|---|---|---|---|---|
| | | | 订正 | 下降 | 订正 | 下降 | 订正 | 下降 | 订正 | 下降 | 订正 | 下降 |
| 春季 | 24 | 2.41 | 1.64 | 32.03 | 1.65 | 31.72 | 1.66 | 31.15 | 1.79 | 25.57 | 1.63 | 47.70 |
| | 48 | 3.01 | 2.10 | 30.16 | 2.11 | 30.03 | 2.13 | 29.27 | 2.31 | 23.32 | 2.11 | 42.97 |
| | 72 | 3.52 | 2.35 | 33.24 | 2.31 | 34.46 | 2.32 | 34.15 | 2.48 | 29.44 | 2.32 | 51.73 |
| | 100 | 3.58 | 2.46 | 31.31 | 2.45 | 31.66 | 2.44 | 31.75 | 2.60 | 27.40 | 2.44 | 46.85 |
| 夏季 | 24 | 2.51 | 1.78 | 29.12 | 1.79 | 28.72 | 1.76 | 29.92 | 1.95 | 22.35 | 1.75 | 43.45 |
| | 48 | 2.91 | 2.07 | 28.76 | 2.08 | 28.61 | 2.11 | 27.53 | 2.22 | 23.86 | 2.07 | 40.38 |
| | 72 | 3.28 | 2.27 | 30.73 | 2.31 | 29.59 | 2.29 | 30.20 | 2.44 | 25.69 | 2.28 | 43.85 |
| | 100 | 3.28 | 2.35 | 28.27 | 2.36 | 27.98 | 2.34 | 28.64 | 2.50 | 23.72 | 2.35 | 39.62 |
| 秋季 | 24 | 2.13 | 1.38 | 35.29 | 1.37 | 35.76 | 1.37 | 35.81 | 1.52 | 28.53 | 1.36 | 57.23 |
| | 48 | 2.70 | 1.83 | 32.24 | 1.81 | 32.91 | 1.82 | 32.67 | 1.95 | 27.81 | 1.82 | 48.38 |
| | 72 | 2.86 | 1.90 | 33.58 | 1.87 | 34.62 | 1.89 | 33.93 | 2.13 | 25.60 | 1.87 | 53.36 |
| | 100 | 2.91 | 1.95 | 32.88 | 1.94 | 33.35 | 1.97 | 32.32 | 2.21 | 24.13 | 1.93 | 50.68 |
| 冬季 | 24 | 2.25 | 1.43 | 36.38 | 1.42 | 36.86 | 1.45 | 35.52 | 1.60 | 28.80 | 1.42 | 58.06 |
| | 48 | 2.72 | 1.81 | 33.67 | 1.79 | 34.27 | 1.84 | 32.43 | 1.98 | 27.37 | 1.80 | 51.69 |
| | 72 | 3.07 | 2.07 | 32.64 | 2.07 | 32.60 | 2.07 | 32.64 | 2.29 | 25.31 | 2.06 | 48.87 |
| | 100 | 3.25 | 2.21 | 32.16 | 2.20 | 32.27 | 2.25 | 30.86 | 2.37 | 27.24 | 2.19 | 48.63 |
| 最大值 | | 3.58 | 2.46 | 36.38 | 2.45 | 36.86 | 2.44 | 35.81 | 2.60 | 29.44 | 2.44 | 58.06 |
| 最小值 | | 2.13 | 1.38 | 28.27 | 1.37 | 27.98 | 1.37 | 27.53 | 1.52 | 22.35 | 1.36 | 39.62 |

#### 5.7.4.2 分风速段订正效果

按照风电场风机发电风速等级要求和行业标准《风电场风速预报准确率评判方法》，将风速划分为风电零发($0 \leqslant v < 3$ m·s$^{-1}$)、风电低发(3 m·s$^{-1} \leqslant v < 8$ m·s$^{-1}$)、风电高发(8 m·s$^{-1} \leqslant v < 12$ m·s$^{-1}$)、风电满发(12 m·s$^{-1} \leqslant v < 25$ m·s$^{-1}$)、风电切出(25 m·s$^{-1} \leqslant v < \infty$)共 5 段，分别对各段风速订正效果进行检验。本项目中铝巴兴图风电场没有风电切出段数据 $v > 25$ m·s$^{-1}$，因此该段无订正效果，后续不再讨论。

(1)准确率($A$)

不同季节各风速段风速订正预报准确率与提升效果见图 5.106 和表 5.43。从整体上

看，不同季节各风速段的原始预报准确率为 53.56%～79.25%，融合模型订正后准确率为 62.0%～87.1%，提升－3.52%～13.54%，平均提升 5.58%。

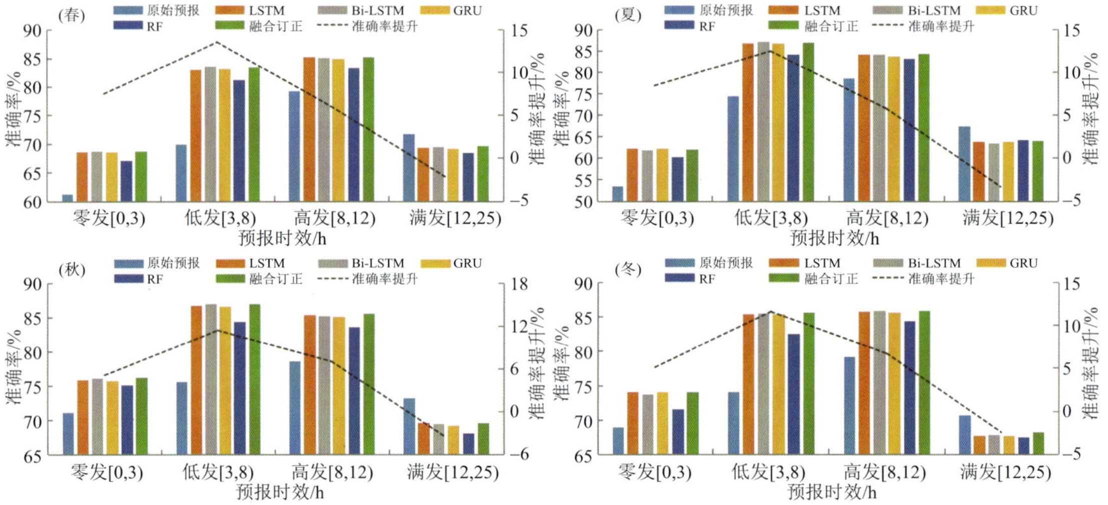


图 5.106　不同季节各风速段风速订正预报准确率

表 5.43　不同季节各风速段风速订正预报准确率与提升效果

| 季节 | 风速段 | 原始预报/% | LSTM | | Bi-LSTM | | GRU | | RF | | 融合订正 | |
|---|---|---|---|---|---|---|---|---|---|---|---|---|
| | | | 订正/% | 提升/% | 订正/% | 提升/% | 订正/% | 提升/% | 订正/% | 提升/% | 订正/% | 提升/% |
| 春季 | 零发 | 61.22 | 68.61 | 7.39 | 68.74 | 7.52 | 68.58 | 7.36 | 67.06 | 5.85 | 68.72 | 7.50 |
| | 低发 | 69.99 | 83.00 | 13.02 | 83.55 | 13.56 | 83.21 | 13.22 | 81.16 | 11.18 | 83.53 | 13.54 |
| | 高发 | 79.20 | 85.20 | 6.00 | 85.14 | 5.94 | 84.89 | 5.69 | 83.38 | 4.17 | 85.23 | 6.03 |
| | 满发 | 71.84 | 69.41 | －2.43 | 69.57 | －2.27 | 69.23 | －2.61 | 68.49 | －3.35 | 69.66 | －2.18 |
| 夏季 | 零发 | 53.56 | 62.22 | 8.66 | 61.89 | 8.33 | 62.24 | 8.68 | 60.28 | 6.72 | 62.00 | 8.44 |
| | 低发 | 74.52 | 86.96 | 12.44 | 87.19 | 12.67 | 86.98 | 12.45 | 84.36 | 9.84 | 87.00 | 12.48 |
| | 高发 | 78.63 | 84.19 | 5.56 | 84.26 | 5.64 | 83.85 | 5.22 | 83.23 | 4.60 | 84.39 | 5.77 |
| | 满发 | 67.44 | 63.94 | －3.50 | 63.59 | －3.85 | 63.82 | －3.62 | 64.34 | －3.10 | 64.08 | －3.36 |
| 秋季 | 零发 | 71.19 | 75.98 | 4.79 | 76.12 | 4.93 | 75.75 | 4.56 | 75.15 | 3.96 | 76.33 | 5.14 |
| | 低发 | 75.69 | 86.82 | 11.13 | 87.02 | 11.33 | 86.66 | 10.97 | 84.41 | 8.73 | 87.10 | 11.41 |
| | 高发 | 78.63 | 85.42 | 6.79 | 85.35 | 6.72 | 85.23 | 6.60 | 83.66 | 5.03 | 85.67 | 7.04 |
| | 满发 | 73.26 | 69.67 | －3.59 | 69.56 | －3.70 | 69.36 | －3.91 | 68.21 | －5.05 | 69.74 | －3.52 |
| 冬季 | 零发 | 68.94 | 74.06 | 5.12 | 73.74 | 4.80 | 74.05 | 5.10 | 71.55 | 2.61 | 74.03 | 5.09 |
| | 低发 | 74.06 | 85.43 | 11.37 | 85.57 | 11.51 | 85.39 | 11.33 | 82.58 | 8.52 | 85.67 | 11.61 |
| | 高发 | 79.25 | 85.78 | 6.53 | 85.91 | 6.66 | 85.68 | 6.43 | 84.38 | 5.13 | 85.96 | 6.71 |
| | 满发 | 70.70 | 67.64 | －3.06 | 67.78 | －2.92 | 67.69 | －3.01 | 67.47 | －3.23 | 68.21 | －2.49 |
| 最大值 | | 79.25 | 86.96 | 13.02 | 87.19 | 13.56 | 86.98 | 13.22 | 84.41 | 11.18 | 87.10 | 13.54 |
| 最小值 | | 53.56 | 62.22 | －3.59 | 61.89 | －3.85 | 62.24 | －3.91 | 60.28 | －5.05 | 62.00 | －3.52 |

从风速段看，各季节低发段和高发段的准确率高于零发段和满发段，零发段的准确率最小。零发、低发、高发段订正后的准确率均上升，满发段订正准确率略微下降。除满发段外，四季原始预报准确率排序为高发>低发>零发；春、冬季订正预报准确率排序为高发>低发>零发，夏、秋季排序为低发>高发>零发。同时，春、夏季各风速段准确率提升排序为低发>零发>高发>满发，秋、冬季排序为低发>高发>零发>满发。

从各季节看，原始预报准确率和订正预报准确率的排序为秋季>冬季>春季>夏季，准确率提升排序为春季>夏季>秋季>冬季。

从各类订正模型看，LSTM、Bi-LSTM、GRU 三种模型订正后的准确率相近，除满发段，LSTM 准确率提高 3.94%～13.02%；Bi-LSTM 准确率提高 4.08%～13.56%；GRU 准确率提高 4.56%～13.22%。RF 准确率提高 2.61%～13.54%，在大部分风速段中比 LSTM 准确率低。

（2）均方根误差（RMSE）

不同季节各风速段风速订正预报均方根误差与下降效果见图 5.107 和表 5.44。从整体上看，不同季节各风速段的原始预报均方根误差为 1.80～5.99 $m \cdot s^{-1}$，融合模型订正后均方根误差为 1.31～6.12 $m \cdot s^{-1}$，下降－0.62～1.01 $m \cdot s^{-1}$，平均下降－0.34 $m \cdot s^{-1}$，下降率为 2.12%～58.96%，平均下降率为 22.30%。

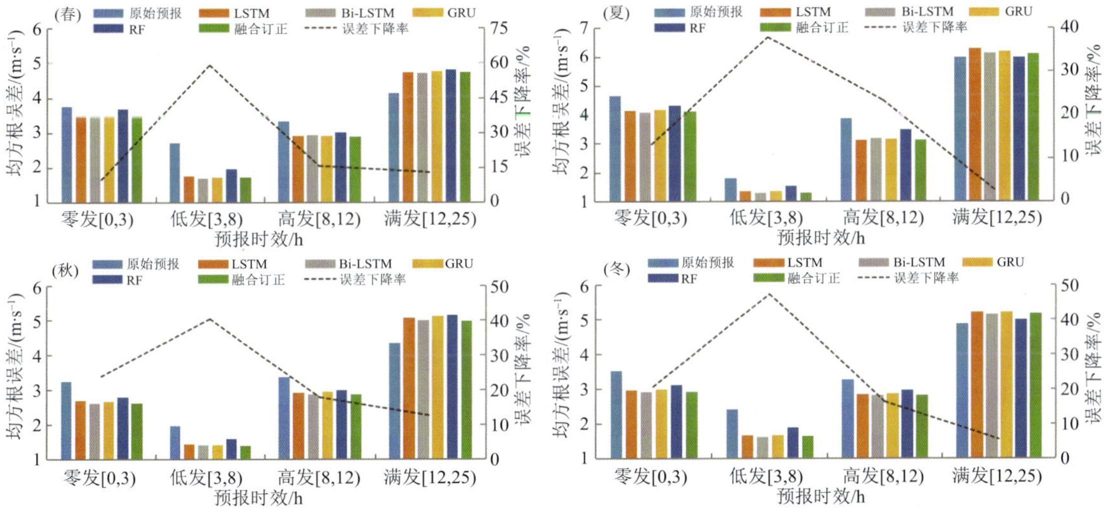


图 5.107　不同季节各风速段风速订正预报均方根误差

从风速段看，各季节满发段原始预报均方根误差最大且订正后的均方根误差略微上升，低发段的均方根误差最小，零发、低发、高发段订正后的均方根误差均下降。除满发段外，春、夏、冬季原始预报均方根误差排序为零发>高发>低发，秋季排序为高发>低发>零发；春季订正预报均方根误差排序为高发>低发>零发，夏、冬季排序为零发>高发>低发，秋季排序为高发>零发>低发。同时，春季各风速段均方根误差下降率排序为低发>高发>满发>零发，夏季排序为低发>高发>零发>满发，秋、冬季排序为低发>零发>高发>满发。

从各季节看，原始预报均方根误差排序为夏季>冬季>春季>秋季，订正预报均方根误差排序为夏季>春季>冬季>秋季，均方根误差下降率排序为冬季>春季>秋季>夏季。

从各类订正模型看，LSTM、Bi-LSTM、GRU 三种模型订正后的均方根误差相近，除满发段，LSTM 均方根误差下降率为 7.99%～35.56%；Bi-LSTM 均方根误差下降率为 9.05%～37.44%；GRU 均方根误差下降率为 7.46%～36.79%。RF 均方根误差下降率为 2.42%～27.54%，在大部分风速段中 RF 比 LSTM 均方根误差大，在夏、冬季满发段略小于 LSTM。

**表 5.44　不同季节各风速段风速订正预报均方根误差与下降效果**

| 季节 | 风速段 | 原始预报/($m \cdot s^{-1}$) | LSTM | | Bi-LSTM | | GRU | | RF | | 融合订正 | |
|---|---|---|---|---|---|---|---|---|---|---|---|---|
| | | | 订正/($m \cdot s^{-1}$) | 下降率/% | 订正/($m \cdot s^{-1}$) | 下降率/% | 订正/($m \cdot s^{-1}$) | 下降率/% | 订正/($m \cdot s^{-1}$) | 下降率/% | 订正/($m \cdot s^{-1}$) | 下降率/% |
| 春季 | 零发 | 3.77 | 3.47 | 7.99 | 3.43 | 9.05 | 3.49 | 7.46 | 3.68 | 2.42 | 3.44 | 9.59 |
| | 低发 | 2.72 | 1.75 | 35.56 | 1.70 | 37.44 | 1.72 | 36.79 | 1.97 | 27.54 | 1.71 | 58.96 |
| | 高发 | 3.34 | 2.90 | 13.04 | 2.94 | 11.98 | 2.90 | 13.04 | 3.01 | 9.80 | 2.89 | 15.57 |
| | 满发 | 4.13 | 4.75 | 14.86 | 4.72 | 14.20 | 4.77 | 15.41 | 4.82 | 16.60 | 4.74 | 12.81 |
| 夏季 | 零发 | 4.65 | 4.14 | 10.97 | 4.09 | 12.04 | 4.17 | 10.32 | 4.33 | 6.88 | 4.11 | 13.14 |
| | 低发 | 1.80 | 1.35 | 25.00 | 1.30 | 28.04 | 1.37 | 23.89 | 1.55 | 13.89 | 1.31 | 37.76 |
| | 高发 | 3.87 | 3.13 | 19.12 | 3.19 | 17.67 | 3.15 | 18.60 | 3.50 | 9.56 | 3.14 | 23.26 |
| | 满发 | 5.99 | 6.28 | 4.84 | 6.13 | 2.34 | 6.19 | 3.34 | 5.99 | 0.06 | 6.12 | 2.12 |
| 秋季 | 零发 | 3.24 | 2.69 | 16.98 | 2.63 | 18.83 | 2.68 | 17.28 | 2.80 | 13.58 | 2.62 | 23.77 |
| | 低发 | 1.97 | 1.45 | 26.54 | 1.42 | 28.06 | 1.43 | 27.55 | 1.59 | 19.43 | 1.41 | 40.25 |
| | 高发 | 3.37 | 2.92 | 13.57 | 2.88 | 14.64 | 2.94 | 12.86 | 3.01 | 10.83 | 2.87 | 17.74 |
| | 满发 | 4.35 | 5.07 | 16.44 | 5.00 | 14.94 | 5.12 | 17.70 | 5.15 | 18.39 | 4.97 | 12.47 |
| 冬季 | 零发 | 3.52 | 2.96 | 15.81 | 2.91 | 17.33 | 3.00 | 14.77 | 3.13 | 11.08 | 2.92 | 20.55 |
| | 低发 | 2.43 | 1.67 | 31.22 | 1.63 | 32.87 | 1.68 | 30.81 | 1.89 | 22.18 | 1.65 | 47.15 |
| | 高发 | 3.27 | 2.85 | 12.75 | 2.82 | 13.65 | 2.87 | 12.12 | 2.98 | 8.75 | 2.81 | 16.20 |
| | 满发 | 4.88 | 5.22 | 6.97 | 5.15 | 5.53 | 5.21 | 6.76 | 5.00 | 2.46 | 5.16 | 5.43 |
| 最大值 | | 5.99 | 6.28 | 35.56 | 6.13 | 37.44 | 6.19 | 36.79 | 5.99 | 27.54 | 6.12 | 58.96 |
| 最小值 | | 1.80 | 1.35 | 4.84 | 1.30 | 2.34 | 1.37 | 3.34 | 1.55 | 0.06 | 1.31 | 2.12 |

(3)平均绝对误差(MAE)

不同季节各风速段风速订正预报平均绝对误差与下降效果见图 5.108 和表 5.45。从整体上看，不同季节各风速段的原始预报平均绝对误差为 1.18～2.85 $m \cdot s^{-1}$，融合模型订正后平均绝对误差为 0.95～3.0 $m \cdot s^{-1}$，下降－0.56～0.25 $m \cdot s^{-1}$，平均下降 0.27 $m \cdot s^{-1}$，下降率为 4.87%～48.52%，平均下降率为 26.7%。

从风速段看，各季节满发段原始预报平均绝对误差最大且订正后的平均绝对误差略微上升，低发段的平均绝对误差最小，零发、低发、高发段订正后的平均绝对误差均下降。春季各风速段平均绝对误差下降率排序为高发＞低发＞满发＞零发，夏、秋、冬季排序为低发＞高发＞零发＞满发。

从各季节看，原始预报平均绝对误差、订正预报平均绝对误差、平均绝对误差下降率排序均为夏季＞春季＞冬季＞秋季。

从各类订正模型看，LSTM、Bi-LSTM、GRU 三种模型订正后的平均绝对误差相近，除满发段，LSTM 平均绝对误差下降率为 4.96%～31.13%；Bi-LSTM 平均绝对误差下降率为 6.58%～

33.38%;GRU平均绝对误差下降率为5.92%~29.83%。RF平均绝对误差下降率为0.77%~26.6.0%,在大部分风速段中RF比LSTM平均绝对误差大,在夏、冬季满发段略小于LSTM。

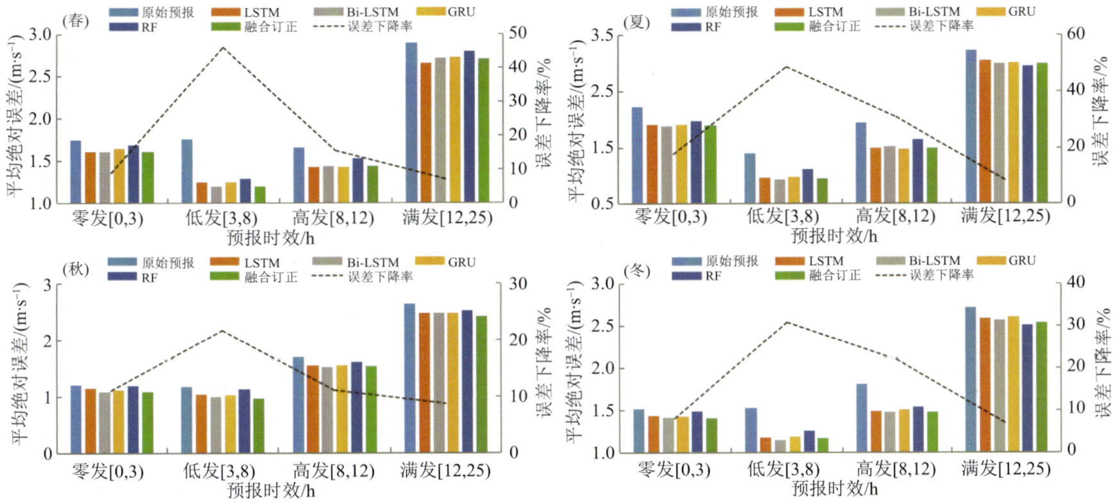


图 5.108　不同季节各风速段风速订正预报平均绝对误差

表 5.45　不同季节各风速段风速订正预报平均绝对误差与下降效果

| 季节 | 风速段 | 原始预报/(m·s⁻¹) | LSTM 订正/(m·s⁻¹) | LSTM 下降率/% | Bi-LSTM 订正/(m·s⁻¹) | Bi-LSTM 下降率/% | GRU 订正/(m·s⁻¹) | GRU 下降率/% | RF 订正/(m·s⁻¹) | RF 下降率/% | 融合订正 订正/(m·s⁻¹) | 融合订正 下降率/% |
|---|---|---|---|---|---|---|---|---|---|---|---|---|
| 春季 | 零发 | 1.76 | 1.61 | 8.31 | 1.62 | 8.12 | 1.65 | 6.16 | 1.69 | 3.88 | 1.61 | 8.98 |
| | 低发 | 1.76 | 1.26 | 28.59 | 1.21 | 31.53 | 1.25 | 29.05 | 1.29 | 26.60 | 1.21 | 46.14 |
| | 高发 | 1.67 | 1.43 | 14.16 | 1.44 | 13.42 | 1.43 | 14.15 | 1.54 | 7.66 | 1.44 | 15.50 |
| | 满发 | 2.47 | 2.67 | 8.11 | 2.72 | 10.37 | 2.73 | 10.75 | 2.80 | 13.61 | 2.71 | 9.12 |
| 夏季 | 零发 | 2.23 | 1.91 | 14.35 | 1.89 | 15.25 | 1.92 | 13.90 | 1.97 | 11.66 | 1.90 | 17.67 |
| | 低发 | 1.41 | 0.97 | 31.13 | 0.94 | 33.38 | 0.99 | 29.83 | 1.12 | 20.40 | 0.95 | 48.52 |
| | 高发 | 1.95 | 1.49 | 23.63 | 1.53 | 21.54 | 1.48 | 24.10 | 1.65 | 15.38 | 1.49 | 30.67 |
| | 满发 | 2.85 | 3.05 | 7.02 | 3.00 | 5.26 | 3.01 | 5.46 | 2.95 | 3.51 | 3.00 | 4.87 |
| 秋季 | 零发 | 1.21 | 1.15 | 4.96 | 1.09 | 9.70 | 1.12 | 7.44 | 1.20 | 0.77 | 1.09 | 11.01 |
| | 低发 | 1.18 | 1.05 | 11.05 | 1.00 | 15.25 | 1.03 | 12.71 | 1.14 | 3.33 | 0.97 | 21.65 |
| | 高发 | 1.71 | 1.55 | 9.43 | 1.53 | 10.53 | 1.55 | 9.43 | 1.61 | 5.98 | 1.54 | 11.04 |
| | 满发 | 2.28 | 2.48 | 8.79 | 2.49 | 9.38 | 2.48 | 8.81 | 2.52 | 10.72 | 2.43 | 6.33 |
| 冬季 | 零发 | 1.52 | 1.44 | 5.26 | 1.42 | 6.58 | 1.43 | 5.92 | 1.49 | 1.97 | 1.41 | 8.07 |
| | 低发 | 1.53 | 1.18 | 22.83 | 1.15 | 25.00 | 1.19 | 22.18 | 1.26 | 17.84 | 1.17 | 30.80 |
| | 高发 | 1.81 | 1.49 | 17.53 | 1.48 | 18.17 | 1.51 | 16.42 | 1.54 | 14.96 | 1.48 | 21.90 |
| | 满发 | 2.39 | 2.59 | 8.37 | 2.57 | 7.53 | 2.61 | 9.40 | 2.51 | 5.02 | 2.55 | 6.18 |
| 最大值 | | 2.85 | 3.05 | 33.38 | 3.00 | 33.38 | 3.01 | 29.83 | 2.95 | 26.60 | 3.00 | 48.52 |
| 最小值 | | 1.18 | 0.97 | 4.96 | 0.94 | 5.26 | 0.99 | 5.46 | 1.12 | 0.77 | 0.95 | 4.87 |

#### 5.7.4.3 风速曲线订正效果

(1)检验指标改善

中铝巴兴图风电场验证数据集，不同季节 1～100 h 预报时效的风速预报准确率提升效果见图 5.109 和表 5.46。从整体上看，随着预报时效延长，准确率提升呈波段上升趋势，上升趋势排序为春季＞冬季＞夏季＞秋季。春季准确率提升 4.13%～13.14%，平均提升 7.26%，51～76 h 和 99～100 h 为提升高值区；夏季准确率提升 4.02%～9.67%，平均提升 6.45%，66～70 h 为提升高值区；秋季准确率提升 4.12%～9.24%，平均提升 6.22%，88～92 h 为提升高值区；冬季准确率提升 3.32%～9.52%，平均提升 5.98%，63～70 h 和 91～100 h 为提升高值区，36 h、56 h、77 h 为波段低值。

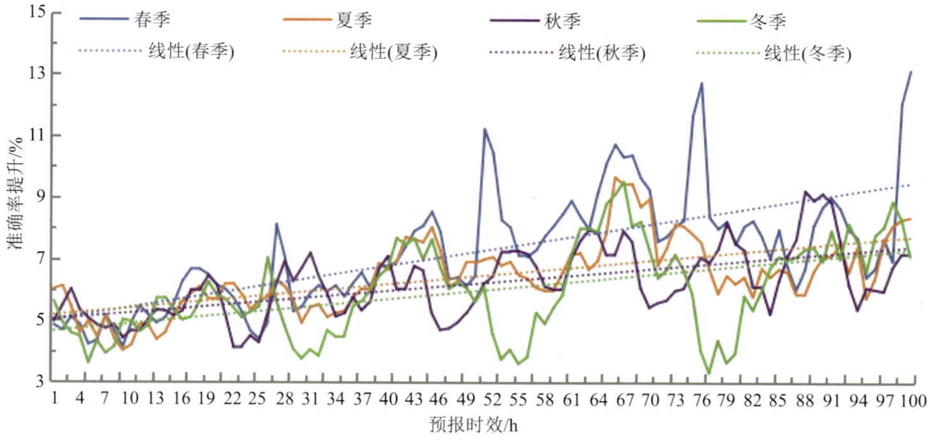


图 5.109 不同季节风速预报准确率提升效果

不同季节 1～100 h 预报时效的风速预报均方根误差下降见图 5.110。从整体上看，随着预报时效延长，均方根误差下降呈波段下降趋势，下降趋势排序为春季＞秋季＞夏季＞冬季。春季均方根误差下降 0.43～1.75 m·s$^{-1}$，平均下降 1.0 m·s$^{-1}$，63～71 h 为下降高值区；夏季均方根误差下降 0.40～1.53 m·s$^{-1}$，平均下降 0.89 m·s$^{-1}$，65～74 h 为下降高值区；秋季均方根误差下降

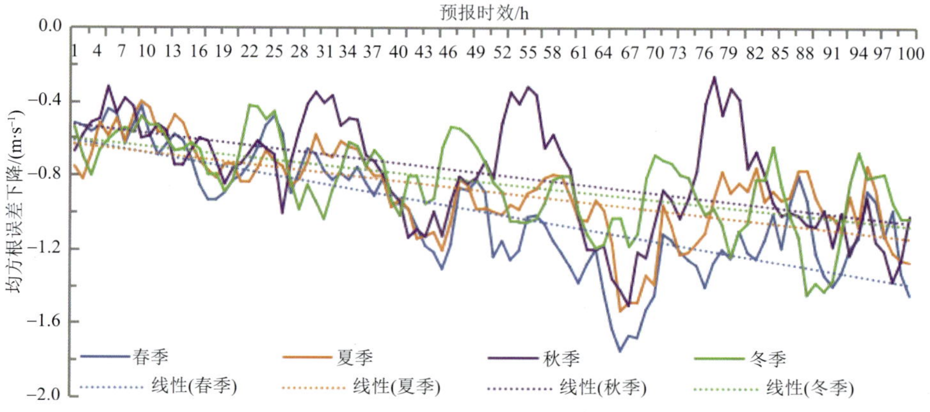


图 5.110 不同季节风速预报均方根误差下降效果

0.26～1.50 m·s$^{-1}$，平均下降 0.79 m·s$^{-1}$，29～35 h、53～59 h、76～93 h 为下降高值区；冬季均方根误差下降 0.42～1.45 m·s$^{-1}$，平均下降 0.84 m·s$^{-1}$，87～92 h 为下降高值区。

**表 5.46 不同季节风速预报准确率提升、均方根误差下降**

| 预报时效/h | 准确率提升/% | | | | 均方根误差下降/(m·s$^{-1}$) | | | |
|---|---|---|---|---|---|---|---|---|
| | 春季 | 夏季 | 秋季 | 冬季 | 春季 | 夏季 | 秋季 | 冬季 |
| 1 | 4.84 | 6.03 | 4.96 | 5.62 | −0.52 | −0.76 | −0.67 | −0.54 |
| 2 | 4.68 | 6.12 | 5.50 | 4.93 | −0.54 | −0.82 | −0.59 | −0.70 |
| 3 | 5.11 | 5.45 | 6.02 | 4.58 | −0.57 | −0.69 | −0.52 | −0.80 |
| 4 | 4.87 | 4.59 | 5.34 | 4.48 | −0.54 | −0.52 | −0.50 | −0.67 |
| 5 | 4.22 | 4.96 | 5.06 | 3.61 | −0.44 | −0.59 | −0.32 | −0.61 |
| 6 | 4.35 | 4.47 | 4.85 | 4.33 | −0.47 | −0.49 | −0.47 | −0.57 |
| 7 | 5.17 | 5.12 | 4.74 | 3.93 | −0.63 | −0.62 | −0.39 | −0.55 |
| 8 | 4.65 | 4.40 | 4.86 | 4.14 | −0.53 | −0.48 | −0.43 | −0.57 |
| 9 | 4.13 | 4.02 | 4.42 | 5.01 | −0.43 | −0.40 | −0.60 | −0.48 |
| 10 | 4.92 | 4.19 | 4.66 | 4.95 | −0.58 | −0.44 | −0.59 | −0.53 |
| 11 | 5.47 | 4.86 | 4.66 | 4.63 | −0.69 | −0.57 | −0.53 | −0.53 |
| 12 | 5.18 | 4.86 | 5.03 | 4.81 | −0.64 | −0.57 | −0.56 | −0.61 |
| 13 | 4.91 | 4.38 | 5.36 | 5.73 | 0.58 | 0.48 | 0.75 | 0.67 |
| 14 | 5.08 | 4.60 | 5.31 | 5.74 | −0.62 | −0.52 | −0.75 | −0.66 |
| 15 | 5.56 | 5.18 | 5.14 | 5.33 | −0.71 | −0.64 | −0.67 | −0.63 |
| 16 | 6.28 | 5.63 | 5.31 | 5.01 | −0.86 | −0.73 | −0.60 | −0.66 |
| 17 | 6.68 | 5.88 | 5.99 | 5.10 | −0.94 | −0.78 | −0.62 | −0.80 |
| 18 | 6.67 | 6.09 | 5.98 | 5.63 | −0.93 | −0.82 | −0.73 | −0.80 |
| 19 | 6.49 | 5.71 | 6.46 | 6.25 | −0.90 | −0.74 | −0.85 | −0.89 |
| 20 | 6.15 | 5.70 | 6.17 | 5.84 | −0.83 | −0.74 | −0.77 | −0.83 |
| 21 | 6.03 | 6.19 | 5.21 | 5.70 | −0.81 | −0.84 | −0.74 | −0.64 |
| 22 | 5.73 | 6.20 | 4.12 | 5.41 | −0.75 | −0.84 | −0.68 | −0.42 |
| 23 | 5.27 | 5.84 | 4.16 | 5.09 | −0.65 | −0.77 | −0.62 | −0.43 |
| 24 | 4.66 | 5.35 | 4.50 | 5.29 | −0.53 | −0.67 | −0.66 | −0.50 |
| 25 | 4.40 | 5.62 | 4.28 | 5.45 | −0.48 | −0.72 | −0.69 | −0.46 |
| 26 | 4.91 | 5.78 | 5.21 | 7.04 | −0.58 | −0.76 | −1.01 | −0.64 |
| 27 | 8.12 | 6.31 | 6.20 | 5.65 | −0.90 | −0.86 | −0.73 | −0.84 |
| 28 | 7.06 | 6.11 | 6.94 | 4.81 | −0.78 | −0.82 | −0.56 | −0.99 |
| 29 | 5.30 | 5.66 | 6.28 | 4.08 | −0.66 | −0.73 | −0.42 | −0.86 |
| 30 | 5.45 | 4.92 | 6.72 | 3.76 | −0.69 | −0.58 | −0.35 | −0.94 |
| 31 | 5.89 | 5.43 | 7.20 | 4.05 | −0.78 | −0.69 | −0.41 | −1.04 |
| 32 | 6.14 | 5.52 | 6.43 | 3.85 | −0.83 | −0.70 | −0.37 | −0.89 |
| 33 | 5.96 | 5.10 | 5.87 | 4.68 | −0.79 | −0.62 | −0.54 | −0.77 |

续表

| 预报时效/h | 准确率提升/% | | | | 均方根误差下降/(m·s$^{-1}$) | | | |
|---|---|---|---|---|---|---|---|---|
| | 春季 | 夏季 | 秋季 | 冬季 | 春季 | 夏季 | 秋季 | 冬季 |
| 34 | 6.14 | 5.25 | 5.12 | 4.47 | −0.83 | −0.65 | −0.49 | −0.62 |
| 35 | 5.79 | 5.31 | 5.23 | 4.51 | −0.76 | −0.66 | −0.50 | −0.65 |
| 36 | 6.22 | 5.74 | 5.77 | 5.46 | −0.84 | −0.75 | −0.69 | −0.75 |
| 37 | 6.56 | 6.03 | 5.34 | 5.63 | −0.91 | −0.81 | −0.73 | −0.67 |
| 38 | 6.08 | 6.07 | 5.62 | 5.99 | −0.82 | −0.81 | −0.80 | −0.72 |
| 39 | 6.77 | 6.87 | 6.69 | 6.46 | −0.95 | −0.97 | −0.89 | −0.94 |
| 40 | 6.75 | 6.67 | 7.10 | 6.71 | −0.95 | −0.93 | −0.94 | −1.02 |
| 41 | 6.93 | 6.93 | 6.03 | 7.69 | −0.99 | −0.99 | −1.14 | −0.81 |
| 42 | 7.41 | 7.72 | 6.06 | 7.47 | −1.08 | −1.14 | −1.09 | −0.81 |
| 43 | 7.91 | 7.65 | 6.78 | 7.67 | −1.18 | −1.13 | −1.13 | −0.96 |
| 44 | 8.08 | 7.54 | 6.64 | 6.99 | −1.22 | −1.11 | −1.00 | −0.93 |
| 45 | 8.55 | 8.04 | 5.26 | 7.64 | −1.31 | −1.21 | −1.13 | −0.65 |
| 46 | 7.88 | 7.26 | 4.70 | 6.72 | −1.18 | −1.05 | −0.94 | −0.54 |
| 47 | 6.35 | 6.12 | 4.75 | 6.04 | −0.87 | −0.82 | −0.81 | −0.55 |
| 48 | 6.41 | 6.28 | 4.94 | 6.23 | −0.88 | −0.86 | −0.85 | −0.59 |
| 49 | 6.14 | 6.91 | 5.25 | 6.08 | −0.83 | −0.98 | −0.82 | −0.65 |
| 50 | 6.46 | 6.88 | 5.67 | 5.62 | −0.89 | −0.98 | −0.72 | −0.73 |
| 51 | 11.23 | 6.99 | 6.21 | 6.09 | −1.24 | −1.00 | −0.82 | −0.84 |
| 52 | 10.45 | 7.07 | 6.45 | 4.58 | −1.15 | −1.01 | −0.52 | −0.89 |
| 53 | 8.28 | 6.80 | 7.25 | 3.75 | −1.26 | −0.96 | −0.35 | −1.05 |
| 54 | 8.03 | 6.93 | 7.28 | 4.07 | −1.21 | −0.99 | −0.41 | −1.06 |
| 55 | 7.12 | 6.49 | 7.27 | 3.61 | −1.02 | −0.90 | −0.32 | −1.05 |
| 56 | 7.08 | 6.38 | 7.19 | 3.82 | −1.02 | −0.88 | −0.36 | −1.04 |
| 57 | 7.31 | 6.08 | 6.76 | 5.27 | −1.06 | −0.82 | −0.65 | −0.95 |
| 58 | 7.76 | 5.99 | 6.12 | 4.91 | −1.15 | −0.80 | −0.58 | −0.82 |
| 59 | 8.10 | 6.03 | 6.03 | 5.45 | −1.22 | −0.81 | −0.69 | −0.81 |
| 60 | 8.47 | 6.56 | 6.06 | 5.84 | −1.29 | −0.91 | −0.77 | −0.81 |
| 61 | 8.91 | 7.19 | 7.02 | 7.15 | −1.38 | −1.04 | −1.03 | −1.00 |
| 62 | 8.40 | 7.23 | 7.60 | 8.00 | −1.28 | −1.05 | −1.20 | −1.12 |
| 63 | 7.99 | 6.67 | 7.97 | 8.02 | −1.20 | −0.93 | −1.20 | −1.19 |
| 64 | 9.18 | 6.96 | 7.87 | 7.90 | −1.44 | −0.99 | −1.18 | −1.17 |
| 65 | 10.14 | 7.86 | 7.16 | 8.81 | −1.63 | −1.17 | −1.36 | −1.03 |
| 66 | 10.75 | 9.67 | 7.16 | 9.11 | −1.75 | −1.53 | −1.42 | −1.03 |
| 67 | 10.34 | 9.45 | 7.92 | 9.52 | −1.67 | −1.49 | −1.50 | −1.18 |
| 68 | 10.39 | 9.46 | 7.58 | 8.08 | −1.68 | −1.49 | −1.22 | −1.12 |

续表

| 预报时效/h | 准确率提升/% | | | | 均方根误差下降/(m·s⁻¹) | | | |
|---|---|---|---|---|---|---|---|---|
| | 春季 | 夏季 | 秋季 | 冬季 | 春季 | 夏季 | 秋季 | 冬季 |
| 69 | 9.65 | 8.71 | 6.08 | 8.23 | −1.53 | −1.34 | −1.25 | −0.82 |
| 70 | 9.26 | 8.96 | 5.45 | 7.31 | −1.45 | −1.39 | −1.06 | −0.69 |
| 71 | 7.59 | 6.82 | 5.60 | 6.40 | −1.12 | −0.96 | −0.88 | −0.72 |
| 72 | 7.75 | 7.37 | 5.68 | 6.67 | −1.15 | −1.07 | −0.93 | −0.74 |
| 73 | 8.06 | 8.14 | 5.99 | 7.16 | −1.21 | −1.23 | −1.03 | −0.80 |
| 74 | 8.28 | 8.08 | 6.06 | 6.64 | −1.26 | −1.22 | −0.93 | −0.81 |
| 75 | 11.68 | 7.83 | 6.63 | 5.89 | −1.29 | −1.17 | −0.78 | −0.93 |
| 76 | 12.74 | 7.56 | 7.07 | 4.05 | −1.41 | −1.11 | −0.41 | −1.01 |
| 77 | 8.37 | 6.67 | 6.90 | 3.32 | −1.27 | −0.93 | −0.26 | −0.98 |
| 78 | 8.00 | 5.90 | 7.34 | 4.37 | −1.20 | −0.78 | −0.47 | −1.07 |
| 79 | 8.24 | 6.48 | 8.20 | 3.64 | −1.25 | −0.90 | −0.33 | −1.24 |
| 80 | 7.50 | 6.22 | 7.53 | 3.94 | −1.10 | −0.84 | −0.39 | −1.11 |
| 81 | 8.08 | 6.42 | 7.31 | 5.82 | −1.22 | −0.88 | −0.76 | −1.06 |
| 82 | 8.26 | 5.80 | 6.12 | 5.37 | −1.25 | −0.76 | −0.67 | −0.82 |
| 83 | 7.75 | 6.71 | 6.13 | 5.99 | −1.15 | −0.94 | −0.80 | −0.83 |
| 84 | 7.05 | 6.43 | 5.23 | 6.73 | −1.01 | −0.89 | −0.95 | −0.65 |
| 85 | 7.97 | 6.68 | 6.31 | 7.09 | −1.19 | −0.94 | −1.02 | −0.86 |
| 86 | 6.77 | 6.59 | 7.11 | 7.00 | −0.95 | −0.92 | −1.00 | −1.02 |
| 87 | 6.02 | 5.87 | 7.66 | 7.09 | −0.80 | −0.77 | −1.02 | −1.13 |
| 88 | 6.68 | 5.87 | 9.24 | 7.34 | −0.94 | −0.77 | −1.07 | −1.45 |
| 89 | 8.11 | 6.61 | 8.92 | 7.39 | −1.22 | −0.92 | −1.08 | −1.38 |
| 90 | 8.71 | 7.07 | 9.14 | 6.95 | −1.34 | −1.01 | −0.99 | −1.43 |
| 91 | 9.01 | 7.12 | 8.86 | 7.93 | −1.40 | −1.02 | −1.19 | −1.37 |
| 92 | 8.66 | 7.48 | 7.60 | 7.02 | −1.33 | −1.10 | −1.00 | −1.12 |
| 93 | 7.98 | 6.58 | 6.21 | 8.16 | −1.20 | −0.92 | −1.23 | −0.84 |
| 94 | 7.70 | 7.40 | 5.38 | 7.57 | −1.14 | −1.08 | −1.11 | −0.68 |
| 95 | 6.44 | 5.75 | 6.08 | 6.62 | −0.89 | −0.75 | −0.92 | −0.82 |
| 96 | 6.72 | 6.41 | 6.02 | 7.80 | −0.94 | −0.88 | −1.16 | −0.80 |
| 97 | 7.66 | 7.61 | 5.97 | 8.05 | −1.13 | −1.12 | −1.21 | −0.79 |
| 98 | 6.95 | 8.09 | 6.75 | 8.88 | −0.99 | −1.22 | −1.38 | −0.95 |
| 99 | 12.06 | 8.29 | 7.17 | 8.31 | −1.33 | −1.26 | −1.26 | −1.03 |
| 100 | 13.14 | 8.36 | 7.19 | 7.11 | −1.45 | −1.27 | −1.02 | −1.04 |
| 最大值 | 13.14 | 9.67 | 9.24 | 9.52 | −0.43 | −0.40 | −0.26 | −0.42 |
| 最小值 | 4.13 | 4.02 | 4.12 | 3.32 | −1.75 | −1.53 | −1.50 | −1.45 |
| 平均 | 7.26 | 6.45 | 6.22 | 5.98 | −1.00 | −0.89 | −0.79 | −0.84 |

(2)订正预报个例

以中铝巴兴图风电场2023年5月26日08时WRF预报产品为订正个例见图5.111,原始预报在1～55 h内$v<10$ m·s$^{-1}$的风速预报效果良好,预报值普遍大于实况,订正预报比原始预报误差平均下降1.19 m·s$^{-1}$。56～73 h的风速预报效果较差,预报值大于实况且误差较大,但订正效果最明显,订正预报比原始预报误差平均下降3.32 m·s$^{-1}$。74～100 h的风速预报效果一般,风速原始预报围绕实况波动范围较大,订正预报比原始预报误差平均下降0.85 m·s$^{-1}$。综合来看,WRF风速预报融合模型的订正效果较好,订正后的风速曲线更接近于实况。

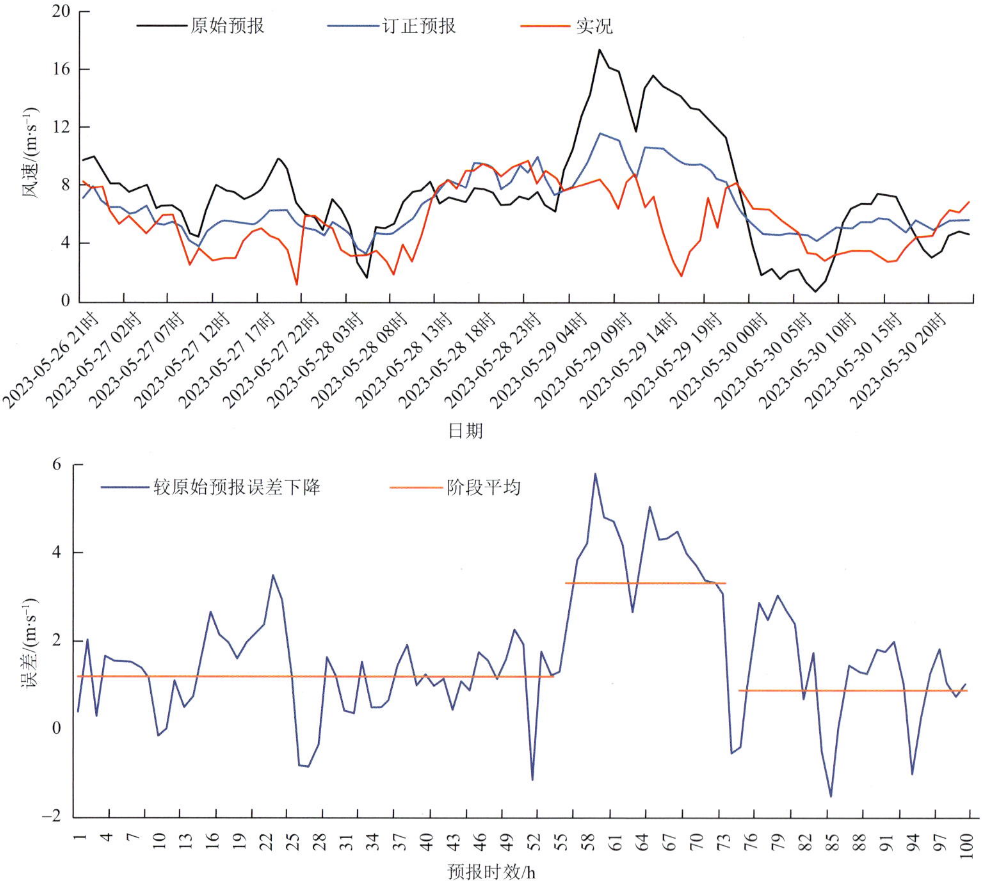


图5.111　2023年5月26日08时WRF预报产品订正个例

# 第 6 章
# 新能源开发利用高影响天气及灾害预警

## 6.1 新能源开发利用高影响天气

### 6.1.1 沙尘暴

#### 6.1.1.1 沙尘暴定义和标准

按照2006年最新颁布的国家标准《沙尘天气等级》(GB/T 20480—2017),沙尘天气共分5级,1级是浮尘,2级是扬沙,3级是沙尘暴,4级是强沙尘暴,5级是特强沙尘暴。浮尘天气是指当天气条件为无风或平均风速≤3.0 m·s$^{-1}$时,尘沙浮游在空中,使水平能见度小于10 km的天气现象。扬沙天气是指风将地面尘沙吹起,使空气相当混浊,水平能见度在1～10 km的天气现象。沙尘暴天气是指强风将地面尘沙吹起,使空气很混浊,水平能见度小于1 km的天气现象。强沙尘暴是指大风将地面尘沙吹起,使空气非常混浊,水平能见度小于500 m的天气现象。特强沙尘暴是指狂风将地面尘沙吹起,使空气特别混浊,水平能见度小于50 m的天气现象。

#### 6.1.1.2 沙尘暴主要危害

沙尘暴,特别是强沙尘暴是一种危害极大的灾害性天气。其形成之后,由强风挟卷大量砂粒往往形成直立翻滚的沙尘壁以排山倒海之势滚滚向前移动。其成灾的作用方式有沙埋、风蚀沙割、狂风袭击等。对新能源场站造成的灾害主要包括以下几种。

(1)对风电场的破坏

①由大风夹带的沙砾使风电机组叶片表面严重磨损,也会破坏叶片的强度和韧性,从而影响风电机组的性能;

②由于风电机组的转动,细沙尘会吹入各部转动轴的油封,不仅加速了轴的磨损,还会破坏油封的密封性;

③会对风电场工作人员的安全作业造成很大影响。

(2)对光伏电厂的破坏

①沙尘会对太阳辐射产生衰减作用,降低光电转化效率;

②大量沙尘沉积在光伏组件表面,形成一个沙尘薄层,导致太阳电池感知的有效太阳辐射强度降低,会降低其光电转换效率;

③覆盖在光伏组件上的沙尘会吸收太阳辐射,使光伏组件工作温度长时间保持高温,从而也会影响太阳电池的光电转换效率;

④会对光伏电站工作人员安全作业造成很大影响。

#### 6.1.1.3 沙尘暴的时空特征

(1)时间分布特征

根据扬沙、沙尘暴和强沙尘暴天气过程发生频数的统计规则,对这三种强度的沙尘天气现象做了统计。从沙尘天气过程频数变化趋势曲线可以看出,扬沙、沙尘暴和强沙尘暴的变化趋势基本一致,即:从20世纪50年代中期开始到60年代中期呈上升趋势,随后直至20

世纪末呈下降趋势，从 2000 年开始又呈现上升趋势(图 6.1—图 6.3)(顾润源，2012)。

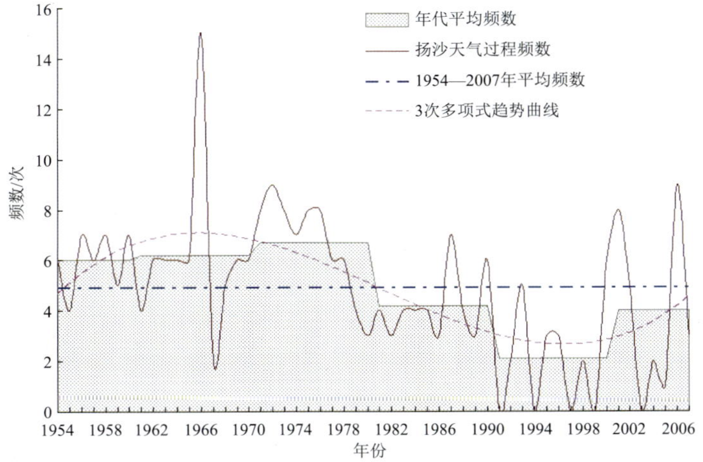


图 6.1　1954—2007 年内蒙古春季扬沙天气过程发生频数年际变化曲线及趋势

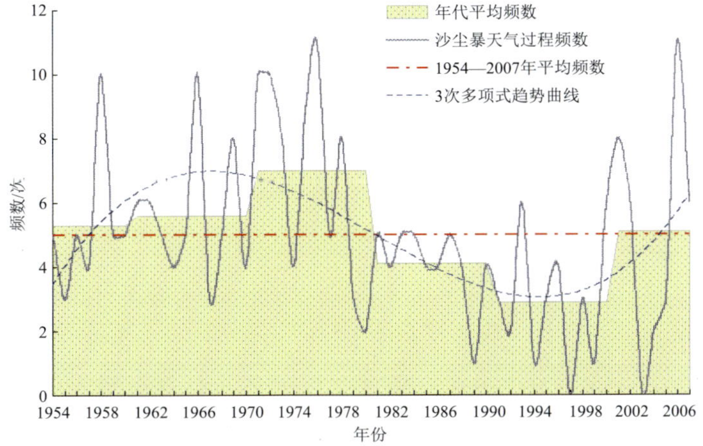


图 6.2　1954—2007 年内蒙古春季沙尘暴天气过程发生频数年际变化曲线及趋势

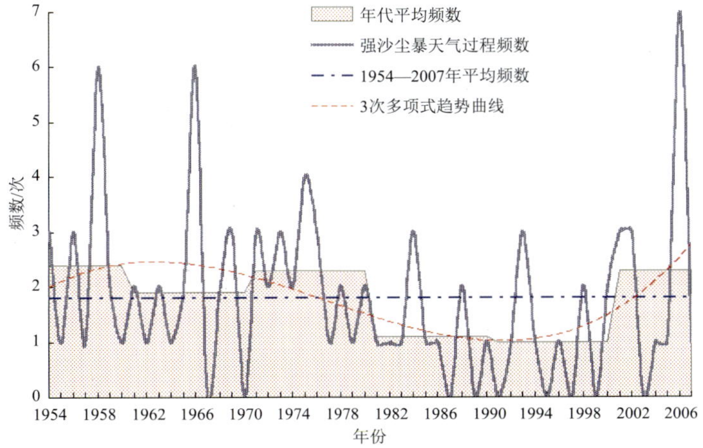


图 6.3　1954—2007 年内蒙古春季强沙尘暴天气过程发生频数年际变化曲线及趋势

表 6.1 是各年代内蒙古扬沙、沙尘暴和强沙尘暴天气过程的平均发生频数的统计结果。在 1954—2007 年间，20 世纪 70 年代是扬沙和沙尘暴的最频发年代，60 年代是强沙尘暴最频发年代，90 年代最不频发。值得关注的是在 2001—2007 年间，扬沙、沙尘暴和强沙尘暴的发生频数均超过了 1954—2007 年的平均值，特别是强沙尘暴的发生频数与 20 世纪 70 年代持平。

表 6.1 各年代内蒙古地区平均扬沙、沙尘暴、强沙尘暴天气过程发生频数表

单位：次

| 天气类型 | 1954—1960 年 | 1961—1970 年 | 1971—1980 年 | 1981—1990 年 | 1991—2000 年 | 2001—2007 年 | 1954—2007 年 |
|---|---|---|---|---|---|---|---|
| 扬沙 | 6.0 | 6.2 | 6.7 | 4.2 | 2.6 | 5.0 | 5.0 |
| 沙尘暴 | 5.3 | 5.6 | 7.0 | 4.1 | 2.9 | 5.1 | 5.0 |
| 强沙尘暴 | 2.4 | 2.9 | 2.3 | 1.1 | 1.0 | 2.3 | 1.8 |

对内蒙古地区扬沙、沙尘暴和强沙尘暴天气过程的月平均发生频数（1954—2007 年平均）统计结果表明，春季（3—5 月）是沙尘暴天气现象最频发季节，其次是冬季（上年 12 月—当年 2 月），不频发时段是夏、秋两季（图 6.4—图 6.6）。

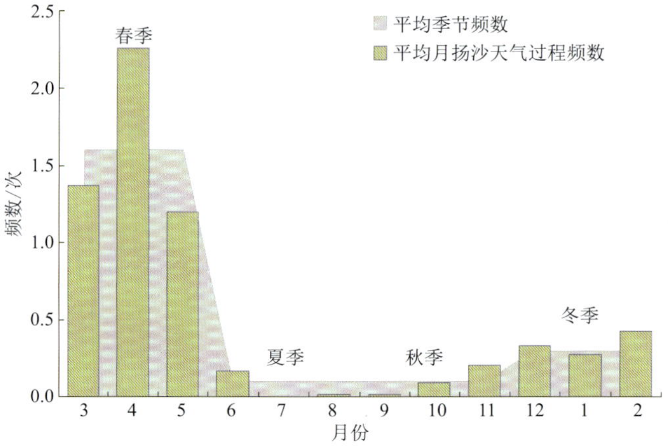


图 6.4 内蒙古扬沙天气过程发生频数月际变化图

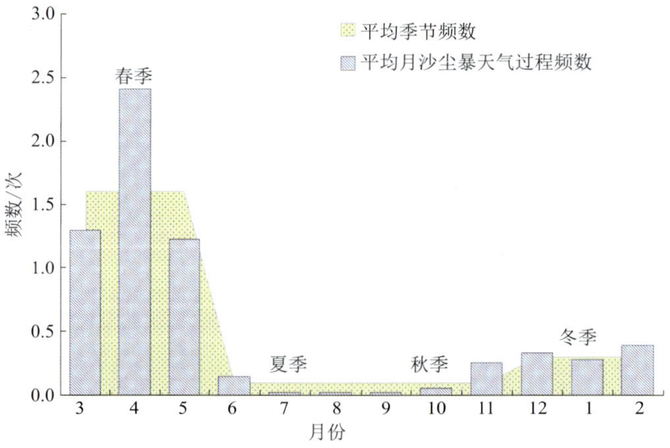


图 6.5 内蒙古沙尘暴天气过程发生频数月际变化图

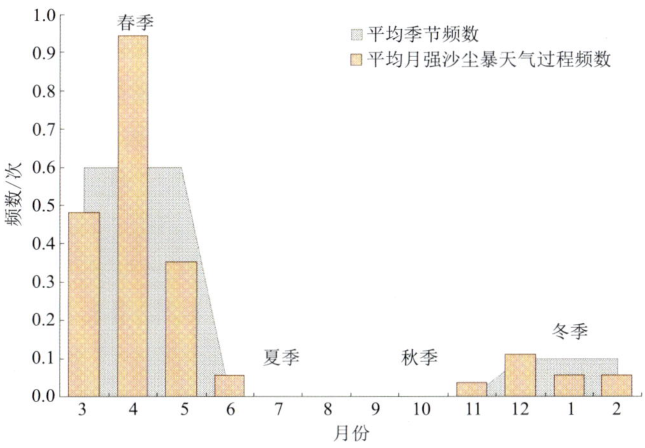


图 6.6　内蒙古强沙尘暴天气过程发生频数月际变化

表 6.2 列出了各月扬沙、沙尘暴和强沙尘暴天气过程的发生频数，从中可以发现，4 月是沙尘天气现象的最频发月，7 月、8 月、9 月为不频发月。

表 6.2　各月内蒙古地区扬沙、沙尘暴、强沙尘暴天气过程发生频数表

单位：次

| | 1 月 | 2 月 | 3 月 | 4 月 | 5 月 | 6 月 | 7 月 | 8 月 | 9 月 | 10 月 | 11 月 | 12 月 |
|---|---|---|---|---|---|---|---|---|---|---|---|---|
| 扬沙 | 0.3 | 0.4 | 1.4 | 2.3 | 1.2 | 0.2 | 0.0 | 0.0 | 0.0 | 0.1 | 0.2 | 0.3 |
| 沙尘暴 | 0.3 | 0.4 | 1.3 | 2.4 | 1.2 | 0.1 | 0.0 | 0.0 | 0.0 | 0.1 | 0.3 | 0.3 |
| 强沙尘暴 | 0.1 | 0.1 | 0.5 | 0.9 | 0.4 | 0.1 | 0.0 | 0.0 | 0.0 | 0.0 | 0.0 | 0.1 |

注：各月的频数为 1954—2007 年的多年月平均值。

从表 6.3 中可以看到，各季节扬沙、沙尘暴、强沙尘暴天气过程发生频数占全年发生频数的百分比。春季占全年沙尘天气现象的 76% 以上，特别是强沙尘暴占全年发生频数的 85.7%。

表 6.3　各季节内蒙古地区扬沙、沙尘暴、强沙尘暴天气过程频数占全年百分比

%

| 天气类型 | 春季(3—5 月) | 夏季(6—8 月) | 秋季(9—11 月) | 冬季(上年 12 月—当年 2 月) |
|---|---|---|---|---|
| 扬沙 | 76.2 | 4.8 | 4.8 | 14.2 |
| 沙尘暴 | 76.2 | 4.8 | 4.8 | 14.2 |
| 强沙尘暴 | 85.7 | 0.0 | 0.0 | 14.3 |

(2)空间分布特征

1954—2007 年平均内蒙古春季沙尘暴发生日数分布图(图 6.7)显示，沙尘暴的多发范围在内蒙古的中西部地区，最频发地区为阿拉善盟的拐子湖和额济纳附近区域，平均春季沙尘暴发生日数超过 4 d，最频发站是拐子湖，54 a 平均春季沙尘暴发生日数为 4.9 d。东北地区是沙尘暴的不频发区域，平均为 0～1 d。

内蒙古春季沙尘暴各年代的空间分布具有不同特征(图 6.8)。1954—1960 年有两个频

发中心，一个在阿拉善盟的吉兰泰和乌海市附近地区，吉兰泰的平均发生日数为 8.0 d；另一个在开鲁和通辽市的附近，开鲁的平均沙尘暴日数为 5.6 d(图 6.8a)。从 20 世纪 60 年代的分布图可以看到三个频发区域，第一个仍在吉兰泰和乌海市附近地区，吉兰泰的平均发生日数为 6.9 d；第二个在乌兰察布市的四子王旗附近，四子王旗的平均沙尘暴日数为 6.8 d；第三个在赤峰的翁牛特旗及附近地区，翁牛特旗的平均日数为 7.4 d(图 6.8b)。20 世纪 70 年代沙尘暴多发中心有所变化，一个中心在阿拉善盟的拐子湖附近地区，拐子湖的平均沙尘暴日数为 6.1 d；另一个中心在鄂尔多斯市附近地区，鄂尔多斯市的平均日数是 5.5 d(图 6.8c)。在随后的 20 世纪 80 年代和 90 年代中，沙尘暴的空间分布与 20 世纪 70 年代大致相似，发生日数比 20 世纪 70 年代有所减少(图 6.8d、e)。在进入 21 世纪的前 7 a 间，沙尘暴的发生频数和空间分布较其他年代有明显改变，频数增加，频发范围明显扩大，两个显著的频发中心分别位于阿拉善盟的拐子湖及附近大片区域和锡林郭勒盟的浑善达克地区，拐子湖的平均沙尘暴日数达到 8.7 d，苏尼特左旗的平均日数是 9.0 d(图 6.8f)。

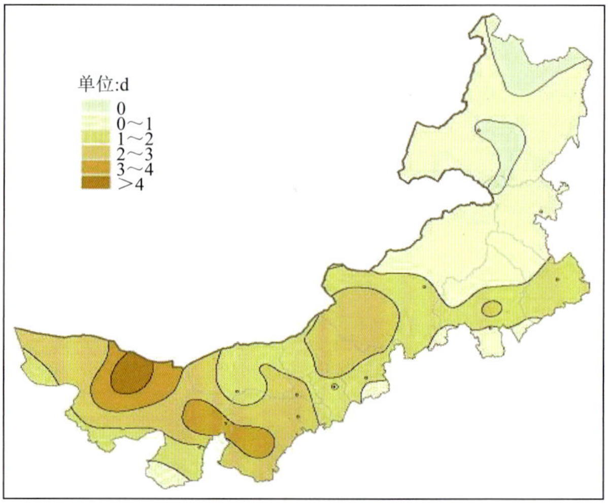


图 6.7　1954—2007 年平均内蒙古春季沙尘暴发生日数分布

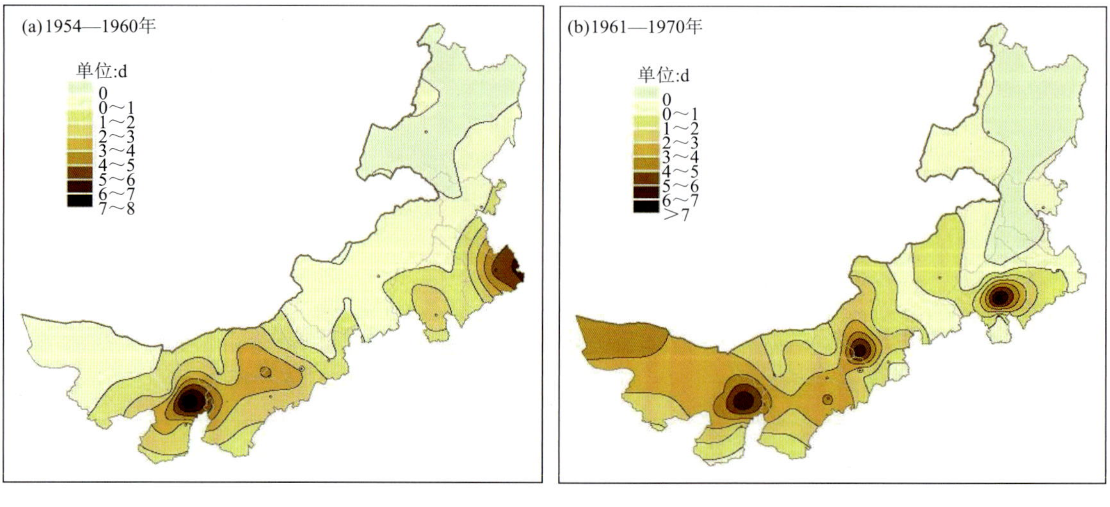

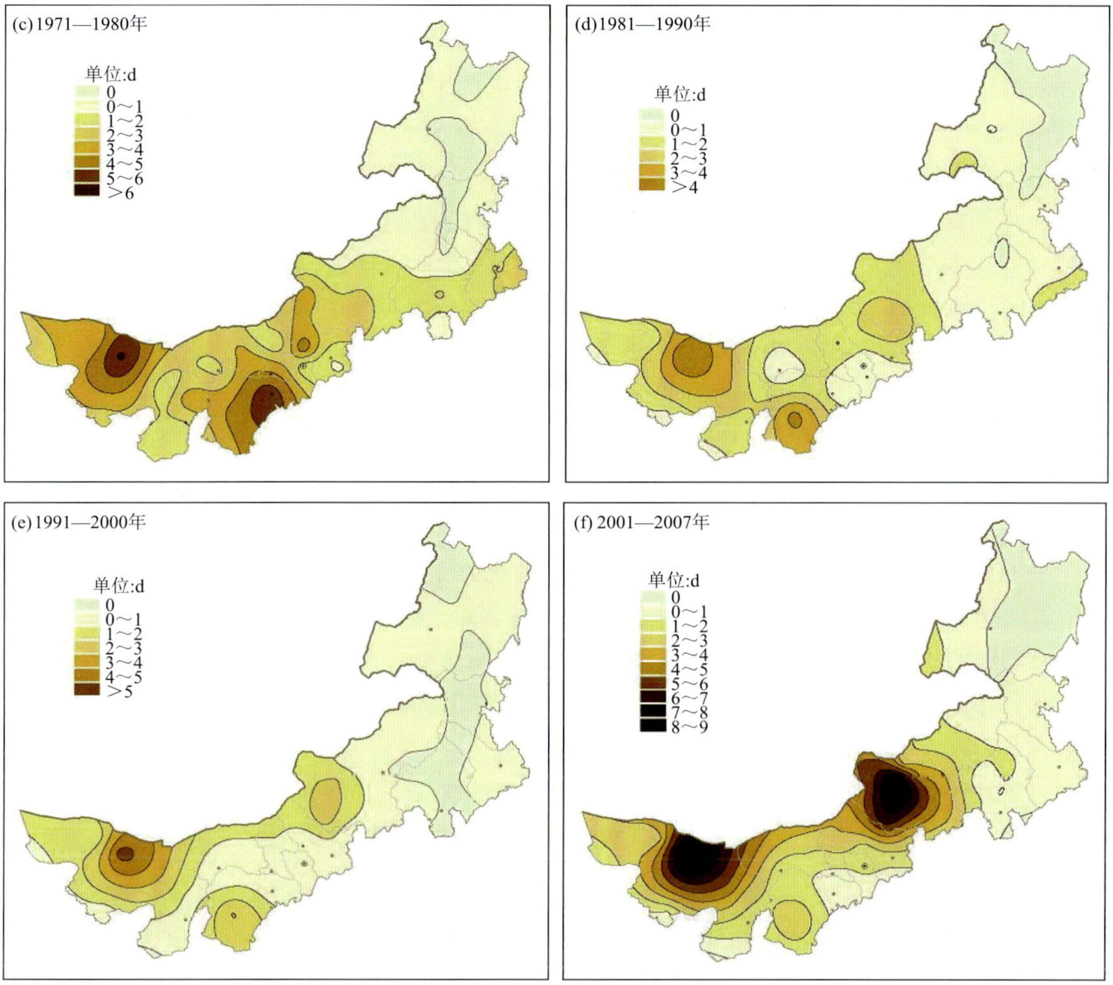


图 6.8 各年代内蒙古地区春季沙尘暴发生日数分布

#### 6.1.1.4 沙尘暴主要影响系统分型

考虑到不同天气系统类型的沙尘暴活动特征、地面天气系统和地面强风特征的显著差异，以地面天气系统进行分型和命名。通过对不同范围强沙尘暴过程当天、前 12 h、前 24 h、500 hPa、700 hPa、地面影响系统热力、动力结构、活动特征，以及高空急流活动与沙尘暴关系的分析研究，以导致强沙尘暴的直接影响系统为依据，将造成我国北方强沙尘暴的天气系统归纳概括成冷锋型、蒙古气旋型、蒙古冷高压底部倒槽型和干飑线＋冷锋混合型 4 种类型。

(1)冷锋型强沙尘暴过程

这类特强沙尘暴是由纯强干冷锋触发的。冷锋坡度陡峭，具有典型的二型冷锋的垂直结构。

地面气压系统活动特征是：强大的冷气团(冷高压)由中亚东移或由西西伯利亚南下至我国新疆北部，然后经河西走廊东移(西方路径)，或由西西伯利亚向东南方向移经蒙古西部山地，自西北方向袭击我国（西北路径），锋后冷气团前部有强大的气压梯度，据统计纯冷锋型冷锋后气压梯度可达到15～25 hPa/(500 km)，冷锋前后出现明显的负变压和正变压中心，两者之间变压差可达到6～12 hPa。大气受强大的气压梯度力和变压梯度力共同作用形成强风，起沙成暴。冷锋北端尽管也伴有蒙古气旋活动，但气旋在整个过程中加深不明显（6 h中心气压下降≤6 hPa）。

在纯冷锋型沙尘暴过程中，"沙尘壁"前后辐射造成的热力正负反馈作用强度与太阳辐射的日变化关系密切。沈志宝等（1999）研究指出，白天到达地面的太阳短波辐射随着大气浑浊度的增大而减小，白天，冷锋后沙尘暴区太阳短波辐射很少能够到达地面，地面增温弱，而冷锋前天空晴朗少云，太阳辐射极易被裸露的地表吸收，地面迅速增温，造成冷锋前后大气非绝热加热不均匀，加大了冷锋前后的温度梯度，造成明显的局地锋生，使地面风不断加大，被扬起的沙尘不断增加，能见度越来越恶化，即白天冷锋型沙尘暴自身会形成热力正反馈机制。入夜后，冷锋后沙尘暴区的沙尘阻挡了地面长波辐射向太空散失，地面冷却缓慢，而冷锋前地面迅速辐射冷却，使冷锋前后温度梯度减小，造成局地锋消，产生负反馈。所以沙尘暴在午后到傍晚最强，入夜后明显减弱。这是纯冷锋沙尘暴过程的重要特点。

在上述地面和高空环流背景下，受地面干冷锋影响，形成西北大风触发强沙尘暴。强沙尘暴随冷锋自西向东（西方路径）或自西北向东南（西北路径）袭击我国北方，形成西北东南向的强沙尘暴带。在沙尘暴源区（如塔克拉玛干沙漠、巴丹吉林沙漠等）和沿途裸地扬起的大量沙尘，由高空西北气流输送向东南方向扩散。

（2）蒙古气旋型

触发该类强沙尘暴的天气系统为强烈发展的蒙古气旋及气旋冷锋，以蒙古气旋强烈发展为主要特征。

此类蒙古气旋生成于蒙古国西部或贝加尔湖附近，后向东南或偏东方向移动，在蒙古国中部（50°N以南）气旋强烈加深。通过对该类过程气旋中心气压加深率进行了逐个例分析，结果表明：气旋强烈发展阶段，12 h气旋加深率均＞6 hPa，平均为8.8 hPa，最大加深率为15 hPa。移入东北平原，气旋锢囚。第一，特强沙尘暴发生在蒙古气旋强烈发展时段。尽管气旋冷锋对该类特强沙尘暴的形成也有作用，但气旋的强烈发展，导致地面风速迅猛加大是形成特强沙尘暴的主要动力机制，特强沙尘暴的形成与蒙古气旋强烈发展有着非常密切的关系。这是与纯强干冷锋型沙尘暴的主要区别。第二，蒙古气旋与干冷锋混合型沙尘暴最强时段发生在蒙古气旋强烈发展时段内，有时可在夜间（20时—次日08时），与太阳辐射的日变化关系不密切。第三，该型的沙尘暴区（带）为西东方向分布，与蒙古气旋中心移动方向一致，气旋暖区和冷锋后为西风或西南风，冷锋过境后降温不明显。

此类亚洲高空主要锋区位置在40°—50°N，对流层中层有斜压槽沿锋区由中亚或西西伯利亚经蒙古西部山地东移，温压场波动位相近乎相反，气压槽前部有强烈暖平流，槽后有冷平流，但不如纯强干冷锋型强烈。与中纬对流层锋区相联系，亚洲高空40°—45°N有强西风急流，地面气旋位于高空（300 hPa）急流出口区左侧，这一地区强烈的气流辐散是蒙古气旋强烈发展和低层沙尘向高空输送的动力机制。研究表明蒙古气旋中心强度与气旋中心和高空急流核的相对位置有密切关系，当气旋中心位于急流核出口区左前方适当距离时（5～15

个经距），气旋处于加深阶段；与急流核基本处于同一经度位置时，气旋加深到鼎盛期；气旋中心位于急流核左后方时，气旋开始填塞。蒙古气旋移入我国东北地区发生锢囚，高空出现切断低压。

（3）蒙古冷高压底部倒槽型

这类强沙尘暴是由蒙古冷高压与其南部倒槽（或低压）相互作用形成的强东风触发的。

地面气压系统的活动特征是：强大的冷气团（冷高压）自西西伯利亚南部向东移动，在蒙古国及其与我国毗邻地区形成强盛的冷性高压。其前部冷锋扫过我国北方，但不形成强沙尘暴，而当冷锋在120°E以西逐渐由东北—西南方向转为近东西方向，并准静止少动时，在蒙古冷高压的底部（南部）沿40°—45°N纬度带，90°—115°E形成准静止锋（或静止锋波动）。与此同时，在我国河西走廊到河套地区有暖倒槽（或低压）自南向北发展，在北方冷高压与暖倒槽之间形成强大的气压梯度并形成偏东大风。伴随上述地面气压场的活动过程，内蒙古中西部及甘肃、宁夏等地区地面风向由西南风转西北风（冷锋过境），再由西北风转为偏东（东北、东、东南）风，且风速逐渐加大，形成偏东大风，触发沙尘暴。上述地面气压场比较稳定，偏东大风及其触发的强沙尘暴在某地可持续2～3 d。这是该类强沙尘暴过程的一个重要天气特征。这类强沙尘暴多发生在我国内蒙古中西部和新疆南疆盆地等西北地区。

（4）干飑线＋冷锋混合型

该类过程是由干飑线或中尺度低气压扰动和冷锋相伴影响造成的强沙尘暴过程。其特点是：早在地面冷锋过境前，锋前暖气团中已有干飑线或中尺度低压等中尺度系统生成发展，首先触发强风和沙尘暴。待其后天气尺度冷锋加速赶上干飑线等中尺度低压系统，大风及沙尘暴再度加强。1993年5月5日发生在金昌的特强沙尘暴是干飑线＋冷锋混合型沙尘暴的典型个例（金昌5月5日15—16时最大瞬时风速34 $m \cdot s^{-1}$，能见度为0）。该类过程的大尺度环流型与冷锋型强沙尘暴过程具有一定的相似性，不同之处在于纯冷锋过程中高空槽脊尺度较大，表现为纬向型特征，高空锋区接近准东西向；而本类过程中高空槽脊尺度较小，表现为经向型特征，对流层低层锋区近似于准南北向，推进方向为准东西向。其形成原因是低槽自我国新疆北部地区即产生明显的向南伸展和加深，经向度增大，之后，低槽东移推动锋区沿准东西向移动，自西向东扫过自新疆向东经河西走廊到达我国华北北部一带。这一带地区多为沙漠和荒漠化地区，也使中尺度干飑线在地面冷锋前被激发并引发黑风暴成为可能。

#### 6.1.1.5　沙尘暴移动路径

东亚地区两个主要的沙尘源地分布于南疆盆地及蒙古南部、我国内蒙古西部地区，另外，我国西北荒漠化地区也能够为沙尘暴提供沙尘源。沙尘暴的移动路径基本上源自或途经这些地区，另外，冷空气爆发路径则是影响沙尘暴移动路径的主要因素。王式功等（1995）、钱正安等（2004）研究指出，影响我国的沙尘暴的移动路径主要有三条，分别为西路、西北路、北路。西路：沙尘暴发源于南疆塔里木盆地南部，沿青藏高原北侧向东经河西走廊向东传播，其中一个分支进入柴达木盆地。该路沙尘暴移出河西走廊时往往强度大为减弱。西北路：沙尘暴发源于北疆准噶尔盆地（包括阿尔泰山南麓），沿天山山脉北麓、河西走廊以北到达青藏高原东北侧；或经我国西北地区东部到达黄土高原；或沿河西走廊转而向西到达塔里木盆地。北路:沙尘暴发源于蒙古国西部、南部、我国内蒙古中西部,沿东南方向移动,其中一个分支沿内蒙古西部到达河套附近;或经过内蒙古中部到达华北平原。

近年来的沙尘暴观测事实表明,发源于蒙古国和我国内蒙古地区并沿北方路径移动的沙尘暴能够扩展至更远的地区。通过对2000—2008年影响我国的沙尘暴、扬沙过程的统计,归纳出影响我国的沙尘暴影响地区和移动路径,并结合前述研究成果,得出影响我国的沙尘暴路径,其中,西路与前述一致,从南疆盆地沿青藏高原北侧向东经河西走廊向东传播,其中一个分支进入柴达木盆地。西北路从阿尔泰山南麓、准噶尔盆地出发,沿天山山脉北麓、河西走廊以北到达青藏高原东北侧;另一个分支继续沿西北—东南走向经黄土高原到达华东地区的北部(山东、江苏等地)。以上两条路径基本上为冷锋过程影响。北路从萨彦岭山地南麓沿西北—东南方向经过蒙古西部、南部、我国内蒙古中西部,到达华北地区,另一分支折向东、东北经过内蒙古东部偏南地区,东北中部、南部地区。北偏东路源于蒙古国,沿西北—东南方向进入内蒙古东部、我国东北地区。这两类过程的影响系统多为蒙古气旋。

#### 6.1.1.6 内蒙古主要沙尘源地

沙尘暴是大气圈层和岩石圈层相互作用的灾害性天气过程,沙尘暴的发生离不开下垫面所提供的沙尘,沙尘粒子是沙尘暴发生的物质基础。一般情况下,沙尘来源于沙化土地中的沙质和壤质地表,其粒径多在0.002～0.063 mm,在沙尘暴过程中,不同粒径的沙尘往往被扬升至不同的高度,粒径较大的沙尘通常位于行星边界层中,而粒径较小的沙尘可以被扬升至自由大气。

沙尘暴的供尘区主要为沙漠、沙地等荒漠化地区,另外,沙化土地可以分为沙化发展区、潜在沙化区、非沙化区,沙化发展区也是沙尘暴重要的供尘区,包括沙尘天气途径地区地表所富含的粉尘物质(包括沙化草地、撂荒耕地、退化旱作耕地)及城市裸土等。

内蒙古中西部是影响我国沙尘暴的主要沙尘源地之一,沙漠、沙地是其主要的供尘区。内蒙古中西部沙漠、沙地主要包括:巴丹吉林沙漠、腾格里沙漠、乌兰布和沙漠、库布其沙漠、毛乌素沙地和浑善达克沙地。这些沙漠和沙地是沙尘暴发生和发展的永久性存在的沙源。

#### 6.1.1.7 沙尘暴预报

(1)沙尘天气数值预报模式

利用沙尘天气数值预报模式进行沙尘天气预报,是沙尘暴预报的重要手段。近年来,随着沙尘暴的频繁发生以及沙尘暴预报服务的业务需要,国内相继开展了较多的沙尘数值天气预报模式开发及业务化运行工作。

中国气象局针对业务化工作开发了亚洲沙尘暴数值预报系统CUACE/Dust(周春红等,2007),该模式系统将含有改进的起沙模式和沙尘气溶胶的微物理过程的气溶胶模式在线耦合。目前CUACE/Dust可以提供7 d的每3 h一次的沙尘浓度空间分布和变化预报图。该系统在2006年通过了中国气象局的业务化评估,成为中国气象局的沙尘暴数值预报业务系统。实际业务中主要参考亚洲沙尘暴数值预报系统制作的沙尘浓度预报产品来制作沙尘浓度、沙尘范围的预报产品。

(2)沙尘天气客观预报方法

①沙尘暴预报因子

沙尘暴的发生与地面及对流层低层大风、温度层结、干燥的下垫面条件等因素密切相关，为此，综合考虑三个条件，引入沙尘综合指数：

$$X_1 = V_{10} \cdot \left[1 + \frac{(T_{850} - T_{700}) - a}{b}\right] \cdot \left[1 + \frac{(1 - \mathrm{RH}_{2m})}{c}\right] \quad (6.1)$$

式中：$X_1$ 为沙尘综合指数，$V_{10}$为地面 10 m 全风速(单位：m・$s^{-1}$)，$T_{850} - T_{700}$为 850 hPa 与 700 hPa 温度差(单位：℃)，$\mathrm{RH}_{2m}$为 2 m 相对湿度，$a$、$b$、$c$ 为经验系数($a$=5.0，$b$=20.0，$c$=4.0)。

另外，选取了 850 hPa 全风速作为对流层低层的动力因子；摩擦速度项 UST 作为沙尘暴起沙条件因子。

②沙尘暴预报方程

应用 10 次沙尘天气过程的观测资料、WRF 中尺度模式输出产品，计算上述沙尘暴预报因子，建立统计样本序列。应用统计方法建立器测能见度和 $PM_{10}$的 PP 定量预报方程。

$$\mathrm{PM}_{10} = -4310.913 + 474.253X_1 + 62.666X_2 + 619.908X_3；(R^2 = 0.674) \quad (6.2)$$

$$\mathrm{VIS} = 10741.74 - 182.63X_1 - 89.437X_2 - 3675.54X_3；(R^2 = 0.638) \quad (6.3)$$

式中：$X_1$ 为沙尘综合指数；$X_2$ 为 850 hPa 全风速；$X_3$ 为摩擦速度；$R$ 为相关系数；$PM_{10}$为小于 10 un 的可吸入颗粒物；VIS 为能见度。

### 6.1.2　雷暴

#### 6.1.2.1　定义标准

雷暴：伴有雷击和闪电的局地对流性天气。雷暴是大气不稳定状态的产物，是积雨云及其伴生的各种强烈天气的总称。雷暴的持续时间一般较短，单个雷暴的生命史一般不超过 2 h。我国雷暴南方多于北方，山区多于平原。多出现在夏季，其次是春季和秋季，冬季只在我国南方偶有出现。雷暴出现的时间多在下午。夜间因云顶辐射冷却，使云层内的温度层结变得不稳定，也可引起雷暴，称为夜雷暴。

#### 6.1.2.2　发生规律

雷暴在地表的分布受地表条件的影响，由于新能源场站大多分布在人口稀少的山区或者空旷的地面，设备材质以金属材质居多，因此新能源设备较易受到雷电活动的影响。

地质条件：土壤电阻率的相对值小，有利于电荷的积聚。其中，大片土壤电阻率较大时，局部电阻率小的地方容易受雷击。土壤电阻率突变的地方最易受雷击，如岩石山、土山或土壤电阻率较大的山坡，雷击点多发生在山脚，山腰次之；地下蕴藏导电矿物(金属矿、盐矿)的地区，易受雷击；地下水位高处、矿泉、河沟、地下水出口处易受雷击。

地形条件：①山的东坡、南坡雷击概率多于山的北坡、西坡；②山中平地雷击概率大于峡谷；③湖边雷击概率较小，但滨湖如有山岳，则靠湖一面山坡被雷击概率较高；④雷电走廊与风向一致，风口或顺风的河谷易受雷击。

地物条件：①山区输电线路、电网杆塔、风机等设备易受雷击；②排出导电尘埃的厂房及废气管道，易受雷击；③屋顶为金属结构，地下埋有大量金属管道，内部存放大型金属设备的厂房，易受雷击。

#### 6.1.2.3 雷暴天气时空特征统计分析

使用的资料是1971—2008年内蒙古自治区117个气象站的气象资料。

(1)空间分布

内蒙古117个气象站的年平均雷暴日分布如图6.9所示。其特点是：年平均大于36个雷暴日的区域在东部地区沿大兴安岭山脉呈准南北走向；而在西部地区沿阴山山脉呈准东西走向。说明多雷暴地区与山脉分布和走向关系较密切。多雷暴中心，一个在乌兰察布市中部和呼和浩特市北部地区的武川，其中最多地区是丰镇，38 a间累计达1514 d，年均雷暴日达39.8 d；另一个在锡林郭勒盟的多伦，累计达1513 d，年均雷暴日达39.8 d。阿拉善盟西部的雷暴最少，其中雅布赖38 a间累计为254 d，年平均仅6.7 d。

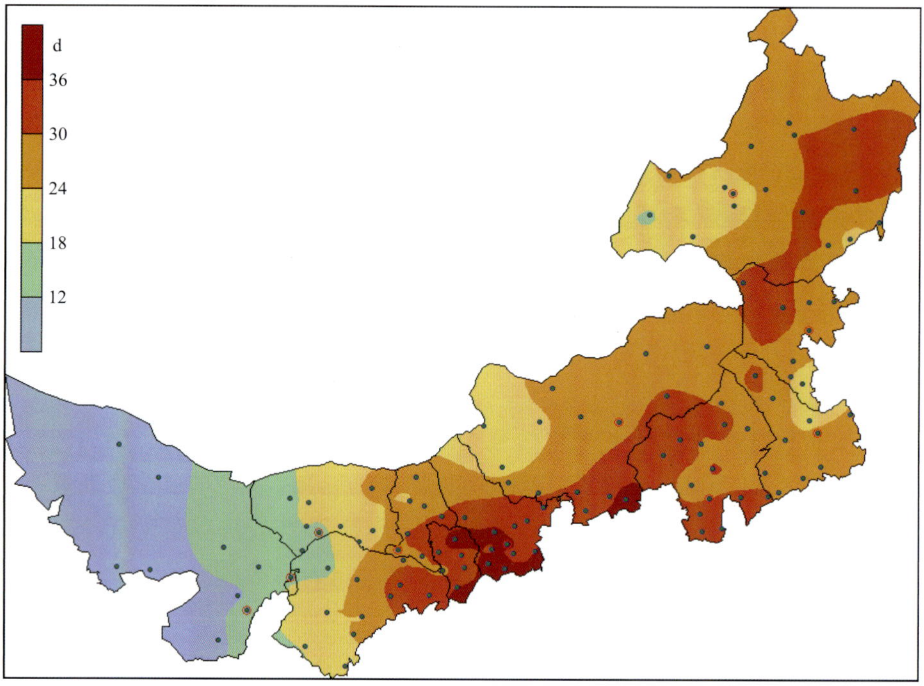


图6.9 内蒙古117站年平均雷暴日分布

(2)时间分布

①年际变化

1971—2008年内蒙古共有雷暴118236次(表6.4)，全区117站年平均3112次，每站平均26.6次。1971—2008年期间，1980年最多，达3954次。2007年最少，有2323次。最多年份1980年是最少年份2007年次数的1.7倍。变化趋势见图6.10。

②季节变化

图6.11为内蒙古雷暴次数月分布图，由图可见，内蒙古雷暴活动期主要集中在5—9月，占总雷暴日的96.6%，其中6—8月占78.5%。发生雷暴最多的是7月，总计36329次，每站平均雷暴日达8.2 d。6月次之，总计29712次，每站平均雷暴日达6.7 d。

表 6.4 内蒙古 1971—2008 年雷暴次数年际表

| 年份 | 次数/次 | 平均/次 | 年份 | 次数/次 | 平均/次 | 年份 | 次数/次 | 平均/次 | 年份 | 次数/次 | 平均/次 |
|---|---|---|---|---|---|---|---|---|---|---|---|
| 1971 | 3496 | 29.9 | 1981 | 2893 | 24.7 | 1991 | 3304 | 28.2 | 2001 | 2455 | 21.0 |
| 1972 | 2607 | 22.3 | 1982 | 3684 | 31.5 | 1992 | 3392 | 29.0 | 2002 | 2574 | 22.0 |
| 1973 | 3906 | 33.4 | 1983 | 3223 | 27.5 | 1993 | 3273 | 28.0 | 2003 | 3124 | 26.7 |
| 1974 | 3257 | 27.8 | 1984 | 3686 | 31.5 | 1994 | 2962 | 25.3 | 2004 | 2397 | 20.5 |
| 1975 | 3470 | 29.7 | 1985 | 3862 | 33.0 | 1995 | 2596 | 22.2 | 2005 | 2718 | 23.2 |
| 1976 | 3377 | 28.9 | 1986 | 3566 | 30.5 | 1996 | 3131 | 26.8 | 2006 | 2581 | 22.1 |
| 1977 | 3267 | 27.9 | 1987 | 3516 | 30.1 | 1997 | 2411 | 20.6 | 2007 | 2323 | 19.9 |
| 1978 | 3270 | 27.9 | 1988 | 3564 | 30.5 | 1998 | 2997 | 25.6 | 2008 | 3036 | 25.9 |
| 1979 | 2865 | 24.5 | 1989 | 2920 | 25.0 | 1999 | 2674 | 22.9 | | | |
| 1980 | 3954 | 33.8 | 1990 | 3476 | 29.7 | 2000 | 2429 | 20.8 | | | |

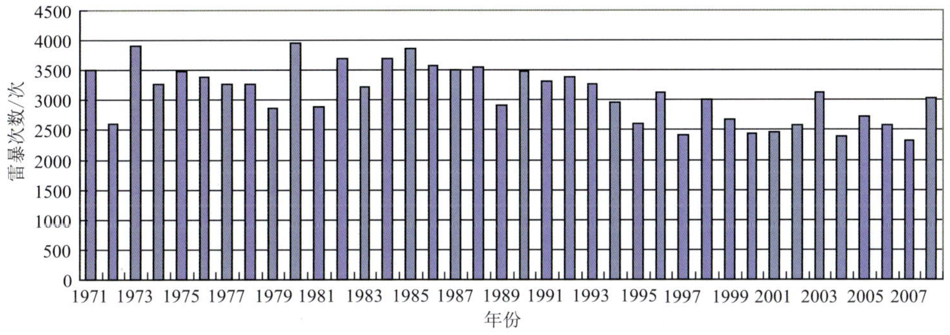


图 6.10 内蒙古 1971—2008 年雷暴次数年际变化

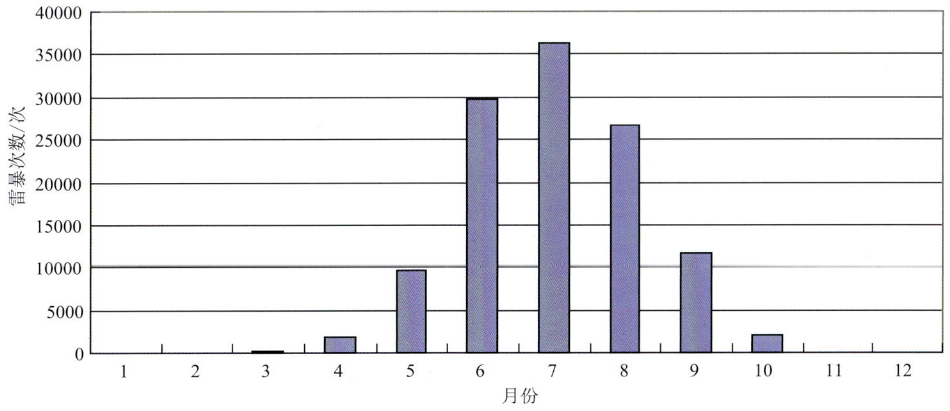


图 6.11 内蒙古 1971—2008 年雷暴次数月变化

③日变化

对全区 117 个观测站 38 a 资料统计(图 6.12),内蒙古雷暴主要集中在 13—18 时(北京时),占总数的 67.9%,雷暴在 10—20 时的占 94.7%,出现时段在 00—06 时的雷暴仅占

1.8%。由此可见，内蒙古雷暴高度集中在午后。

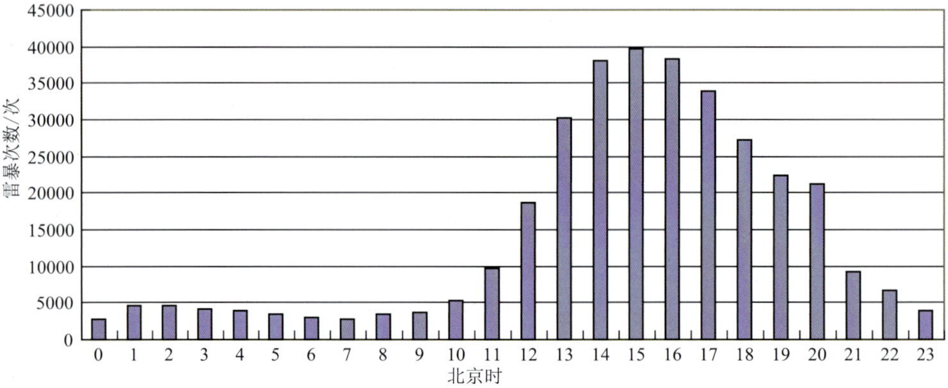


图 6.12　内蒙古 1971—2008 年雷暴次数日变化

#### 6.1.2.4　主要影响

雷暴所产生的强大电流、炽热的高温、猛烈的冲击波、剧变的静电场和强烈的电磁辐射等物理效应，往往给人类和新能源设备带来巨大的危害。如雷暴能造成人员伤亡，损毁风机，引起电网输电线路的跳闸，使建筑物、构筑物毁坏和起火，对电力通信、电脑等电器设备造成巨大破坏，雷暴会对光伏组件的运行和工作人员安全作业造成较大影响。

#### 6.1.2.5　雷暴天气过程的卫星云图分型

查阅分析了 2005—2009 年区域强对流天气过程的卫星云图资料，结合天气形势提炼出内蒙古几种主要雷暴天气特征。

(1)冷涡型

蒙古冷涡、贝加尔湖冷涡和东北冷涡(下面统称“冷涡”)的卫星云图特征颇为相似，只是地理位置不同。

冷涡卫星云图表现为螺旋状的涡旋云系，其特征是如下。

①在冷涡中心的北部和东部(即西北、东北和东南三个象限内)为分布不均匀的对流单体或宽阔的云区，西南象限为晴空区，云区后边界明显整齐，北部有发散卷云，前边界凹凸不齐。云区中多为块状密实的积雨云团，边缘清晰，色白而亮，其水平尺度多为 200～300 km，有些尺度更小。积雨云团之间为灰色的低云，有时可看到缝隙。冷涡后部的对流单体沿着冷涡周围的气旋性环流移到冷涡前部发展，或冷涡中心附近的松散云区受低层加热和暖平流作用发展，或冷涡后部西北气流中午后发展对流性云团。

②冷涡云区向南有一条狭窄云带，云带一般伸到 30°N 以南，与低纬云带(云区)相接。这一云带是低纬水汽向北输送的通道，在冷涡发展阶段和强盛期尤为明显。也是强对流天气发生发展的重要条件。

③冷涡云系有明显的日变化，早晨和上午的卫星云图上，云区颜色明显变灰暗，积雨云团明显变小，亮度减弱，有时只在一片灰色低云区中隐隐约约见到一些白点。但在午后和傍晚的云图上，云区明显发展，云区范围扩大，颜色变白，尤其是那些在螺旋云系上的小白亮点沿着冷涡后部的西北气流移到高空槽附近或气流由西北转成西南气流时，都可能发展成白

亮密实的大块积雨云团，造成强雷雨。这种日变化是冷涡云系的一个重要特点，对 12 h 以内的短期和超短期预报有重要意义。

④冷涡云区后部晴空区的长轴方向对云区的移动方向有指示意义。一般来说，云区的移动方向与晴空区长轴方向相一致。

(2)高空槽型

西南低槽冷锋在卫星云图上有清楚的云带对应，云带来自新疆，沿中纬东移。造成雷暴天气，在东移过程中往往与北上的低纬云团或高原东部的低涡云系相合并，加强发展。

(3)西北气流型

西北气流型云系主要是由西南高空槽云系东移演变而来。在卫星云图上有和斜压叶状云系发展类似的过程。初期可以看到有一条明显的云带自蒙西山地和新疆东移，初为准南—北向或东北—西南向。在东移过程中，其北段移动较快(与冷槽北段的移速较快一致)，使冷锋云带逐渐向纬向顺转。影响内蒙古时，先在内蒙古北部造成分布不均的小雷阵雨，在 40°N 附近移动变缓。云带南端与青藏高原东侧的云带连接，在云带连接部位或在与正涡度区云系靠近部位，变宽变厚并向冷空气一侧凸起，云带明显发展，呈现出明显的气旋波动。同时，云带南端和青藏高原及低纬度的热带中尺度云团相结合。在切变线上产生较强的对流云团并沿切变线东北上，在对流云团发展、移动路径上，在内蒙古产生大范围雷暴天气。

(4)平直西风型

平直西风型的云系最重要的演变特征是高空为弱的平直西风，地面高温高湿，上午晴空少云，午后对流云团发展强烈，同时，来源于低纬度副热带高压底部的热带对流云团(台风或印缅季风云团)，沿副热带高压向西北发展，又与青藏高原云系合并，形成沿副热带高压外围长距离完整的暖湿输送云带，到达内蒙古中西部地区。

#### 6.1.2.6 雷暴天气雷达特征

雷暴在天气雷达强度回波图上的主要特征有大于 35 dBZ 的回波区，雷暴体初始大于 35 dBZ 的回波面积增长迅速；在速度回波图上的主要特征有“逆风区”。

#### 6.1.2.7 雷暴天气预报指标与方法

雷暴天气发生的基本条件为条件不稳定层结的存在、充分的水汽供应和一定的启动机制。从不同尺度系统的相互作用来考虑，大尺度系统对中小尺度系统的发生起着控制作用，因而我们可以通过对实况大尺度环境场和数值预报模式产品的进一步诊断来判别这些基本条件是否满足，这就是强对流天气潜势预报。

潜势预报主要有两种预报方法：一是流型辨识法，类似传统的概念模型辨识；二是基于构成要素的方法(即配料法)。配料法主要是一种思想方法和预报思路，具体预报过程需要预报员经验来确定相应构成要素的阈值。配料法与日常预报业务中多指标叠套方法相似，流型辨识法和配料法互为补充。

配料法的构成要素主要有以下五种。

(1)层结不稳定(包括：对流有效位能 CAPE 和对流抑制；500～850 hPa 温度差及变温、地面露点和温度；其他对流指数 KSI)。

(2)水汽：水汽能量及其散度、比湿、西南气流(经常比区域性暴雨小)。

(3)抬升机制:天气尺度辐合系统、边界层辐合线和中尺度地形。

(4)垂直风切变:通常表示用风矢端图分析。

(5)注意日变化:边界层日变化和高低空平流过程(地面异常小的变压、午后地面增温、急流的日变化)。

#### 6.1.2.8 个例分析(2008年9月14日雷暴天气过程)

(1)天气实况

2008年9月14日受低层暖湿切变线的影响,内蒙古发生大面积雷暴天气,其中赤峰市巴林右旗3人遭受雷击死亡,两人受伤;巴彦淖尔市乌拉特前旗先锋镇1人遭受雷击死亡;鄂尔多斯市鄂托克前旗遭受冰雹袭击,1757多人受灾。

(2)形式特征

2008年9月14日在500 hPa高空图上是平直西风,在700 hPa和850 hPa高空图上有较强的西南暖湿气流,此时850 hPa上由70%的相对湿度线围成的湿舌,自四川盆地沿副热带高压西边缘伸到河套地区西部,相对湿度90%的高湿中心位于鄂尔多斯南部,同时假相当位温场上高能舌与湿舌保持了很好的一致性。临河—包头—呼和浩特一线处于高能高湿舌顶,相对湿度、假相当位温 $\theta_{se}$ 梯度最大的区域。

(3)动力条件分析

在2008年9月14日500 hPa散度图上,赤峰市和鄂尔多斯市是大值中心,说明高层辐散明显,有利于对流天气的发展。

在2008年9月14日500 hPa涡度图上,赤峰和鄂尔多斯市是正涡度区中心,说明有利与对流天气的发展。

在500 hPa垂直速度图上有一高值区经华北平原到达东北地区,赤峰市和通辽市是大值中心达12 m/s。说明上升气流明显也有利于对流天气的发展。

(4)热力条件分析

假相当位温场 $\theta_{se}$ 以 $\partial\theta_{se}/\partial p$(即 $\Delta\theta_{se}=\theta_{se850}-\theta_{se500}$)表示大气对流稳定度。$\Delta\theta_{se}<0$ 为稳定层结,$\Delta\theta_{se}>0$ 为不稳定层结。假相当位温随高度增加减小得越快,气层的对流不稳定性越强,即 $\Delta\theta_{se}$ 越大则大气越不稳定。西南气流输送暖湿空气,河套附近地区的大气由稳定层结转变为不稳定层结,不稳定能量剧增,有利于雷暴的发生。

(5)$K$ 指数分析

由2008年9月14日08时 $K$ 指数场分析来看,内蒙古中东部地区 $K$ 指数为大值区,中心值达30 ℃,有利于对流的发展。在08时700 hPa比湿场中内蒙古中东部地区比湿达到5 g·kg$^{-1}$,水汽条件比较好,有弱对流产生时降水很容易出现。在14日08时SI指数场中内蒙古中东部地区SI指数为负值区,中心值达−2 ℃,有利于强对流天气的发生。

### 6.1.3 大风

#### 6.1.3.1 定义标准

大风:我国天气预报业务规定,蒲福风级6级(平均风速为10.8~13.8 m·s$^{-1}$)及以上或瞬时风速达到17 m·s$^{-1}$及以上的风,称为大风。

#### 6.1.3.2 发生规律

内蒙古是我国风能资源丰富的地区，也是遭受大风危害较严重的地区。内蒙古所处的中纬度是盛行西风的地带，也是极锋活跃的地带，该区域经常有移动性的气旋、反气旋自西向东移行，那些强烈发展并快速东移的气旋常常造成内蒙古发生大风天气。特别是冬春季节，东亚高空西风急流正位于内蒙古上空，当蒙古气旋发展时，内蒙古处在上下一致的西风气流中，有利于高空动量下传，使低层的偏西风加大，这就造成内蒙古在冬春季节易有大风天气出现。锡林郭勒盟大部、阴山以北地区及阿拉善盟北部，每年出现 8 级（$\geqslant 17\ m \cdot s^{-1}$）以上大风的日数在 50 d 以上，其中锡林郭勒盟西北部、乌兰察布市最北部和阿拉善盟最北部达 75 d 以上。

#### 6.1.3.3 大风时空分布特征及频次

若某个盟（市）有 1/2 或以上测站同时达到大风标准，则视为该盟（市）出现一次大风天气过程。

（1）大风发生的频次

根据上述标准，对各地的大风资料进行统计，得出各盟（市）月、季、年大风发生频次，见表 6.5。

**表 6.5 全区各地大风频次统计表**

单位：次

| | 呼伦贝尔 | 兴安盟 | 通辽市 | 赤峰市 | 锡林郭勒 | 乌兰察布 | 呼和浩特 | 包头市 | 鄂尔多斯 | 巴彦淖尔 | 乌海市 | 阿拉善盟 |
|---|---|---|---|---|---|---|---|---|---|---|---|---|
| 1月 | 0.0 | 0.7 | 0.8 | 0.9 | 1.0 | 1.1 | 0.2 | 1.1 | 0.4 | 0.4 | 0.2 | 0.4 |
| 2月 | 0.1 | 0.6 | 1.2 | 1.3 | 1.3 | 1.4 | 0.4 | 1.5 | 0.6 | 0.8 | 0.7 | 0.9 |
| 3月 | 0.7 | 2.6 | 3.5 | 2.7 | 4.3 | 2.9 | 1.3 | 3.2 | 1.8 | 1.9 | 2.2 | 2.4 |
| 4月 | 2.3 | 5.4 | 6.1 | 5.0 | 9.5 | 5.7 | 3.0 | 6.3 | 2.8 | 4.6 | 3.4 | 4.5 |
| 5月 | 2.7 | 5.1 | 4.9 | 3.7 | 8.8 | 4.7 | 2.8 | 5.7 | 2.0 | 3.9 | 3.8 | 4.1 |
| 6月 | 0.4 | 0.8 | 1.1 | 0.6 | 3.9 | 1.7 | 1.6 | 3.1 | 0.7 | 1.7 | 3.2 | 3.2 |
| 7月 | 0.1 | 0.2 | 0.2 | 0.1 | 1.4 | 0.3 | 0.5 | 1.2 | 0.1 | 0.8 | 2.4 | 2.0 |
| 8月 | 0.1 | 0.2 | 0.3 | 0.1 | 0.7 | 0.2 | 0.3 | 0.6 | 0.0 | 0.7 | 1.7 | 0.9 |
| 9月 | 0.2 | 0.5 | 0.3 | 0.2 | 1.8 | 0.4 | 0.3 | 0.8 | 0.1 | 0.5 | 0.8 | 0.6 |
| 10月 | 0.3 | 1.7 | 1.7 | 1.1 | 2.5 | 0.9 | 0.1 | 1.7 | 0.4 | 0.7 | 0.6 | 0.5 |
| 11月 | 0.2 | 1.3 | 1.6 | 1.4 | 2.1 | 1.6 | 0.6 | 1.5 | 0.8 | 0.9 | 0.5 | 0.8 |
| 12月 | 0.0 | 0.6 | 0.9 | 1.0 | 1.5 | 1.1 | 0.3 | 1.0 | 0.7 | 0.6 | 0.4 | 0.6 |
| 春季 | 5.7 | 13.1 | 14.5 | 11.4 | 22.6 | 13.3 | 7.1 | 15.3 | 6.7 | 10.4 | 9.4 | 10.9 |
| 夏季 | 0.5 | 1.3 | 1.6 | 0.8 | 6.0 | 2.2 | 2.3 | 4.8 | 0.9 | 3.2 | 7.3 | 6.1 |
| 秋季 | 0.5 | 2.3 | 2.1 | 1.4 | 4.5 | 1.3 | 0.4 | 2.6 | 0.5 | 1.2 | 1.5 | 1.2 |
| 冬季 | 0.3 | 3.2 | 4.4 | 4.6 | 5.9 | 5.2 | 1.5 | 5.1 | 2.4 | 2.8 | 1.9 | 2.6 |
| 全年 | 6.9 | 19.8 | 22.5 | 18.1 | 38.8 | 21.9 | 11.4 | 27.7 | 10.5 | 17.5 | 20.1 | 20.8 |

(2)空间分布特征

①大风频次的空间分布:根据资料统计,单站大风频次最多的是朱日和,为 79.5 次/a,最少的是根河,为 2.1 次/a;在各盟(市)中,大风频次最多的是锡林郭勒盟,为 38.8 次/a,最少的是呼伦贝尔市,为 6.9 次/a;从区域上来看,内蒙古中部偏北地区(包括巴彦淖尔市北部、包头市北部、乌兰察布市北部、锡林郭勒盟、赤峰市北部、通辽市北部)发生大风的概率较大(图 6.13)。

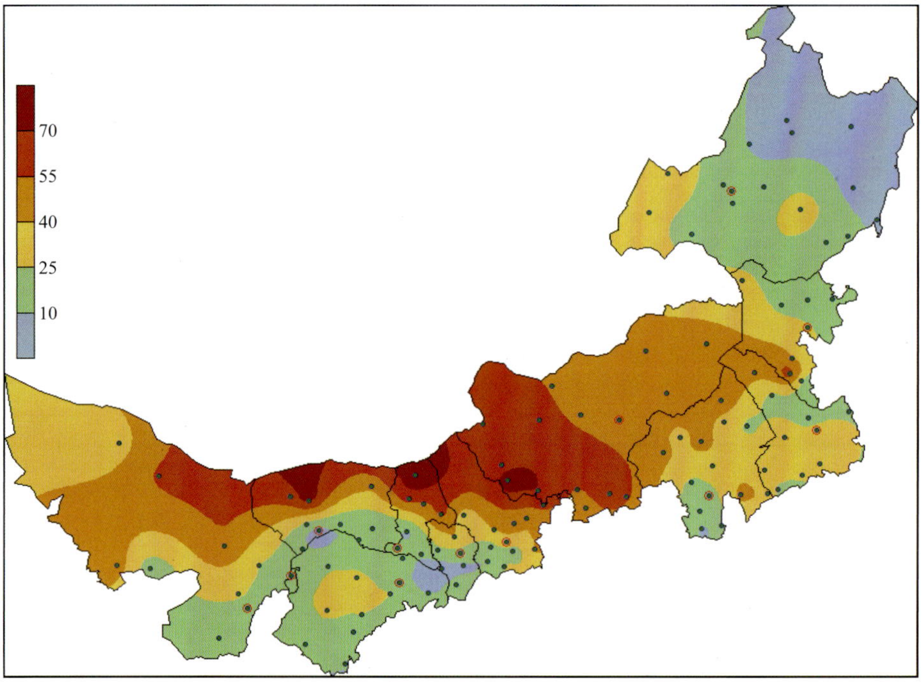


图 6.13 大风频次空间分布(单位:次/a)

②极大风速的空间分布:从极大风速的空间分布来看,存在两个极大风速中心,一个位于锡林郭勒盟西部至乌兰察布市北部,另一个位于赤峰市北部,其极大风速均超过 28 $m \cdot s^{-1}$;而在内蒙古西部的河套平原却很少出现超过 20 $m \cdot s^{-1}$的大风(图 6.14)。

(3)内蒙古大风的时间分布特征

①大风的年代际变化:根据分析,近 40 a 来全区各地的大风天气次数均呈现减少趋势,特别是从 20 世纪 80 年代—21 世纪前 10 a 几乎呈直线下降。平均来看,从 20 世纪 70 年代—21 世纪前 10 a,大风频次几乎减少了一半(图 6.15)。

②大风的年际变化:通过分析全区大风频次的年际变化可以看出,中部和西部的年变率都是相当大的,说明这些地方每年的大风天气次数非常不稳定;东部的年变率相对较小,特别是在进入 21 世纪后基本上是稳定的(图 6.16)。

③大风的月际分布:全区各地大风发生频次最多的月份和季节是一致的,但频次最少的月份和季节却不尽相同。以锡林郭勒盟为例,大风发生频次最多的月份是 4 月(9.5 次/月),最少的是 8 月(0.7 次/月);最多的季节是春季(22.6 次/季),最少的是秋季(4.5 次/季)(图 6.17)。

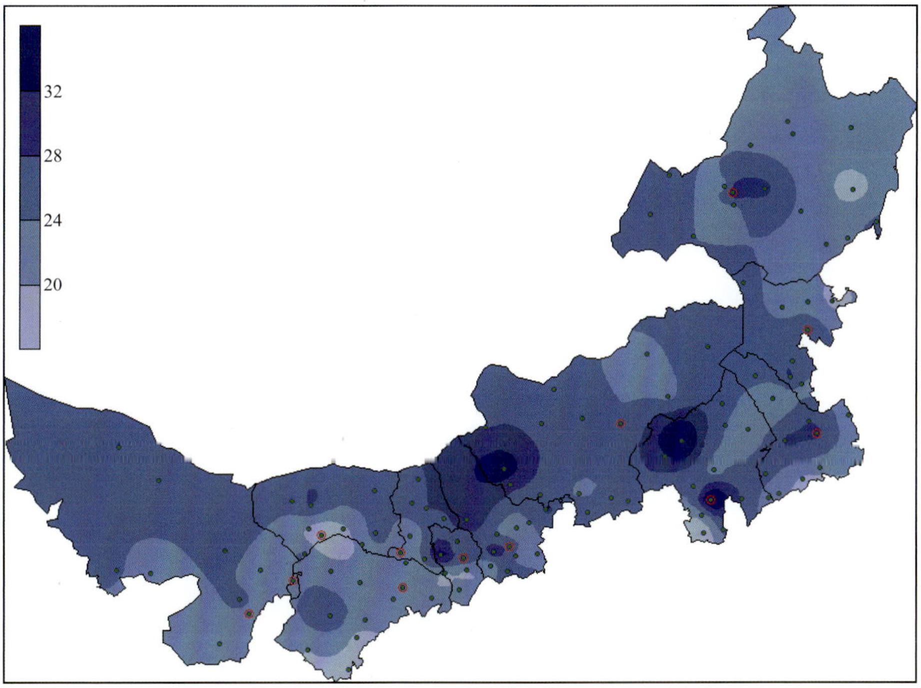


图 6.14　极大风速分布(单位：$m\cdot s^{-1}$)

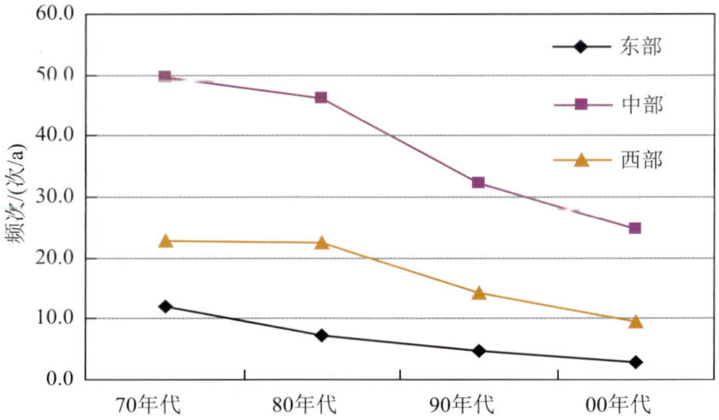


图 6.15　大风年代际变化

④大风的日变化：大风具有明显的日变化。一般来说，大风主要出现在白天，尤以11—18时为最多，其最大值出现在15时左右。以朱日和为例，在出现的大风天气中，大约91%的大风都出现在08—20时(图6.18)。

#### 6.1.3.4　主要影响

大风的危害，主要是其本身很强的动量给新能源场站设备(风机、光伏板等)、电网杆塔线路造成损坏。①大风（风速≥22 $m\cdot s^{-1}$时）对风电场增加发电量有利，但风速过大可能会引起风电机组机舱内部的轴承座发生位移，或造成部分连接叶片和三角支架的拐臂断裂等问题；②风向迅速变化会使风电机组的偏航系统受到严重损坏，同时对风电场工作人员的安全作业会造成很大影响；③由于风速过大风机自我保护停止发电，对风电场造成经济损失；④引起光伏板的移动甚至掀翻损坏；⑤电网杆塔线路由于大风引起的倒塔事故等危害。

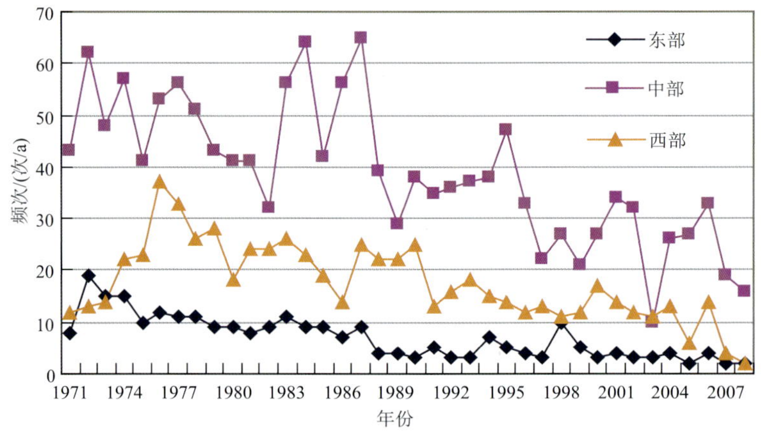


图 6.16　大风年际变化

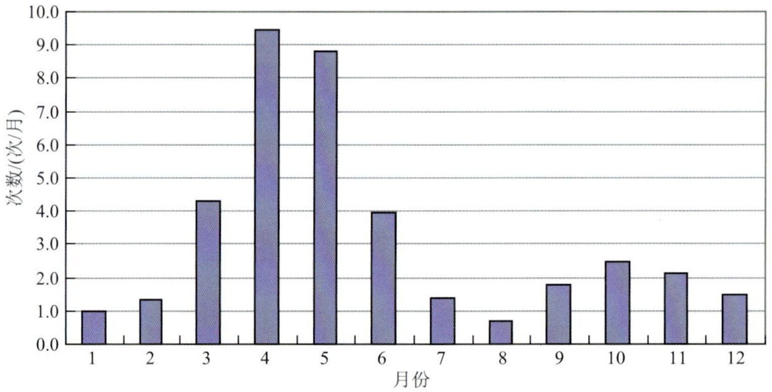


图 6.17　锡林郭勒盟大风频次月际分布

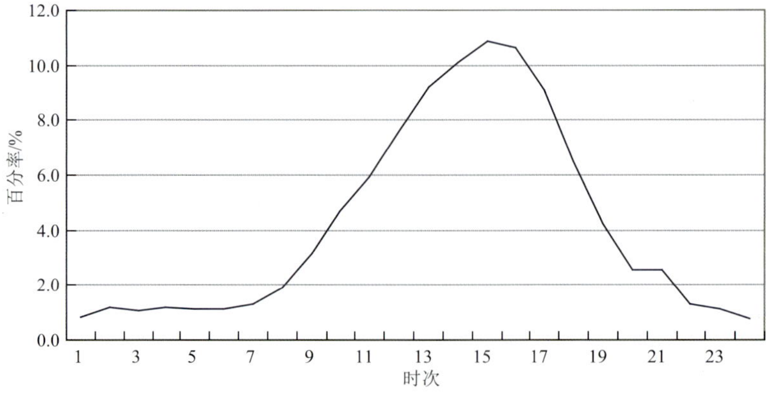


图 6.18　朱日和大风日变化图

#### 6.1.3.5　内蒙古大风的预报

（1）传统预报方法

根据产生大风的高空环流背景、地面影响系统和大风天气的发生机理，可将大风划分为低压大风、冷锋大风、南高北低大风和高压底部大风四个类型。

上述的四种类型大风的发生频数、影响季节和影响区域都有所不同。根据历史个例进行归纳，得出了相应的统计数据，见表6.6。从该表中可以看出，在冬春季节，低压大风出现的频率最高，约为46.7%，所以蒙古气旋是产生大风天气的主要系统。

表6.6　全区大风类型统计表

| | 大风类型 | | | |
|---|---|---|---|---|
| | 低压大风 | 冷锋大风 | 南高北低大风 | 高压边缘大风 |
| 发生频率 | 46.7% | 31.2% | 14.7% | 8.4% |
| 主要影响时段 | 春季、冬季 | 春季、冬季 | 春季 | 冬季 |
| 主要影响区域 | 全区(呼伦贝尔市最多，阿拉善盟最少) | 全区（呼伦贝尔市、兴安盟最少） | 巴彦淖尔市、鄂尔多斯市、包头市、呼和浩特市、乌兰察布市、锡林郭勒盟、赤峰市 | 巴彦淖尔市北部、包头市北部、乌兰察布市北部、锡林郭勒盟 |

虽然每种大风的特点不尽相同，但也有其共性。依据大风的发生机理，对历史个例进行归纳，得到以下几条具有共性的预报指标，利用以下指标进行预报分析。

①欧亚大陆中、高纬度地区高空长波槽脊的振幅呈现明显增大趋势，环流呈现明显的经向型特点，500 hPa天气图上往往在乌拉尔山附近存在很强的高压脊。

②高空急流明显加强，急流轴与乌拉尔山高压脊前的气流带相对应，300 hPa天气图上急流中心风速$\geqslant$40 m·s$^{-1}$。

③从地面天气图上来看，大风总是出现在气压梯度最大的地方，因此，要特别关注高、低压系统之间的过渡区域以及高、低压边缘等压线密集的地方。

④在大风出现前，预报区域往往处于暖区之中，在地面天气图上表现为倒槽、弱低压或蒙古气旋。蒙古气旋对大风的出现具有很高的指标作用。

⑤大风往往与大规模的冷空气活动相联系。据统计，寒潮天气出现时，同时产生大风的可能性约为53%。

⑥从空间分布来看，大风容易出现在内蒙古西、中部与蒙古国接壤的区域，且从西向东沿准纬向推进。

⑦从时间分布来看，午后产生深厚混合层的区域容易产生高空动量下传并形成大风。

⑧利用数值预报产品对有关物理量进行分析，以下各条有利于产生大风：(a)300 hPa全风速场在中亚地区具有明显密集带，大值中心$\geqslant$40 m·s$^{-1}$；(b)散度剖面图上存在次级环流，其下沉支位于高空急流下方；(c)850 hPa垂直速度($\omega$)图上，与地面气旋外围气流相对应的区域，垂直速度的正、负中心呈现多个对偶分布；(d)500 hPa涡度平流大值区与地面气旋相叠置。

(2)数值模式预报

内蒙古气象服务中心为了满足内蒙古新能源气象服务的需求,2008 年开始先后建立了以 MM5、WRF 数值模式为基础的新能源数值模式预报系统,并利用我国气象台站观测资料进行了优化,可以很好地预报大风过程,空间分辨率达到 9 km,时间分辨率达到 15 min,产品从地面到 350 m,分为 13 个高度层,预报时效达到 240 h,通过新能源气象服务的应用,新能源数值预报模式基本可以满足服务需求,但是对极端过程把握有所欠缺。

中国气象局开发了具有我国自主知识产权的新一代中尺度数值预报模式 CMA-Meso,我们也基于该模式建立了新能源数值预报模式系统,利用该模式的输出产品,通过对比检验,发现基于 CMA-Meso 的新能源数值预报系统在预报准确率上要优于 WRF 和 MM5 新能源数值预报模式,同时对大风过程的预报模拟效果也非常好,说明该模式对内蒙古地区的大风(风速)预报有较好的模拟和预报能力。

### 6.1.4 次生及衍生灾害

#### 6.1.4.1 覆冰

(1)覆冰原理

覆冰是指雨、雪、冻雨或雾滴降落到温度低于 0 ℃的物体表面而出现的积雪或结冰现象。如果是凝结在电网线路上,就形成电线覆冰。如果一个范围内的所有电线都被冰包住,这就是线路覆冰。

风机叶片覆冰的原理:云层中过冷却水下落过程中遇到湿气或雨水溶液被稀释,浓度逐渐降低,冰点升高,与风机叶片接触后,由风带起的大量尘埃提供了冰核,由于温度过低,来不及滴落就会迅速结冰。

(2)发生规律

根据近几年内蒙古电网线路覆冰现象统计得出,当出现降水时发生电网线路覆冰主要集中在每年的 3 月、4 月、5 月、11 月和 12 月,主要发生地区分布在内蒙古中部地区的呼和浩特市、包头市、乌兰察布市大青山沿山地区会出现电网线路覆冰,其他月份和地区发生电网线路覆冰的概率较低。

风电场风机覆冰,当出现降水时发生电网线路覆冰主要集中在每年的 1 月、2 月、11 月和 12 月,主要发生地区分布在呼和浩特南部锡林郭勒盟、赤峰市西南部地区会出现风机覆冰。

(3)主要影响

当环境温度接近 0 ℃、空气湿度在 80% 以上时,风电机组的叶片经常会发生凝冰现象,此时叶片的气动特性变差,升力系数减小,阻力系数增加,叶片会进入失速状态,对风电场造成重大的损失。

①风机叶片覆冰后,会产生较大的冰载,叶片载荷变大后会影响其寿命,而且加载在每个叶片上的冰载不尽相同,这样一来机组的不平衡性变大,如果继续运行,会对机组产生很大的危害,如:叶片折断、机组倒塌等,如果停机,则长期处于低温地区的机组利用率将大大降低。

②风机叶片覆冰后，由于叶片上每个载面的覆冰厚度不一致，使得叶片原有的翼型改变，大大影响风电机组的载荷和出力，使得风机的发电效率大打折扣。

③风机叶片表面覆冰后，如果气温升高，冰块就开始与基材脱离，然后掉落，会对机组设备和现场人员造成很大的安全隐患。

④凝冰期间启动风电机组会对风电机组轮毂内的轴承造成较大影响，一是温度过低会影响轴承的尺寸及其内部金相组织，二是过高负荷会引起轴承塑性变形从而导致其过早失效。

⑤冰冻天气会造成风电场的电线积冰，电线结冰后会遇冷收缩，再加上风吹引起的震荡和雨凇重量的影响，使电线和电话线不能承受重荷而被压断，造成输电、通信中断。

#### 6.1.4.2 洪涝灾害

(1)定义标准

洪涝灾害是自然界的一种异常现象，一般包括洪灾和涝渍灾，目前中外文献还没有严格的“洪灾”和“涝渍灾”定义，一般把气象学上所说的年(或一定时段)降雨量超过多年同期平均值的现象称之为涝。

洪灾一般是指河流上游的降雨量或降雨强度过大、急骤融冰化雪或水库垮坝等导致的河流突然水位上涨和径流量增大，超过河道正常行水能力，在短时间内排泄不畅，或暴雨引起山洪暴发、河流暴涨漫溢或堤防溃决，形成洪水泛滥造成的灾害。

涝灾一般是指本地降雨过多，或受沥水、上游洪水的侵袭，河道排水能力降低、排水动力不足或受大江大河洪水、海潮顶托，不能及时向外排泄，造成地表积水而形成的灾害，多表现为地面受淹。

(2)发生规律

①洪灾

洪水是河流的一种天然属性，不可避免，洪水以其出现突然，水势汹涌、奔流、漫无边际为特征。它在时间和空间上的发生都是随机的，洪涝灾害的发生具有明显的季节性和地区性。内蒙古的灾害性洪水主要由暴雨形成即暴雨洪水型，但也可以是河湖垮坝造成。在内蒙古最常见的是山洪和暴洪。在内蒙古洪水多发生在夏秋季节，发生的时间自南往北逐渐推迟。一般是夏季的6—8月。

坡地蓄水能力低，山坡上落下的大部分雨水都会变成为径流水。当山区出现暴雨时，从山坡上汇流起来的大量雨水，从山涧奔腾而出，形成山洪，常卷走人畜，造成严重灾害。而小范围的特大暴雨又常形成暴洪，暴洪是指来势迅猛、在短时间内猛烈上涨的洪水，暴洪通常都是由雨急量大的特大暴雨引起的，也可以由山区中各支流洪峰同时汇集造成，或上游冰河开融、下游流冰壅塞使江河泛滥所致，此外，水库大坝突然断裂也能形成暴洪。暴洪事件因其猝不及防，而且水势急、流量大，难以抗御，因而成灾率极高。

②涝灾

洪和涝都是水多成灾，且两者又常常紧密相连，洪水在一个地区长期积存便会形成涝灾，因此又常将它们通称为洪涝灾害，然而两者一动一静，持续时间一短一长，差异还是很明显的。

从发生的时间看，内蒙古的水灾多发生在夏秋季节，这是因为大部分地区年降水70%集中出现在6—8月，而且这些降水通常又主要是少数几场较大的降雨过程完成的。正是降雨的过分集中，造成了内蒙古在干旱的气候背景下，却常有水灾发生，特别是那些大暴雨过程和特大暴雨过程，总是与水灾紧密相联。内蒙古的大暴雨更集中出现在7月下旬—8月上旬，最大误差前后不超过20 d，因此，7—8月是内蒙古最易发生水灾的时段。只有与冻土和凌汛有关的水灾，出现时间偏早，通常发生在3月下旬—4月上旬，呼伦贝尔市可发生在5月初。

内蒙古有3个暴雨中心，一个在呼伦贝尔市东南部到兴安盟东北部；一个在赤峰市东北部到通辽市北部和东部；一个在鄂尔多斯市东部到呼和浩特市和乌兰察布市南部。这3个暴雨中心区也是内蒙古水灾多发生的地区(表6.7)。水灾的发生除与降水过分集中有关之外，还与地理环境和地形有关，最明显的事实是，山区谷地多发洪灾，平原洼地多遭涝灾。

表6.7　内蒙古各地各级雨涝灾害的出现年数(1947—2000年)

| 地区 | 严重涝灾 | 一般性涝灾 | 轻涝 | 合计 |
|---|---|---|---|---|
| 呼伦贝尔市岭东地区 | 14 | 14 | 6 | 34 |
| 呼伦贝尔市西部 | 0 | 1 | 6 | 7 |
| 兴安盟岭东 | 12 | 10 | 8 | 30 |
| 通辽市农区 | 9 | 16 | 8 | 33 |
| 赤峰市农区 | 8 | 10 | 8 | 26 |
| 锡林郭勒盟南部 | 1 | 3 | 11 | 15 |
| 乌兰察布市农区 | 0 | 7 | 14 | 21 |
| 乌兰察布市北部牧区 | 0 | 2 | 3 | 5 |
| 呼和浩特市 | 4 | 6 | 12 | 22 |
| 鄂尔多斯市东部 | 2 | 8 | 11 | 21 |
| 巴彦淖尔市套区 | 0 | 3 | 11 | 14 |
| 锡林郭勒盟东部 | 1 | 2 | 4 | 7 |
| 鄂尔多斯市西部 | 0 | 3 | 1 | 4 |
| 赤峰市北部 | 0 | 1 | 10 | 11 |
| 巴彦淖尔市北部 | 0 | 0 | 1 | 1 |
| 阿拉善盟 | 0 | 0 | 0 | 0 |

过去50 a，内蒙古各地发生的雨涝情况由表6.7给出。可以看到，严重涝灾仅出现在内蒙古东部地区，内蒙古中西部只是偶尔出现一些一般性涝灾。

(3)主要影响

洪涝直接灾害主要是由于洪水直接冲击破坏，淹没所造成的危害。①淹没变电设备、电脑设备等造成无法正常工作；②对升压站厂区房屋的损毁等；③电网杆塔被冲毁；④对新能源企业施工作业人员造成危害。如2018年内蒙古超高压供电局工作人员对杆塔进行加固时，突遇洪水，被围困在杆塔上，通过内蒙古气象局和消防救援人员15个小时的共同努力，最终成功救出；2019年乌兰察布市一家光伏电厂被山洪淹没了机房、光伏板厂区，机房水深达到50 cm，对电器设备损坏较为严重，由于电器设备进水，无法正常发电等，造成较大的经济损失。

#### 6.1.4.3 森林草原火灾

内蒙古自治区是森林、草原火灾的高发区之一，尤其每年的春、秋两季，火灾发生更加频繁。

(1)定义和类型

森林草原火灾是指森林或草原的可燃物在有利于燃烧的条件下，接触人为火源或自然火源之后，发生燃烧、蔓延，对森林或草原造成不同程度的损害的灾害(王正非，1986)。

森林草原火灾类型根据燃烧的植被类型划分为森林火、灌丛火和草地火，这三种火灾在内蒙古都十分常见。

(2)等级的划分标准

根据国家林业局的规定，森林草原火灾等级划分为火警、一般火灾、重大火灾和特大火灾4级。各级指标见表6.8。

表6.8 森林草原火灾等级划分指标

单位：$hm^2$

| 火灾等级 | 森林火灾 | 草原火灾 |
|---|---|---|
| 火警 | <1 | <100 |
| 火灾 | 1～100 | 100～2000 |
| 重大火灾 | 100～1000 | 2000～8000 |
| 特大火灾 | ≥1000 | ≥8000 |

统计资料(1981—2000年)表明，内蒙古东北部共发生森林、草原火警1706起，占火灾总数的40%；其中草原火警1395起，森林或灌丛火警311起。一般火灾1499起，占火灾总数的35%；其中森林火灾522起，草原火灾977起(包括灌丛和草原同时起火的部分)。重大火灾505起，占火灾总数的12%；其中重大草原火灾274起，重大森林火灾231起。特大火灾556起，占火灾总数的13%。20 a中内蒙古东北部平均每年发生火警85起；一般火灾75起；重大火灾25起；特大火灾28起。重大火灾和特大火灾在发生的火灾中所占的比例虽然只有25%，但是燃烧面积占总面积的65%以上，造成的经济损失则占总损失的80%以上。

(3)发生的季节和频率

内蒙古森林草原火灾发生的季变化十分明显，其中冬季(12月—次年2月)发生火灾次数较少，占全年火灾发生总数的0.6%；春季(3—6月)发生火灾的次数最多，占全年火灾发生总数的78.1%；夏季(7—8月)基本无发生火灾；秋季发生火灾的次数次多，占全年火灾发生总数的20.7%。由于内蒙古春季降水少，气温回升快，大风日数增加，地被物十分干燥，因此极易发生火灾；秋季虽然气温下降快，昼夜温差大，人们早晚野外用火增加，同时降水减少，地被物干枯，因此火灾次数为次多；冬季以降雪为主，随着气温下降到零度以下形成积雪，人员活动减少，使火源减少，因此火灾发生的次数较少；夏季随着雨季的来临，植被的返青，空气湿度大，因此基本无火灾发生。

(4)空间变化

内蒙古植被类型的分布状况决定了森林草原火灾空间分布呈东多西少走势。呼伦贝尔市是火灾高发区,其中鄂伦春旗历史上火灾最多为 390 次;莫力达瓦旗、牙克石市、扎兰屯、阿荣旗和陈旗的火灾都在 200 次以上。其次锡林郭勒盟东北部、兴安盟大部和通辽市北部是内蒙古森林草原火灾的另一个高发区,火灾次数在 100～200 次。其他地区的火灾都在 100 次以下。

(5)对新能源生产造成的影响

森林草原火灾不仅使国家和人民生命财产遭受严重损失,而且严重影响新能源场站电器设备的使用和安全生产。由于内蒙古新能源场站大部分建立在植被覆盖较好的地区,森林草原火、山火极易形成对新能源场站的设施破坏,主要包括:①火灾对光伏发电板的损毁;②风力发电设备收到火灾的影响造成电器设备损毁;③火灾造成新能源电厂施工作业人员的伤害;④对新能源场站电网线路的损毁;⑤高温火灾造成电网线路的跳闸。

(6)重点防御区

根据内蒙古森林草原火灾发生的特点和严重程度,划分重点防御区和一般防御区,编制典型区域森林草原火灾风险图,森林草原火灾风险区域划分如下。

①危险区:是指森林草原火灾发生频率较高,直接造成规划区内森林、草原或荒地燃烧的区域。该区为每年都发生森林草原火灾 5 次以上的区域。

②警戒区:是指发生森林草原火灾频率相对较低,该区为每年都发生森林草原火灾 5 次以下的区域。

③安全区:是指不受火灾的影响,植被稀疏,基本没有森林草原火灾发生的区域。

(7)森林草原火灾的预报方法

内蒙古的森林草原火险等级预报工作始于 20 世纪 90 年代初,当时主要采用经验法预报。森林草原火险等级预报系统研究开发在 2000 年初步成型,在以后的几年里,内蒙古的森林草原火险等级预报工作取得了实质性进展,综合研制完成“内蒙古森林草原火险等级天气气候监测预警服务系统”,实现了森林草原长、中、短期火险等级预报产品的制作和发布。初步形成了月预报订正季预报,旬预报订正月预报,5 d 滚动预报订正旬预报,24 h 和 48 h 预报订正 5 d 滚动预报的格局。

森林草原火灾的预测预报方法主要有经验法、统计相关法及基于过程的林火预测预报模型。

①经验法:是基于火灾资料,通过对过去林火发生的天气条件、地点、时间、次数、火源等进行统计分析,找出林火发生发展的规律,建立相关关系模型,并划分等级指标,进行火险预报的方法。

②统计相关法:是以直接影响林火发生的关键因子为指标,基于该因子与其他观测因子的相关关系来进行林火预报的方法,如基于可燃物湿度的林火预报法、基于点火试验的林火预报法等。

③基于过程的林火预测预报模型:是基于影响着火和蔓延的各种要素(影响着火的主要因素包括可燃物类型、含水量、火源、火险天气等,影响蔓延的主要因素包括风、坡度等)的室

内外模拟试验，从林火发生发展的过程与机理建立林火预报模型，并借助计算机模拟，以方便、快捷且有效地实现林火的预测预报。

## 6.2 新能源开发利用气象灾害预警

内蒙古新能源气象灾害预警种类主要包括大风、沙尘、暴雨、雷电等强对流天气预警，气象灾害预警产品主要分为监测预警产品和预报预警产品两类。

(1)大风预警信号分四级，危害程度从低到高分别以蓝色、黄色、橙色、红色表示。

(2)沙尘暴预警信号分三级，危害程度从低到高分别以黄色、橙色、红色表示。

(3)暴雨预警信号分四级，危害程度从低到高分别以蓝色、黄色、橙色、红色表示。

(4)雷电预警信号分为三级，危害程度从低到高分别以黄色、橙色、红色表示。

### 6.2.1 灾害天气监测

目前业务中主要依靠大气监测网对灾害性天气进行实时监测，主要手段包括：新一代天气雷达网的逐 6 min 的雷达资料、静止气象卫星云图，风云系列卫星资料、区域自动站的逐小时加密观测资料、实景监测等。利用雷达资料针对短时强对流天气形成的龙卷、雷电等强对流气象灾害预警；利用卫星资料的繁衍产品，结合内蒙古电网气象预报预警服务平台电网杆塔线路信息，针对高温点进行分析判断，为内蒙古电网制作高温山火监测预警产品。

内蒙古新一代天气雷达监测责任区：

(1)呼和浩特新一代天气雷达：呼和浩特市所属各旗(县、区)、乌兰察布市所属各旗(县)(不包括商都、化德)；

(2)海拉尔新一代天气雷达：海拉尔区、陈巴尔虎旗、新巴尔虎左旗、鄂温克族自治旗、牙克石市、额尔古纳市，博克图镇；

(3)通辽新一代天气雷达：通辽市所属各旗(县、区)(不包括霍林郭勒市)；

(4)赤峰新一代天气雷达：赤峰市所属各旗(县、区)(不包括阿旗、巴林左旗)；

(5)鄂尔多斯新一代天气雷达：鄂尔多斯市所属各旗(县、区)(不包括鄂托克前旗、鄂托克旗)；

(6)临河新一代天气雷达：巴彦淖尔所属各旗(县、区)。

### 6.2.2 灾害天气预报预警

内蒙古各级气象台(站)预报员应利用雷达、卫星、自动气象(雨量)站、闪电定位仪、风廓线雷达、GPS/MET 等观测资料和数值预报产品，综合运用多种预报技术和方法，依托短时临近预警报业务系统，及时制作发布强对流天气预报产品。当达到预警或预警信号发布标准时，及时发布相应的预警或预警信号。

内蒙古气象服务中心根据气象灾害预警信息的落区、移动方向、可能的影响等，为新能源用户提供相应的气象灾害预警信息，同时针对不同用户对不同气象灾害的敏感性，提供相应的气象灾害影响预报，包括影响的范围、程度、可能造成的损失及持续的时间，并且对灾害影响区域的气象信息进行持续的更新，直至气象灾害影响天气结束。

### 6.2.3 预警发布方式

预警产品主要利用系统平台、网站、微博、微信、传真、电话、手机等多种方式向新能源场站和用户发布。

# 第 7 章
# 新能源气象服务体系及典型案例

坚持服务国家战略、服务人民需要、服务行业发展，坚定不移贯彻落实能源安全新战略，围绕国家生态文明建设、应对气候变化、“碳达峰、碳中和”国家战略规划，结合地方能源发展规划和新能源高质量发展需求，立足地方气象事业发展现状，持续推进新能源气象服务业务、服务技术、管理机制和服务能力建设，从风能、太阳能资源监测评估、精细化预报预测和电网输电线路气象灾害防御保障等多方位，积极融入新能源产业快速健康发展和保障服务大局，初步形成具有内蒙古地域特色的新能源气象服务体系，对内蒙古新能源高质量发展形成强有力的支撑。

## 7.1 新能源气象服务体系的发展特点

### 7.1.1 新能源气象服务发展形势

从国际来看，当今世界正经历百年未有之大变局，国际力量对比深刻调整，地缘政治对能源供给影响持续加大。从国内形势来看，“十四五”时期我国已开启全面建设社会主义现代化国家新征程，全力推进碳达峰、碳中和目标实施，对能源提出更高质量的发展要求。

能源作为重要的战略物资，是一个国家社会经济持续发展的重要保障，在一定程度上能源消费也是反映人民生活水平高低的重要体现之一。伴随着全球经济的迅猛发展，世界各国能源需求问题面临新的挑战，能源短缺和环境污染的现实冲突为各国选择经济快速发展之路设置了巨大障碍，传统能源煤炭石化消费给环境污染治理带来不堪重负的压力，煤炭燃烧产生的大量温室气体排放，使得全球气候变暖趋势加剧，成为国际政治、经济和外交的焦点，同时给生态环境造成严重破坏，修复生态环境需要付出巨大的经济和时间成本，汽车尾气含有上百种不同的化合物，其中的大量污染物在直接危害人体健康的同时，还会对人类赖以生存的生活环境产生深远影响和严重威胁。经过不断的探索和思考，全世界开始重点关注可再生能源，开发利用可再生能源，尤其是清洁高效的风能、太阳能资源，成为解决未来能源问题进而提升经济发展速度的重要出路。

国家高度重视新能源产业发展，不断加大政策引导力度，为鼓励支持新能源产业发展，结合发展形势，先后出台了《可再生能源法》《可再生能源中长期发展规划》《新能源发展规划》相关法规和发展政策，明确可再生能源发展的重点、目标、方向，并在规划中调整发展目标以适应形势发展，使其更具体、更具可操作性。近年来，我国以风能、太阳能资源开发利用为代表的新能源发展成效显著，装机规模和容量稳居全球首位，发电量占比稳步提升，相应的发展体系建设也随之加快。受气象条件影响，风力发电、光伏发电具有气象因素传递的随机性和波动性，并造成电力负荷的不确定性，对电网稳定运行和安全形成较大影响和危害性冲击。全国各地气象部门相继组建新能源气象服务机构和技术团队，推进风能、太阳能气象服务技术研究和业务建设，为地方新能源产业健康发展提供助力；为充分发挥气象部门的优势，科学谋划风能、太阳能资源气象服务业务，做好国家新能源发展和能源安全战略服务，中国气象局于2021年组建风能太阳能中心，并邀请电力、高校、发改委、科研院所相关部门或行业专家加入专家指导委员会。内蒙古自治区气象局于2017年组建内蒙古专业气象服务创新团队，吸纳自治区级直属业务单位和盟市级气象局业务骨干20余人，从事新能源气象预报技术研究、业务建设和应用服务。

随着市场经济的不断完善、国家经济的快速发展和社会科技的创新进步，气象业务及技术与新能源业务及技术不断融合与发展，将推动新能源气象领域技术水平进一步提升或飞跃，使气象技术创新和有效资源配置发挥更大作用，有力推进新能源气象服务产业发展。为适应市场经济发展规律，新能源气象服务规模化、市场化和产业化应是必然发展趋势。

### 7.1.2 新能源气象服务体系建设的重要性

国家发展和改革委员会、国家能源局联合发布的《关于促进新时代新能源高质量发展的实施方案》强调，要实现到2030年风电、太阳能发电总装机容量达到12亿kW以上的目标，加快构建清洁低碳、安全高效的能源体系，必须更好发挥新能源在能源保供增供方面的作用，助力扎实做好碳达峰、碳中和工作。内蒙古自治区人民政府办公厅《关于推动全区风电光伏新能源产业高质量发展的意见》(简称《意见》)明确目标，大力发展新能源，优化调整能源结构，推动能源绿色低碳转型，构建清洁低碳、安全高效的能源体系，通过新能源全产业链发展引领整个产业体系结构优化和经济转型；《意见》还进一步强调，从高质量配置、高质量建设、高质量运行、高质量拉动和高质量支撑五个维度发展风电光伏新能源产业，通过政企协同实现风电光伏新能源产业全过程高质量发展。

风能的间歇性和随机性决定了风电功率具有很强的波动性，随着风电场数量的增多和装机容量的不断增大，风电并网引起的功率波动及电量波动给电网的安全经济运行带来巨大挑战。光伏发电受云量等气象因子影响明显，光伏发电功率的随机性和波动性同样对电网安全形成冲击和挑战。由此可见，新能源发电与气象因素息息相关，同时有关研究也表明风能、太阳能的不稳定性问题主要是气象问题，这也催生了一个新的研究方向——新能源气象服务，即在全球气候变暖趋势背景下，研究风能、太阳能、水资源等可再生气候资源发展变化，对可利用资源进行详查和评估，为气候资源开发利用规划，风电场及光伏电站选址建设提供科学依据和技术支持；研究风力发电和光伏发电所需的气象要素预报预测技术，开展基于气象数据的风功率光伏功率预测业务，为新能源并网科学调度提供稳定性保障和可控性支持，使风能、太阳能等资源更加高效稳定利用；同时基于风光资源变化和风光场站运行效益状况，开展风能、太阳能资源及经济效益后评估，为新能源发电企业调整发展策略提供科学参考。由此可见，新能源气象服务体系是安全高效的能源体系的重要组成部分，也是新能源产业高质量建设、高质量运行、高质量支撑等重要环节的重要保障，建设科学高效、技术先进、机制完善、管理规范的新能源气象服务体系有利于气象赋能新能源高质量发展。

### 7.1.3 新能源气象服务体系的基本特点

(1)现代气象服务体系的基本特征

气象事业是科技型、基础性、先导性社会公益事业，经过新中国气象事业70多年的发展，由公共气象服务业务、气象预报预测业务、综合气象观测业务构成，各业务之间相互衔接、相互支撑的现代气象业务体系逐步形成。气象服务是气象事业的立业之本，随着气象服务工作的不断发展和逐步完善，经过积极探索和勇于实践，以决策气象服务、公众气象服务、专业专项气象服务和气象科技服务为基础，以气象灾害防御和应对气候变化为着力点的中国特色气象服务体系，成为气象事业发展的引领。

现代气象服务体系是在社会主义市场经济条件下，适应经济社会发展的新需求，利用最新科技成果，以稳定的服务需方和服务供方所建立的关系为纽带的完整体系（许小峰，2011）。在防灾减灾方面，初步建立了“政府主导、部门联动、社会参与”的气象灾害防御机制；在业务体制方面，实行逐级指导，相互协作，上级向下级提供技术支撑及指导产品，共同做好监测、预报、预警业务，决策、公众、专业专项和科技等保障服务；气象服务效益评估体系正在逐步建立；气象服务人才和科技创新体系日趋完善；从社会经济系统角度来看，气象事业的快速发展、社会作用的增强，以及气象部门形象的提高和效益的提升，都有赖于现代气象服务体系的不断建设和完善。

（2）新能源气象服务体系的基本特征

随着气象事业现代化建设和高质量发展，现代气象服务体系内涵也随之更为完善和丰富，包括服务的组织与管理体系、业务体系、技术体系、效益评估体系及人才队伍建设等。新能源气象服务作为近年来快速发展起来的新兴气象服务产业，其体系自然成为气象服务体系的重要组成部分，相应体系内涵亦应包括科学合理的组织与管理体系、业务体系、技术体系、效益评估体系及人才队伍建设。由于气象因素波动性、间歇性在新能源发电业务中具有明显的传导性，并且相较于气象自身业务，新能源气象服务具有较强的专业性，故而新能源气象服务体系及其子体系应紧紧围绕新能源发展需求，以提高新能源用户的工程建设科学决策能力、气象灾害防御能力、运行高效增强经济效益等为服务宗旨，依托现代科技成果和跨行业领域融合技术，以提供专业化、精细化、个性化服务。

## 7.2 新能源气象服务体系建设与内涵

### 7.2.1 新能源气象服务组织机构及分工

新能源气象服务体系总体架构应包括新能源气象服务组织与管理、业务建设、科技创新、效益评估、人才培养和团队建设等，其中业务及技术部分需按照风能、太阳能领域的服务需求进行细分。

从气象部门业务职责角度，新能源气象服务主要由中国气象局公共气象服务中心、省级气象服务中心及地市级气象灾害防御中心承担相应职责和服务任务，实行逐级指导，相互协作；同时，根据各省（区、市）气象局直属事业单位业务分工不同，部分工作可能由省级气候中心或气象科学研究所负责。相应的，由应急减灾与公共服务司、应急与减灾处、业务管理科等部门分别负责服务管理和协调工作。

从市场经济发展方面，国家能源局会同相关部门编制国家级能源发展规划，省级能源局依据国家级能源发展规划等编制本地能源发展规划、可再生能源发展规划及电力发展规划等，本地新能源工程建设审批，对新能源生产运行情况监督和指导，由电力公司和新能源企业协作开展新能源发电业务，其中地方电力公司负责新能源发电上网调度。气象部门积极推进风能、太阳能观测站网建设，开展风能资源、太阳能资源详查评估，为新能源资源开发利用提供决策支持，中国气象局风能太阳能中心根据监测资料每年分析评估并编制《中国风能太阳能资源年景公报》；省级气象部门或有资质的社会公司开展风电场、光伏电站选址建设气候可行性论证；而新能源发电预测，如风力发电、光伏发电气象要素数值模式预报，空气密度、风功率、光伏发电功率预测及设备雷电检测服务等，各省（区、市）职责分工分化明显，一般由省级气象部门、国家电网、设备供应商或社会专业公司组织开展或协作完成。

内蒙古地区新能源气象服务主要由自治区气象服务中心承担，设有专业气象台和业务拓展部分工负责相关业务和市场拓展工作，承担全区新能源精细化气象服务业务支撑；同时，盟市级气象灾害防御中心负责开展本地区气象服务需求调研、合作洽谈及科技服务。自治区气候中心负责风能、太阳能资源评估，新能源建设工程选址的气候可行性论证。

### 7.2.2 新能源气象服务业务

新能源是一个与常规能源相对的，具有社会历史或时代范畴的概念。新能源的内涵会随着时代变化、社会发展不断地变化和更新。新能源之所以“新”，并非仅仅因为其属于新的能源类别，更重要的是因为其新的能源利用方式、新的社会效益（绿色清洁、环境友好、用之不竭）、新的能源利用形态、新的能源利用理念和新的能源供应系统，并且普遍具有污染少、储量大、可持续等特点。

开展新能源气象服务业务，要主动分析新能源高质量发展顶层设计和战略规划中气象部门的潜在作用和支撑能力，找准行业融合切入点和提质增效增值点，针对性研究新能源产业发展中灾害防御和效益提升与气象因素的制约关系、关键瓶颈问题，开展风能、太阳能气象服务监测数据处理及融合应用，预报预测技术研究及专业化系统平台开发建设，针对性、专业化服务产品设计与研发，及时、高效的产品发布通信传输保障，输电线路气象保障服务等，为提供专业化、精细化、个性化服务提供保障和支撑，切实增强气象在风能稳定发展、转型升级及社会经济效益中的支持作用。

#### 7.2.2.1 新能源资源评估

（1）风能资源评估

开展风能资源评估是科学制定风能资源开发利用长期规划和发展目标，并检验发展目标合理性、及时调整偏差的基础依据，客观准确的评估结果可为能源相关部门编制风能发展规划、制定发展目标、确定开发利用价值及优化开发计划等提供科学决策支撑。风能资源是否丰富、是否稳定可靠直接影响风力发电量，从而影响风场社会经济效益、投资收益性价比及风场商业价值波动性。

风能资源评估建立在对研究区域风资源详查基础上，其内容包括风速的日变化和年变化、风功率密度、风向频率(风玫瑰图)及风能密度分布、湍流强度、50 a 一遇极大风速推算，沙尘暴、极端低温、极端高温等对风场稳定运行具有不利影响的气象因素分析。一般采用当地气象观测站测风资料、测风塔测风数据，或基于其他地面气象要素观测资料进行模拟、气候学推算进行分析评估，评估过程对数据资料有明确且严格的质量控制要求。

为做好风能资源详查和评估，内蒙古自治区气象局完成了由 71 座测风塔组成的覆盖主要风能丰富区的风能资源专业观测网建设，通过对观测网实测数据、参考气象站历史测风资料、数值模拟计算结果进行综合分析，建立了风能资源数据库，对风能资源分布特征进行了综合评价，为风电发展规划、风电场选址和风电机组设计形成数据支持。

(2)太阳能资源评估

由于利用太阳的光能发电，发电功率、转换功率与太阳能自身特点及性质密切相关，开展资源评估是太阳能资源开发利用的最基础性工作，是科学编制太阳能资源开发利用发展规划、制定发展目标、细化实施计划、推进开发建设和合理运行的重要依据，对气候资源开发利用战略决策具有重要的意义。通过精细化的资源评估，可详细了解或掌握研究区域太阳能资源状况、时空分布、可开发量、资源质量及价值和资源变化趋势等。

太阳能资源评估主要包括统计分析太阳总辐射、倾斜面太阳总辐射、日照时数、峰值日照时数、直接辐射和散射辐射等，进而开展太阳能资源丰富程度、稳定性、利用价值及日最佳利用时段评估。一般采用当地气象观测站日照时数、辐射量观测数据等相关资料，或基于其他地面气象要素观测资料进行模拟、推算进行分析评估。内蒙古自治区气象局制订了地方标准《太阳能资源计算与评估方法》，基于内蒙古自治区太阳能资源评估业务系统开展了资源评估，并形成内蒙古自治区起伏地形下 30 a 气候平均的总辐射、直接辐射、散射辐射、地形反射辐射以及日照时数的基础数据图集。

#### 7.2.2.2 新能源气象预报预测

新能源发电预报预测与气象因素密切相关，需气象因素(风速、太阳辐射、降水、温度、云量等)预报支撑。气象预报一般采用统计预报和数值模拟方式获得预报信息。统计预报是根据历史观测资料，从各类气象要素中寻找与预报对象具有良好的数量关系的物理因子作为预报依据，利用概率统计方法将所选因子与预报量之间建立联系，找出并总结其变化特征统计规律，进而构建统计预报模型，并采用外推方法来预报未来一定时段内气象预报信息。数值预报是根据大气初始状态及边界条件，基于大气运动和状态变化方程组(即连续方程、热力方程、水汽方程、状态方程及运动方程)，通过大型计算机作数值计算，求解描写天气演变过程的流体力学和热力学的方程组，预测未来一定时段的大气运动状态和相关气象要素信息。随着气象信息化建设和快速发展，计算资源不断强大、计算能力不断提高，数值预报逐步成为气象预报预测的主要业务手段。

(1)风能短期精细化预报

内蒙古风能气象服务至今已有 10 余年，自 2008 年与内蒙古电力(集团)有限责任公司合作，建立了基于 MM5 中尺度数值模式的风能数值预报系统，开展了针对风电场的精细化气象要素预报。先后经历基于 MM5、BJ-RUC、WRF 数值模式的风能数值预报系统的多次更新换代和升级优化；同时，还开展了基于 MM5、WRF 风能数值预报的多模式融合预报，预报效果检验和订正技术研究及应用；基于 WRF 模式的风能数值预报范围覆盖风资源丰富的“三北”（东北、华北和西北地区大部）地区；预报时效由未来 48 h 逐步发展为未来 240 h，时间分辨率由 1 h 细化至 15 min。2021 年，根据风能气象服务需求并结合中国气象局 CMA-Meso 数值模式内蒙古本地化应用要求，开展了基于 CMA-Meso 模式的风能数值预报系统建设和业务试用，预报范围覆盖内蒙古中西部大部地区，时空分别分辨率为 1 min、3 km×3 km；经试点风电场预报检验对比分析，基于 CMA-Meso 模式的风能数值预报系统预报能力明显优于基于 WRF 模式的预报系统，可有效改善 WRF 对大风速段（$>20\ m \cdot s^{-1}$）风速的预报能力不足问题。

（2）风资源中长期预测

根据新能源发电并网要求，新能源发电企业及电力调度管理部门对风电中长期预报预测提出服务需求。内蒙古自治区气象局充分利用智能网格预报基础数据，并结合多年开展风速垂直变化技术研究成果，构建了“智能网格预报＋时间降尺度＋垂直风切变模型”的中期风电预报系统，形成了基于智能网格、3 h 到 1 h 时间降尺度技术、10 m 到 70 m 垂直推算的中期风电预报业务和产品。随着气候数值模式的改进和预报技术的提高，基于大尺度气候模式和区域气候模式相耦合的风能气候数值模式预测正在成为风资源中长期预测主要应用方向。2021 年，利用国家气候中心月动力延伸集合预测 DERF2.0 系统产品，并与垂直风切变模型相结合，通过研发和检验，实现了风电场风机轮毂高度未来 50 天逐日风速长期预测业务化应用和产品输出。

（3）太阳能短期精细化预报

随着风能气象服务市场的拓展和数值预报能力的不断提高，内蒙古电力部门和部分新能源发电企业针对场站风光互补特点提出太阳能精细化预报服务需求。内蒙古自治区气象局于 2015 年组织技术力量研究搭建了基于 WRF 的太阳能短期数值预报系统及光伏发电气象精细化服务产品制作系统。经过多次优化升级和改进，现已实现了全区任一位置光伏电站所需的时间分辨率达 15 min、预报时效达 240 min 的预报服务能力。

#### 7.2.2.3 输电线路气象保障服务

为确保新能源并网传输安全稳定，内蒙古自治区进一步拓展了电网输电线路气象保障服务业务，2019 年与内蒙古电力科学研究院合作，依托 GIS 地理信息和电网输电线路杆塔数据信息，基于智能网格预报和电网微地形模式预报，结合电网输电线路气象影响预报和灾害预警指标，研究开发了内蒙古电网气象监测预报预警服务平台，开展了电网输电线路及变电站所在区域未来 3 天逐 3 h 精细化预报、实况信息分析、雷电监测预警分析及气象灾害预警服务，同时服务范畴外延开展了电网输电线路黄河防凌气象专题分析，夏季迎峰度夏、冬季迎峰度冬专题分析，基于卫星遥感监测的电网防山火专题分析和输电线路跳闸事故气象灾害专题分析服务；同时平台具有电网气象灾害统计查询功能和数据图标导出功能，可为服务产品制作提供支持。

#### 7.2.2.4 新能源气象服务业务流程

新能源气象服务业务涉及资源评估、需求调研和挖掘、预报预测（数据资料质量控制与处理、数值模式构建或预报模型建立、预报检验和订正、预报数据输出）、服务产品制作与传输、服务满意度调查与效益评估等，其中预报预测中的风能短期精细化预报相对最为复杂，现就风能短期精细化预报业务相关流程进行说明。

在综合分析风能气象服务需求基础上，针对服务内容、支撑技术、支撑数据及系统，服务时效、产品格式、传输方式、发布手段等，设计风能短期精细化预报技术流程和业务流程。依托信息获取或共享渠道，采集气象资料（初始场数据资料、气象观测站信息）、风电场资料（测风塔观测数据、风机实测数据）以及地理信息（行政边界、地形地貌），按照风能数值模式参数化方案，设计计算环节流程（双层嵌套、参数化、网格化、时序、输出信息），并进行模式运算和预报产品输出，对模式预报产品检验和技术订正，基于预报产品或订正产品按照格式要求进行服务产品加工制作，并及时向电力公司调度部门和新能源企业传输和发布。

#### 7.2.2.5 新能源气象服务产品与传输

（1）资源评估报告

根据风能或太阳能资源评估任务要求，按照风能、太阳能资源评估计算方法、技术规范或技术标准，利用评估区域气象观测资料进行分析评估，规范编制风能、太阳能资源评估报告。风能资源评估报告内容应包括且不限于风速的日变化和年变化、风功率密度、风向频率（风玫瑰图）及风能密度分布等时空分布特征分析及评估结论，需根据评估区域地形复杂程度、资料丰富匮乏情况及业主要求等进行调整和完善；太阳能资源评估报告内容应至少包括代表评估区域的总辐射、直接辐射、散射辐射、地形反射辐射以及日照时数的时空分布特征，以及丰富程度、稳定可靠性、利用价值及日最佳利用时段评估结论。

（2）预报预测服务产品

①风能短期精细化服务产品

基于 WRF 的短期精细化预报服务产品属性包括基于风电场位置的 10 m、30 m、50 m，…，350 m 等 13 个高度层，风向、风速、温度、降水、气压 6 个要素，预报时效 240 h，时空分辨率分别为 15 min、9 km，输出频次为每日 4 次。基于 CMA-Meso 的短期精细化预报服务产品属性包括风电场位置 13 个高度层，风向、风速、温度、降水、气压 6 个要素，时空分辨率分别为 1 h、3 km，输出频次为每日 2 次。服务产品文件名分别采用风电场所属集团名称缩写首字母、风电场名称简称首字母和日期时间进行命名；服务产品内容格式统一采用国网 E 格式；存放于指定位置服务产品库，以便向服务对象及时传输和发布。

②风资源中长期服务产品

风资源中期预测服务产品为未来 10 d 逐小时风机轮毂高度风速预报，包括全区风机轮毂高度风资源动态可视化预报图，大风速段、小风速段预测及适于满发、检修分析，每日滚动制作。

风资源长期预测服务产品为未来 50 d 风场轮毂高度区域风速动态可视化预报图及分析报告，内容包括全区未来 50 d 轮毂高度风速变化可视化预报分析，动态图、大风过程及满发区域分析，未来一周大风、小风过程及持续时间分析和建议。预报图每日滚动更新，分析报告每周制作一期。

③太阳能短期精细化服务产品

基于 WRF 的短期精细化预报服务产品属性包括基于光伏电站位置的温度、短波辐射、法向直射辐射、总云量、低云量等 21 个要素，预报时效 240 h，时空分辨率 15 min、9 km，更新频次为每日 4 次。服务产品文件名分别采用光伏电站所属集团名称缩写首字母、光伏电站名称简称首字母和日期时间进行命名；服务产品内容格式统一采用网格 E 格式，以便各类光伏功率软件对接和应用读取。

(3)输电线路气象保障服务产品

针对内蒙古中西部地区 500 kV、200 kV 及 110 kV 电网输电线路，每日提供未来 3 天逐 3 h 精细化预报和影响分析产品、基于卫星遥感监测的电网防山火专题分析产品；实时提供雷电监测预警、气象灾害预警服务。开展内蒙古电网气象监测预报预警服务平台日常性运维和优化更新服务。季节性服务产品：春节黄河防凌气象专题分析，夏季迎峰度夏、冬季迎峰度冬专题分析，夏季高温过程预报分析。按需提供现场保电气象保障服务、输电线路跳闸事故气象灾害专题分析、重大天气过程实况信息专题分析和总结。年度服务产品包括内蒙古电网区域气象变化特征专题分析报告。

(4)服务产品通信传输

数据类新能源精细化服务产品通过电网光纤专线通道及时向电力公司调度部门传输，并经电力系统内网向新能源企业及时自动分发，以便电力调度部门和风电企业调取应用；同时采用新能源气象网络服务平台(互联网传输通道)向风电企业及时传输，以确保新能源精细化服务产品的时效性和稳定性。

文档类新能源气象服务产品和输电保障服务产品，采用微信群、电子邮箱及微信企业号及时传输和发布。

### 7.2.3 新能源气象服务效益评估

(1)项目后评估

随着新能源装机规模不断增大，发现已建新能源项目实际运行效益与设计效益存在较大的差异，通过项目后评估，科学合理地及时减小差异成为降低新能源项目效益风险的重要因素。新能源项目后评估是指在项目建成投产或投入运行一段时间后，对项目的运行状况进行系统地、客观地全面评价，并以此确定项目预期目标是否达到，项目主要效益指标是否得到实现；通过分析与评价，检查资源状况、实际发电量是否与设计情况吻合，检验项目设计指标是否合理，是否具有可持续性，尤其是经济效益、社会效益、环境效益等技术指标实现程度，是否达到预期，是否需要调整。通过后评估，进一步总结经验、汲取教训、提出建议并加以改进完善。

风资源后评估主要方法有前后对比法、有无对比法和逻辑框架法。前后对比法一般是将项目前期阶段，即项目可行性研究与前评估阶段所预测的建设成果、规划目标的投入产出、效益和影响，与项目建成投产后的实际情况相比较，从中找出存在的差别及原因；有无对比法是将投资项目的建设及投产后的实际效果和影响，同假设没有这个项目可能发生的情况进行对比分析。由于项目所在地区的影响不只是项目本身所带来的作用，还有项目以外的许多其他因素的作用，因此，这种对比的重点是要分清这种影响中项目的作用和项目以外的作用，评估项目的增量效益和社会机会成本。逻辑框架法可用来分析和评估项目的目标层次之间的因果关系，它把后评估与项目周期联系起来，可适用于不同层次的管理需要。

风资源后评估主要指标包括平均风速、风向频率、最大风速、风速频率、有效风速小时数、风功率密度变化。内蒙古自治区气象局对试点风电场开展后评估结果如下，一是参考气象站年平均风速、季平均风速、月平均风速及年最大风速均趋于减小态势，其中年平均风速、平均最大风速趋势变化率分别为－0.015、－0.185；二是与设计阶段相比，运行阶段风场年、季、月、日平均风速减小 0.75～0.8 $m \cdot s^{-1}$，白天风速减小 10％，夜间风速减小约 12％；三是月平均风功率密度与月平均风速变化趋势较一致，运行阶段日平均风功率密度较设计阶段降低了 54.1～134.6 $W \cdot m^{-2}$；四是风场应根据实际风资源情况，对后期风电出力能力预期做适度调整。建议风场根据风速气象预测，在低风速时间段安排风机检修、保养维护，以便在有效风速时间段降低风机故障和减少维修时间，最大限度地增加风机运行数量、延长风机运行时间，增大风机发电量，提高经济效益。通过评估分析可以看出，运行阶段风资源与设计阶段有一定差距，加强风场项目后评估是有必要的，可为后期风场运行和调整预期指标进一步指导。

（2）服务效益评估

新能源气象服务效益评估旨在通过定量评估气象服务在新能源发电行业领域主要生产环节发挥作用的贡献率和效益值，把握新能源气象服务效益水平和市场规模，为科学合理地规划新能源气象服务技术研究、业务建设、资金投入、人才培养，有针对性地提高新能源气象服务能力，创造更大经济社会效益和价值提供科学依据。及时有效的气象服务不仅能直接或间接地提供新能源企业运行效率，增加经济效益，同时，可大大减少气象灾害给新能源行业生产带来的经济损失。

新能源气象服务效益评估内容包括服务贡献率和效益值。其中，气象服务贡献率是指现有气象服务所产生的效益在新能源行业的整体效益中所占的比重；气象服务效益值是指气象服务为新能源行业生产带来的效益增加值和损失减小值两部分。2011 年，内蒙古自治区气象局针对风电行业开展了气象服务效益评估，评估对象涉及风电企业的风电场项目规划设计、风电场建设、风电生产、风电调度、风场运维、风电技术研究与开发 6 个生产环节，采用专家打分评估法，以问卷形式开展，服务效益评估结果为内蒙古风电气象服务贡献率超过 1％。

### 7.2.4　新能源气象服务管理与考核

#### 7.2.4.1　新能源气象服务管理

从新能源气象服务管理角度，增强顶层设计，做好发展规划，科学组建组织机构、编制管理规章制度，合理制定技术研究和业务建设工作方案和进度计划，强化工作流程、业务流程规范性和可操作性，建立业务绩效考核、服务质量评价及奖惩机制，加强数据安全、技术安全、业务安全、资金应用安全等风险管理并制定风险防控措施，是新能源气象服务体系的有益组成部分，对保障新能源气象服务科学高效、稳定健康发展具有重要意义。

为深入贯彻落实中国气象局《风能太阳能资源气象业务能力提升行动计划》《全国气候资源保护利用业务能力建设实施方案》指导精神，内蒙古自治区人民政府印发的《关于推动全区风电光伏新能源产业高质量发展的意见》《关于推进气象事业高质量发展的意见》工作要求，内蒙古自治区气象局编制了《内蒙古风能太阳能资源气象业务能力提升行动计划》《内蒙古自治区风能太阳能资源利用气象业务能力提升实施方案》，就相关业务能力提升任务进行了细化，并对风能太阳能气象服务相关工作进行了业务分工。

在内蒙古自治区气象局相关职能处室指导下，根据风能太阳能气象服务业务发展需求及新能源部门气象服务要求，内蒙古自治区气象服务中心进一步细化新能源气象服务业务规章制度建设和落实，强化新能源气象保障服务支撑作用。建立了与内蒙古电力(集团)有限责任公司新能源处不定期交流沟通机制，针对新能源气象服务业务管理工作，制定了新能源气象服务业务系统运维管理办法、系统故障处理应急预案、快速恢复方案和重大节假日特保方案，编制了内蒙古新能源气象服务营销服务方案，组建了新能源气象服务业务保障专班和市场营销团队以及电网输电线路现场气象保障服务党员先锋队，细化了风电、光伏发电气象精细化预报业务流程，完善了新能源气象服务业务值班和用户反馈信息处理等制度，切实增强新能源气象服务能力。

#### 7.2.4.2 新能源气象服务考核

为促进内蒙古新能源发展，提升气象、电力行业对自治区经济社会发展的服务保障能力，内蒙古自治区气象局与内蒙古电力(集团)有限责任公司本着“优势互补、合作共赢”的原则，于 2013 年 12 月签署战略合作框架协议，确定了建立战略合作伙伴关系、建立联席会议制度、联合成立风能太阳能预报中心、建立电力工程建设气候可行性论证机制等合作议题。为提高气象、电力部门对自治区新能源战略保障能力，内蒙古自治区气象局与国家电网内蒙古东部电力有限公司，于 2014 年 12 月签署战略合作框架协议，立足共同推进风能、太阳能领域技术进步，增强新能源发电保障能力。

2019 年 3 月，华北能源监管局印发《内蒙古电网风电场并网运行管理实施细则》和《内蒙古电网光伏发电站并网运行管理实施细则》，对风电场风电功率预测上报率、准确率，光伏电站光伏发电功率预测上报率、准确率，以及调节合格率提出规范而严格的考核要求。随之延伸，电力公司对新能源气象服务提出更高要求，内蒙古自治区气象服务中心针对风能、太阳能短期精细化预报预测系统、服务产品及服务时间进行调整优化，加强数值预报优化订正、多模式融合应用技术研究应用，完善业务管理制度、细化服务产品制作发布流程，进一步满足新能源发电企业“两个细则”考核要求。

### 7.2.5 新能源气象服务人才队伍建设

人才是经济社会发展的第一资源，专业技术人才是人才队伍的骨干力量。随着经济社会的快速进步和气象事业的快速发展，各行各业对专业化气象服务不断提出更高要求。气象服务人才队伍整体素质和结构与之不相适应的矛盾日益凸显，加强气象服务尤其是专业化气象服务人才队伍建设，形成支撑专业化气象服务的新技术研究、新资料应用、新产品开发、行业技术融合及跨行业新业务管理的人才体系，成为气象事业高质量发展的迫切任务。

新能源气象服务专业人才队伍建设还有待进一步加强。目前，专业气象服务还存在岗位职责定位不精准、设置不规范的特点，出现将公众气象服务、决策气象服务，甚至预报预测相关功能职责岗位职责代替专业气象服务岗位功能职责等现象；人才保障机制和人才评价机制不健全，需要进一步创新产学研相结合的专业人才培养机制，推行技术挂职、访问学者、特殊培养等工作锻炼与业务培训相结合的人才培养方式，完善重在业内和应用领域认可的专业技术评价和职称评定机制，并积极创新和改进职称评价的手段和方式。

结合社会各行业领域高质量发展气象保障服务需求，2017年内蒙古自治区气象局组织全区专业气象服务业务骨干组建了“内蒙古专业气象服务创新团队”，负责内蒙古地区风能、太阳能、电网、交通、旅游、环境、城市行业领域专业气象服务新技术研究、新资料应用、新产品研发，业务建设和应用服务。近年来，创新团队获批国家级、省部级科研项目十余项，开展了新能源数值资料同化、预报检验、优化订正、多模式融合应用技术研究，促进了内蒙古专业气象服务业务建设和应用服务，为新能源气象服务转型升级和服务领域拓展形成强有力支持。

为落实《气象高质量发展纲要（2022—2035年）》和《内蒙古自治区“十四五”气象事业发展规划》部署，加快推进内蒙古自治区气象局重点创新团队建设与管理，发挥科技人才在气象高质量发展中的主体作用，内蒙古自治区气象局于2023年11月组建了能源气象创新团队，针对风能、太阳能发电气象专业化数值预报、精细化服务，风光发电功率预测、电网安全稳定输电及能源保供等，加强科技人才培养和队伍建设。2024年，内蒙古自治区气象服务中心与中国气象局公共气象服务中心、湖北省气象服务中心国省气象部门协同联动，联合内蒙古能源集团有限公司、华北电力大学、中国科学院西北生态环境资源研究院、浙江省北大新型技术高等研究院、内蒙古科学技术研究院等12家单位，组建“沙戈荒”新能源基地人工智能气象服务技术创新联合体，为解决复杂边界层风特性和“机组-风电场-风电场群”多尺度尾流演化在宏观规划和微观选址中对发电量的影响问题，大型风电基地数值预报模式国产化和百米高度风资源预报准确率提升问题，定量化、系统化评估“沙戈荒”风电基地诱导的大气环境效应问题，切实提升新能源气象服务保障技术支撑能力，推进北方大规模风电基地安全稳定、智能高效、高质量、可持续发展，进一步夯实基础并增强活力。

随着内蒙古新能源气象服务业务的快速发展，风能、太阳能数值预报技术研究不断深入，预报能力稳步提高，服务水平明显提升，业务骨干从技术研究到业务建设，从应用服务到服务延伸和市场拓展，不断得到培养、锻炼和提高。年轻业务骨干能够独立搭建数值预报系统，调试模式参数和优化预报结果，研发新能源中长期预报产品；思考延伸新能源气象服务链条，探索开展风功率、光伏发电功率预报预测，风光互补融合调度预报，电网输电线路电线覆冰预警技术研究和应用，并带动交通、旅游气象服务技术研究、业务平台建设及新产品研发。专业气象服务人才队伍不断发展壮大，部分盟市、旗县气象部门业务骨干通过到内蒙古自治区气象局调研交流，学习掌握新能源气象服务技术方法、业务流程和服务产品信息，并在盟市、旗县进一步本地化应用，增强了盟市、旗县专业气象服务能力。

### 7.2.6 新能源气象服务标准化建设

气象服务标准化是指在气象服务及管理等社会实践中，对重复性事物和概念定制、发布和实施气象标准的活动，以达到服务的规范、稳定和统一，是气象服务业务的重要组成部分，也是气象服务持续发展并与国际接轨的一项技术基础和重要措施。新能源气象服务标准化建设包括技术规范标准、业务规范标准、管理办法条例。为使内蒙古新能源气象服务更具科学性、规范化和标准化，已采用相关国家、地方标准开展相关技术研究、业务建设和应用服务，部分领域或服务环节无相关标准的，积极开展标准规范预研究，并编制相关标准。

近年来，内蒙古自治区气象局编制了新能源气象服务相关标准包括，气象行业标准《风电场风速短期和超短期预报准确性评判方法》《光伏发电站太阳辐射短期和超短期预报准确性评判方法》，地方标准《内蒙古自治区太阳能资源计算与评估方法》；联合电力部门编制完成的地方标准《电网风区分级标准和风区分布图绘制规则》《架空输电线路微风振动区域分级标准和分布图绘制规则》《电网雷区分级标准和雷区分布图绘制规则》《电网山洪沟流域分布图绘制规则》《500 kV 输电线路环境温度监测站建设规范》（已发布），已在电网输电线路保障服务中得以实战检验，以期通过标准化建设，为内蒙古电力新能源产业高质量发展提供科学支持。

## 7.3　新能源气象服务典型案例

### 7.3.1　风能、太阳能气象服务案例分析

自 2008 年和电力部门合作，2009 年推出新能源气象服务以来，内蒙古自治区气象局不断深化部门合作内涵，持续丰富内容、研究融合技术、优化预报方法、凝练订正技巧、规范产品格式，延伸功率预测领域及技术研究和应用，吸引高校和新能源企业组建“产学研”团队联合开展关键技术攻关。

（1）以框架协议为统领，推进合作持续深化

本着“优势互补、合作共赢”的原则，内蒙古自治区气象局与内蒙古电力（集团）有限责任公司签署战略合作框架协议。2014—2017 年，电力、气象两部门先后组织多场次新能源技术研讨和业务交流会，就风能、太阳能数值预报时空分辨率精细化程度，预报时效长度，产品内容格式，生成产品时间点及频次，产品传输通道建设及扩容调整进行沟通、讨论和研究确定。

电力公司出资搭建了新能源气象服务产品及数据通信传输专用通道，并于 2015 年将专用光纤通道带宽由 4 Mbps 扩至 100 Mbps，为通信传输的畅通和高效提供强有力支撑。2016 年，为提高电网可再生能源发电功率预测水平，增加电网接纳能力，电力公司印发通知向新能源企业提出联系内蒙古自治区气象局完善风能数值预报业务支撑的建议，以满足可再生能源预测功能的完善，进一步促进了新能源气象服务的持续推进和规范化管理。

电力、气象两部门坚持“科技引领，创新驱动”的发展理念，持续推进新能源气象预报预测技术研究和应用服务。2017 年，内蒙古电力（集团）有限责任公司调控中心和内蒙古自治区气象服务中心联合申报并获批内蒙古电力（集团）有限责任公司重点科技计划项目“内蒙古电网风电功率预测实时资料同化和集合预报研究与应用”，引进美国国家大气研究中心（NCAR）实时四维资料同化和集合预报技术，开展了实时业务快速更新、高分辨率集合数值

预报业务建设，为深化服务大规模风电场的业务技术支撑体系建设起到积极推动作用。

(2)以技术为桥梁，应用为目标，促进“产学研”联合攻关

随着新能源气象服务市场的不断扩大，新能源发电并网运行考核细则的不断细化，新能源精细化气象服务要求越来越高。2021年，由中节能风力发电股份有限公司、内蒙古科技大学和内蒙古自治区气象服务中心骨干技术人员联合组成“产学研”模式技术研发团队，申报自然基金项目“多元数据融合的风电场风功率智能预测关键技术研究与应用”并获批，并吸纳企业匹配投资80余万元，团队就风电场数值预报风速智能优化关键技术研究，超短期风速预测智能优化技术研究，短期、超短期风功率智能预测优化方法研究和风电功率预测软件开发等关键技术进行科研攻关，取得了多项创新技术成果，现已通过系统软件形式投入业务应用。

### 7.3.2 风电场风资源后评估典型案例

2014年，为充分掌握已建风电场资源变化情况，根据新能源发电企业需要，为其开展了风电场风资源后评估。风电场位于内蒙古呼和浩特北部地区，该地属中温带大陆性季风气候，地势相对平缓，起伏不大，其风能资源具有储量丰富、稳定度高、持续性好、品质优等特点，适宜建设大型风力发电场。该风电场建成投入运行已经长达6～7 a之久，有必要对风电场风资源进行后评估分析，以客观评价设计目标和运行状况，提高风电场实际运行效率和经济效益(谷新波 等，2016)。

(1)资料与方法

①资料

(a)气象站资料：1977—2013年年平均风速，1981—2014年年最大风速，数据完整率为100%。

(b)风电场资料：测风塔2006年4月1日—2007年3月31日逐10 min测风资料，数据完整率为99.2%，12台标杆风机2013年9月1日—2014年8月31日逐15 min风资料，数据完整率为100%。风电场与气象站距离45 km，高度差约为200 m，且两地之间地形趋势平缓，两者气象数据具有可比性；风电场区地貌属于低山丘陵，地形起伏不大，并且在风电场选址和机位设计时已充分考虑地形，且风电场风速数据均为受地形影响后的实测数值，故而地形影响在风电场风资源后评估时可忽略。

②方法

采用定量分析与定性分析相结合的前后对比分析法，将风电场运行前后风资源的情况加以对比，考核风电场运行后风速、风向、风频、风功率密度及频率与运行前设计目标的差异变化，并分析造成差异变化的成因。对风速频率分布进行统计分析时，采取风速分段方法，风速分段间隔为1 m·s$^{-1}$，最小风速段为$V<0.5$ m·s$^{-1}$，最大风速段为$V\geqslant 22$ m·s$^{-1}$。

(2)评估分析

①参考气象站风资源评估分析

评估时段设定，参考气象站逐时风速资料：风电场运行前时段为1977—2006年，运行后时段为2007—2013年；参考气象站最大风速资料：风电场运行前时段为1981—2006年，运

行后时段为2007—2014年。

(a)年平均风速变化。运行前，参考气象站年平均风速变化区间在2.3～3.7 m·s$^{-1}$，运行后，参考气象站年平均风速变化区间在2.9～3.3 m·s$^{-1}$，从1977—2013年年平均风速年际变化看，年平均风速呈波动周期性减小趋势，减小变化率为−0.015。运行后阶段正处于新一周期波峰区，故而运行后阶段年平均风速在总体减小趋势下略大于运行前年平均风速，如图7.1所示。

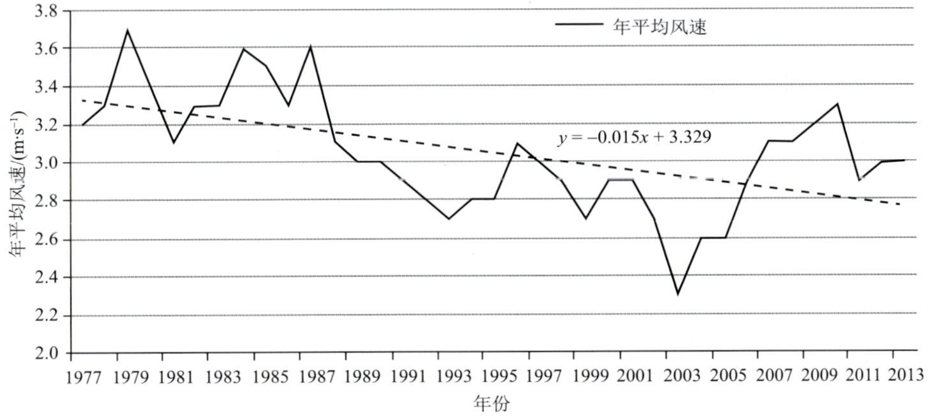


图7.1 参考气象站1977—2013年年平均风速变化

(b)季、月平均风速变化。参考气象站夏季、冬季平均风速在风电场运行前后基本持平，春季平均风速较运行前略有减小，约为0.075 m·s$^{-1}$，减小趋势百分比为1.96%，秋季风速减小了0.12 m·s$^{-1}$，减小趋势百分比为4.07%；风电场运行前后参考气象站风速对比，季平均风速总体上呈减小趋势。8月、12月月平均风速较运行前略大0.1～0.2 m·s$^{-1}$，2月、3月、6月运行前后持平，其他月份平均风速均减小0.1～0.2 m·s$^{-1}$。总体上，风电场运行后较运行前参考气象站月平均风速减小约0.07 m·s$^{-1}$，减小趋势百分比为1.63%。如图7.2所示。

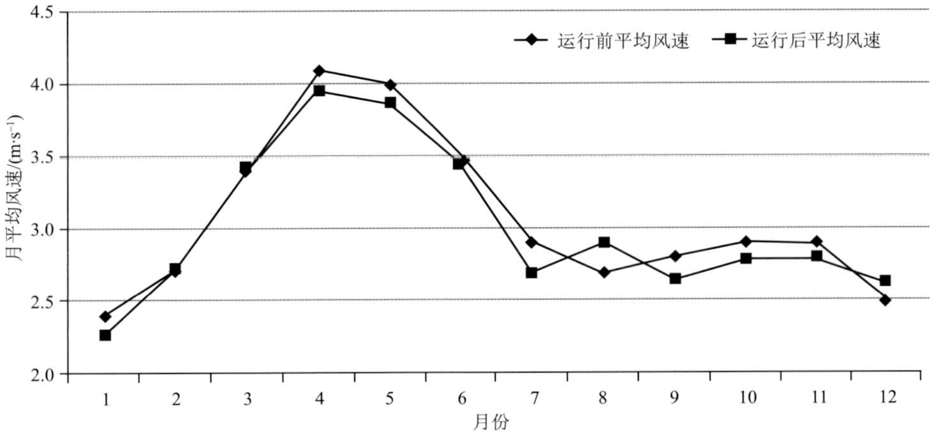


图7.2 运行前与运行后参考气象站月平均风速对比

(c)风向频率变化。对图 7.3 分析可知，风电场运行后参考气象站静风频率明显减小，由运行前静风频率 25.0%降为运行后 3.4%，除 NNW 风向外，运行后其他风向频率较运行前均有所增加，其中 W、WSW、SW、S、SSE、SE 风向均增加明显；运行前后主风向一致，均为 SSE，频率分别为 8.0%和 9.9%，即运行后主风向频率增加了 1.9%。

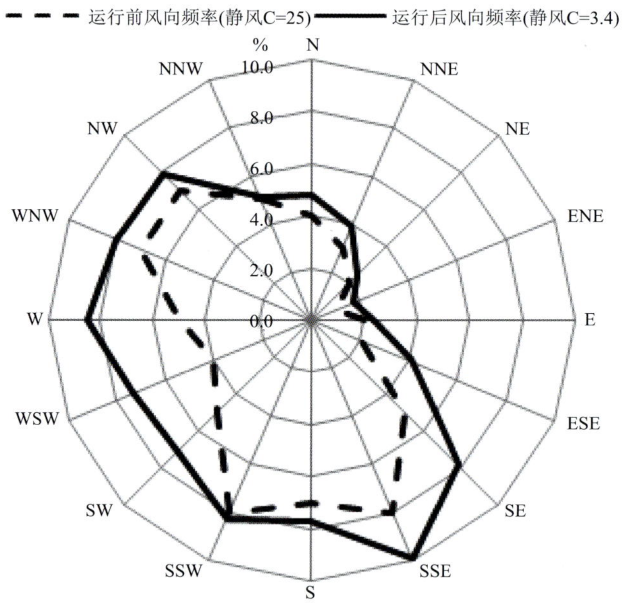


图 7.3 运行前后参考气象站风向频率对比

(d)最大风速变化。运行前后参考气象站年最大风速变化如图 7.4 所示。运行前多年平均最大风速为 18.5 $m \cdot s^{-1}$，运行后为 15.3 $m \cdot s^{-1}$，减小了 3.2 $m \cdot s^{-1}$；年最大风速变化趋于变小，趋势变化系数为−0.185。

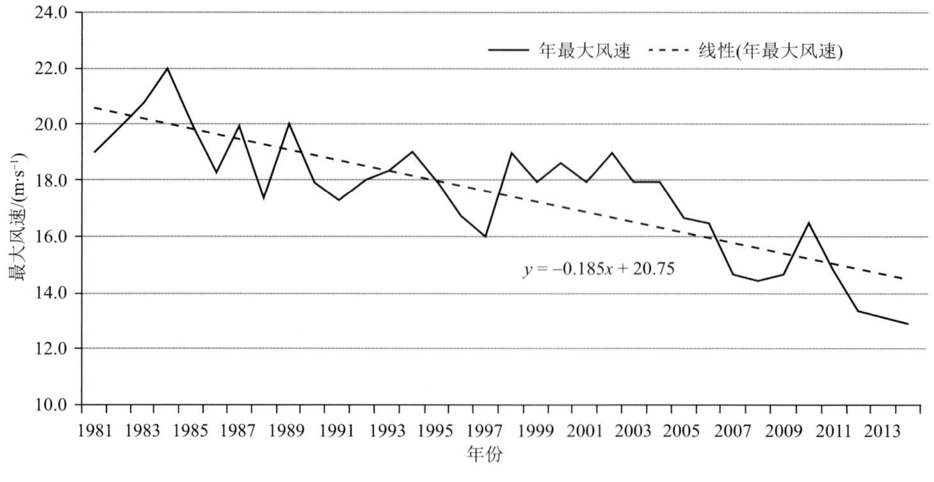


图 7.4 运行前后参考气象站年最大风速变化

②风电场风资源评估

设定，风电场风资源资料：运行前时段为2006年4月1日—2007年3月31日，运行后时段为2013年9月1日—2014年8月31日。

(a)年平均风速变化。运行前后年平均风速分别为7.72 $m \cdot s^{-1}$、6.92 $m \cdot s^{-1}$，年平均风速减小0.80 $m \cdot s^{-1}$，减小百分比为10.4%。

(b)季、月平均风速变化。对比分析可知，运行后各季平均风速较运行前总体减小，其中春季平均风速减小显著，达1.55 $m \cdot s^{-1}$，减小趋势百分比为17.73%，秋季减小为0.18 $m \cdot s^{-1}$，减小趋势百分比为2.40%，夏季、冬季分别减小0.67 $m \cdot s^{-1}$、0.78 $m \cdot s^{-1}$，减小趋势百分比分别为10.49%、9.53%。

由图7.5可知，运行后月平均风速比运行前总体平均减小0.8 $m \cdot s^{-1}$；其中1月、5月、9月月平均风速比运行前分别略大0.2 $m \cdot s^{-1}$、0.8 $m \cdot s^{-1}$、0.2 $m \cdot s^{-1}$；其他各月比运行前减小0.2～4.1 $m \cdot s^{-1}$，4月减小幅度最大，为41.0%，2月减小幅度次之，为27.1%。运行前风速最大月出现在4月，为10.0 $m \cdot s^{-1}$，运行后风速最大月出现在5月，为9.3 $m \cdot s^{-1}$；运行前后风速最小月都出现在8月。

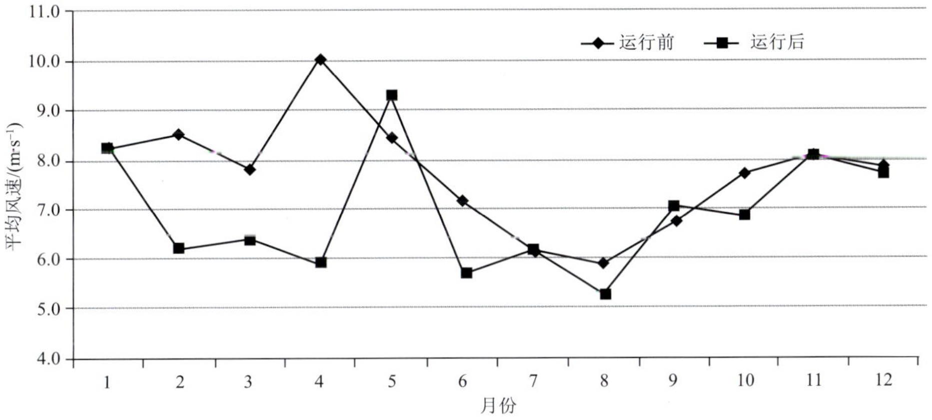


图7.5　运行前后风电场月平均风速变化

(c)平均风速日变化。由图7.6可以看出，运行前后风速日变化趋势基本一致，日最大风速出现在15时，日最小值出现在08时，且运行后各时次风速均低于运行前。运行后08—20时平均风速较运行前偏小约10%，21时—次日07时平均风速较运行前偏小约12%。

(d)全年有效风速小时数变化。在3～25 $m \cdot s^{-1}$、4～25 $m \cdot s^{-1}$、5～25 $m \cdot s^{-1}$风速段，运行前全年有效风速小时数分别占总小时数(8760 h)的91.6%、85.2%、76.2%，而运行后则分别占88.6%、79.1%、65.6%。运行后较运行前分别减少了263 h、533 h、925 h。

(e)风速频率分布变化。采取风速分段统计分析法，对运行前后风速进行统计分析。由图7.7可知，2时段风速频率峰值区有明显变化：运行前风速频率峰值在6.5～7.5 $m \cdot s^{-1}$，而运行后在4.5～5.5 $m \cdot s^{-1}$；高频风速分布变化较大：运行前高频风速出现在4.5～9.5 $m \cdot s^{-1}$(频率超过7.0%)，频率之和为66.6%，而运行后高频风速在2.5～8.5 $m \cdot s^{-1}$(频率超过7.0%)，频率之和为72.3%；在低风速区运行后风速出现频率明显高于运行前，

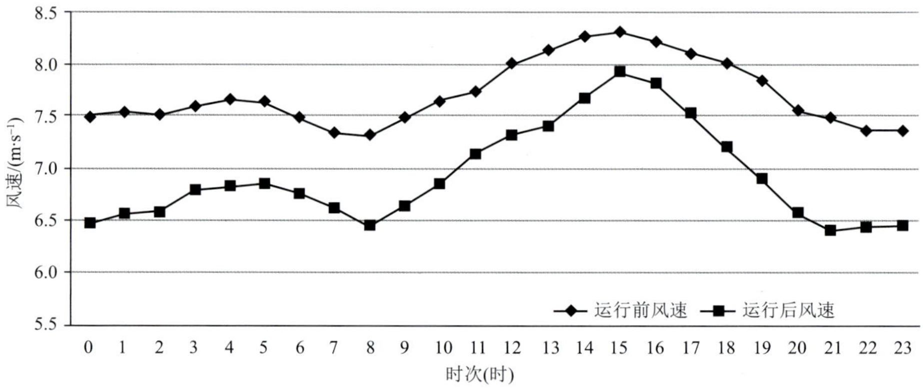


图 7.6 运行前后风电场逐时平均风速日变化

而在高风速区运行后风速出现频率则明显低于运行前，说明运行后风速较运行前明显减小。

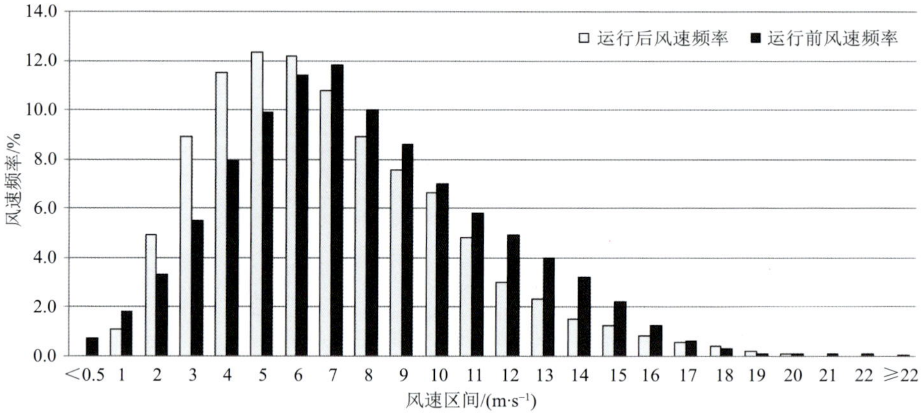


图 7.7 运行前后风电场风速频率分布

(f)风功率密度年、月变化。运行后的风功率密度比运行前代表年的风功率密度小 91.43 W·m$^{-2}$。月平均风功率密度与月平均风速的变化趋势一致(图略)。运行前后的 1 月和下半年各月风功率密度较为接近，且变化规律基本一致，而其他月份风功率密度差异较大。运行前风功率密度月变化曲线峰值出现在 4 月，运行后峰值出现在 5 月，2 时段波谷均出现在 8 月。运行后 2 月、3 月、4 月风功率密度分别较运行前分别减小 57.45%、43.95%、78.05%。总体上，运行后的月平均风功率密度低于运行前。

(g)风功率密度日变化。由图 7.8 可知，运行前后风功率密度日变化规律基本一致，运行前日最大风功率密度出现在 14 时，运行后日最大风功率密度出现在 15 时；运行前日最小风功率密度出现在 23 时，运行后日最小风功率密度出现在 20 时。运行后较运行前的逐时次平均风功率密度降低了 54.1～134.6 W·m$^{-2}$。

(h)风功率密度频率变化。对运行前后风功率密度频率进行统计，并绘制 2 时段分布对比图，如图 7.9 所示。其中对应风速区间分段间隔为 1 m·s$^{-1}$，最小分段为 $V<0.5$ m·s$^{-1}$，最大分段为 $28.5<V\leqslant 29.5$ m·s$^{-1}$。分析可知，运行前后风功率密度频率峰值区分别在 14.5

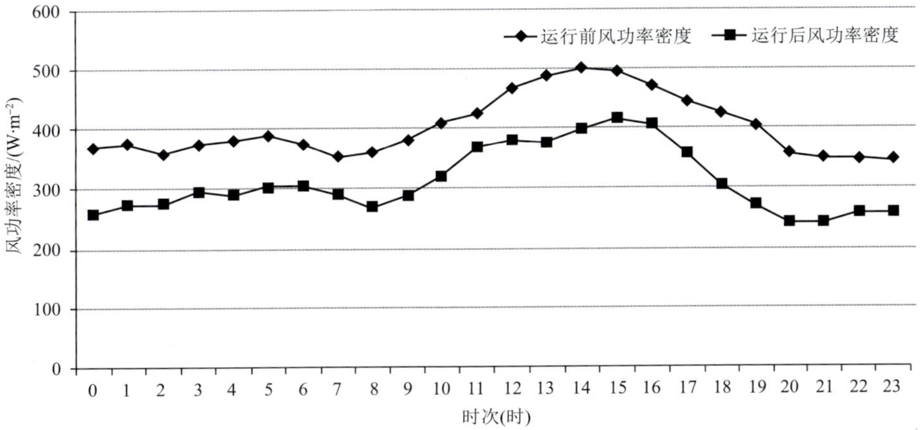


图 7.8 运行前后风电场风功率密度日变化

～16.5 m·s$^{-1}$和 9.5～10.5 m·s$^{-1}$;2 时段高频风功率密度分布变化较大:运行前高频风功率密度出现在 10.5～13.5 m·s$^{-1}$和 14.5～16.5 m·s$^{-1}$(频率超过 7.00%),频率之和为 37.46%,而运行后出现在 7.5～15.5 m·s$^{-1}$(频率超过 7.00%),频率之和为 68.45%;与运行前相比,运行后高频风功率密度对应风速区域范围明显更趋集中,且峰值区和高频区对应风速均趋于减小。

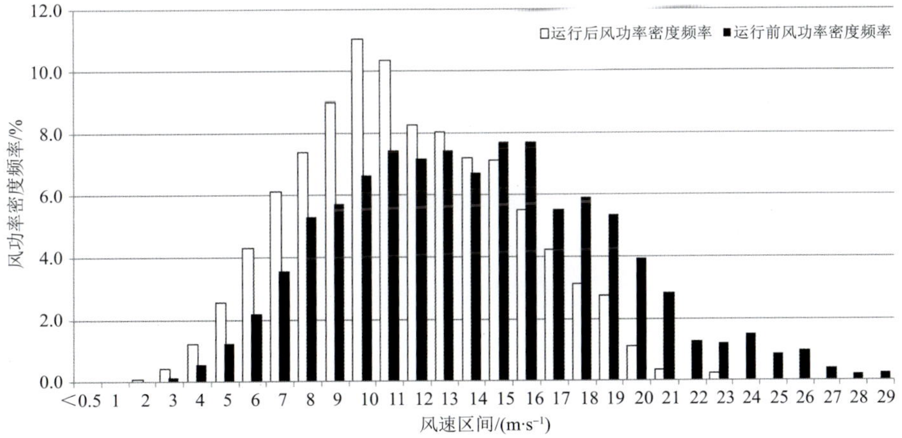


图 7.9 运行前后风电场风功率密度频率分布

(3)评估结果

①参考气象站年平均风速、季平均风速、月平均风速及年最大风速均趋于减小态势,其中年平均风速、平均最大风速趋势变化率分别为−0.015、−0.185。原因分析:(a)风速减小与大气环流变化、季风减弱有关;(b)风速减小受城市化、下垫面改变及人类活动引起的温室气体排放增加影响。

②与运行前相比,运行后时段风电场年、季、月、日平均风速均减小,减小 0.8 m·s$^{-1}$左右;风速频率峰值区由 6.5～7.5 m·s$^{-1}$降至 4.5～5.5 m·s$^{-1}$,高频风速(超过 7%)由

4.5～9.5 m·s$^{-1}$降至2.5～8.5 m·s$^{-1}$。风电场风速减小的原因：(a)根据参考气象站风速变化分析可知，风电场所在地区气候背景处于风速减小态势，而风电场风速减小受气候大背景影响；(b)运行前风机布点是在尾流控制在3%的点位优化软件基础上设计而成，而运行后是综合考虑实际情况的最终机位，风机布点会有一定差异，进而造成尾流影响和风速变化差异。

③运行前后，月平均风功率密度与月平均风速变化趋势较一致，其中1月和下半年各月2时段风功率密度较接近，2月、3月、4月风功率密度分别较设计时段减小57.45%、43.95%、78.05%，而5月略有增加；运行后日平均风功率密度较设计时段降低了54.1～134.6 W·m$^{-2}$。风功率密度频率峰值区对应风速由14.5～16.5 m·s$^{-1}$减至9.5～10.5 m·s$^{-1}$；高频区(超过7%)由10.5～13.5 m·s$^{-1}$和14.5～16.5 m·s$^{-1}$变为7.5～15.5 m·s$^{-1}$。这主要是由于风速与风功率密度为立方关系，以上几种风速减小趋势会直接形成运行前后更大风功率密度误差。

④风电场应根据实际风资源情况，对后期风电出力能力预期作适度调整。由于风速具有较强的随机性和不可控性，且直接影响发电量，建议风电场根据风速气象预测，在低风速时间段安排风机检修、保养维护，以便在有效风速时间段降低风机故障和减少维修时间，最大限度地增加风机运行数量、延长风机运行时间，增大风机发电量，提高经济效益。

(4)评估结论

通过评估分析可知，该风电场运行前后风能资源有一定差距：不同时间周期平均风速均有所减小，年最大风速也处于减小趋势，对应时间段风功率密度随之降低。风速及风功率密度减小的原因是多方面的，有系统性误差、风机布点差异尾流影响，以及大气环流变化、季风减弱、下垫面改变和温室气体增加等气候背景直接或间接造成，减小趋势难以人为改变。建议根据风电场风资源实际情况，合理部署风机维护检修，以充分利用风能资源，并对风能及发电量预期目标作相应调整。

### 7.3.3 电网输电气象保障服务典型案例

案例名称：2020年8月28日输电线路跳闸故障分析气象服务。

2020年8月28日，内蒙古自治区气象服务中心和内蒙古超高压供电局结合当时气象条件，就林丰一线跳闸事件进行了故障分析。

(1)输电线路跳闸故障基本情况

①输电线路跳闸故障概述

2020年8月28日03时51分，内蒙古500 kV电网林丰一线11号杆塔出现跳闸故障，丰泉站侧测距80.05 km，和林电厂侧测距5.88 km。经现场巡视发现11号杆塔横担位置有明显的放电灼伤痕迹。

②输电线路跳闸故障区段基本情况

内蒙古500 kV电网林丰一线西起内蒙古自治区呼和浩特和林格尔县、东至乌兰察布丰镇市，线路走向为东西走向，线路全长80.345 km，铁塔190基，2018年10月19日投运，内蒙古超高压供电局运行维护，属于内蒙古电力(集团)有限责任公司资产。跳闸故障杆塔为

11 号塔，相邻 5 基杆塔的接地电阻设计值均为 20 Ω。故障区段平均海拔高度为 1265 m，主要地形为山地，气候类型为干旱大陆性气候，常年主导风为西北风，风速为 5.2 $m \cdot s^{-1}$，常年平均气温在－6.8～30.7 ℃，降水量 350～700 mm。

③故障时段实况气象条件

8 月 28 日 03 时 51 分，雷雨，气温 15.7 ℃，风力 2 级，相对湿度为 69%。出现跳闸故障前后 2 min、1 km 范围内落雷 30 次，与跳闸故障塔段最近的雷电电流为－39 kA。

(2)跳闸故障原因分析

①故障原因排查

综合考虑跳闸故障区段的地理特征、气候特征、故障时段的天气及输电线路设备情况等，结合故障录波信息、闪络点痕迹、运行经验等，确定是雷击故障。

②雷电监测数据分析

跳闸故障前后 2 min 1 km 范围内落雷 30 次，与跳闸故障塔段最近的雷电电流为－39 kA，最近杆塔为 11 号。

③雷击原因分析

根据现场巡视拍摄放电痕迹照片分析，此次闪络放电通道属于典型的雷击放电通道，根据现场实测故障铁塔，校核接地电阻，按照《架空输电线路运行规程》季节系数要求，乘以季节系数后平均接地电阻值 3.65 Ω，设计值为 20 Ω，符合设计要求。

④故障分析结论

综合以上分析结果，本次跳闸故障为雷电绕击造成，雷电电流为－39 kA。

(3)跳闸故障暴露的问题

通过本次跳闸故障点查找和故障原因分析，发现输电线路防雷方面存在问题：线路抵御雷电能力较低，尤其是和林格尔后山地区防雷形势严峻。

(4)下一步改进措施

①强化雷电监测，对输电线路地区雷电活动特征进行统计分析，重点统计分析近三年该区域雷电频次、强度、空间分布情况，进而拟定相应防雷措施。

②电网林丰双回线路地段属于多雷区域，需制定微气象在线监测装置的购置和安装计划，以加强雷电监测，收集基础数据，为制定综合防范措施提供依据。

③每年雨季来临前，对线路雷击多发区的杆塔进行接地电阻测量，对测量不合格的杆塔应进行接地网改造。

## 7.4 新能源气象服务效果

### 7.4.1 风能气象服务效果

经电力、气象两部门技术人员联合开展试点风电场的风电功率预测能力的检验结果表明，基于风能精细化预报数据的风电功率预测准确率达到《内蒙古电网风电场并网运行管理实施细则》考核要求。目前，向内蒙古电力（集团）有限责任公司提供的风能气象服务产品覆盖风电场300余家，向国家电网蒙东电力公司提供的风能气象服务产品覆盖风电场近200家，同时取得了良好的社会经济效益。

### 7.4.2 太阳能气象服务效果

电力和气象两部门技术人员对试点光伏电站的光伏发电功率预测能力检验表明，基于太阳能精细化预报数据的光伏发电功率预测准确率达到《内蒙古电网光伏发电站并网运行管理实施细则》考核要求。目前，向内蒙古电力（集团）有限责任公司提供的太阳能气象服务产品覆盖光伏电站近300家，向国家电网蒙东电力公司提供的太阳能气象服务产品覆盖光伏电站100多家，社会经济效益明显。

### 7.4.3 电网输电线路气象保障服务效果

内蒙古电网地处内蒙古中西部地区，供电区域72万$km^2$，承担着8个盟市工农牧业生产及城乡1400多万居民生活供电任务，同时向华北、陕西榆林和蒙古国提供跨省区、跨国境供电。电网气象服务覆盖内蒙古500 kV主网输电线路58条、总里程5400多千米、变压站20多座、9800多座杆塔，以及220 kV、110 kV相应输电线路及变压站。及时准确的气象服务信息，有效降低了电网运行安全风险，节约了大量人力、物力和财力成本，取得了良好的社会经济效益。

### 7.4.4 新能源气象服务荣获多项荣誉

“宝剑锋从磨砺出，梅花香自苦寒来”。历经十余年发展的内蒙古新能源气象服务不仅经历了攻坚克难，也收获了满满的荣光。2011年，经过近3年不懈奋斗，风能气象服务体系初步形成，内蒙古自治区气象局报送的“风能预报技术、业务和服务体系的建设”创新工作项目，荣获中国气象局颁发的“2011年全国气象部门创新工作奖”。2017年，与内蒙古电力（集团）有限责任公司深度合作，进一步拓展超高压电网气象服务取得良好社会效益，内蒙古自治区气象服务中心报送的“深化部门合作，构筑‘电力气象一张图’综合服务模式”创新项目，荣获内蒙古自治区气象局颁发的“2017年全区气象部门创新工作奖”。2018年，在内蒙古自治区气象局举办的“新天元杯”首届气象服务创新大赛上，内蒙古自治区气象服务中心报送的参赛作品“助力北国风光——内蒙古新能源精细化气象服务”荣获“全区气象服务创新大赛一等奖”。荣誉是对过去工作的肯定，也是对未来深入发展的激励，内蒙古新能源气象服务正处于转型升级期，相信未来的新能源气象服务体系也将随着业务转型更加完善。

# 第 8 章
# 发展与展望

2024 年 2 月，中国气象局制定印发了《能源气象服务行动计划（2024—2027 年）》（以下简称《行动计划》），提出了四个方面 16 项重点任务，推动建立覆盖源网荷储全链条全场景和短临至月季全尺度无缝隙的一体化能源气象服务业务。

作为我国重要能源和战略资源基地，我国北方重要生态安全屏障，一直以来，内蒙古锚定“双碳”目标，加快构建新型能源体系，增强国家重要能源和战略资源基地保供能力。能源气象服务面临着前所未有的机遇与挑战，强化新能源规划、建设、运行、调度全链条气象保障服务势在必行。未来，将持续优化内蒙古智能化风能、太阳能气象服务，加强内蒙古“气象数据要素×能源安全”、数值预报应用及关键核心技术研究，研发不同时间尺度的新能源预测模型和电力负荷预测模型，为大型风电光伏基地建设提供高质量气象保障。同时，做好煤电油气产、调、运气象保障服务，服务现代能源经济体系建设。深化内蒙古电网输电线路高影响天气精细化预报预警服务，保障内蒙古电力交易市场绿色电力交易。

# 参考文献

高菲,2018. 风神卫星[J]. 卫星应用(9):70.

高涛,肖苏君,乌兰,2009. 近47年(1961—2007年)内蒙古地区降水和气温的时空变化特征[J]. 内蒙古气象(1):3-7.

龚强,汪宏宇,朱玲,等,2015. 辽宁省近地层风切变特征研究[J]. 自然资源学报,30(9):1560-1569.

谷新波,李兴华,王佳,等,2016. 基于对比分析法的内蒙古某风场风资源后评估[J]. 中国电力,49(9):165-169.

顾润源,2012. 内蒙古自治区天气预报手册[M]. 北京:气象出版社:22-23.

胡亚男,李兴华,郝玉珠,2019. 内蒙古太阳能资源时空分布特征与评估研究[J]. 干旱区资源与环境(12):132-138.

李雁,裴翀,郭亚田,等,2010. 中国风能资源专业观测网运行监控系统建设及应用[J]. 资源科学,32(9):1679-1684.

李正泉,宋丽莉,马浩,等,2016. 海上风能资源观测与评估研究进展[J]. 地球科学进展,31(8):800-810.

刘智深,陈震,于翠荣,等,2015. 多普勒测风激光雷达从车载到星载[J]. 大气与环境光学学报,10(2):126-138.

吕乃平,李诗明,陈炎涓,等,1986. 多普勒声雷达测风与直接测量仪器的观测比较[J]. 气象学报(2):206-213.

齐瑾,邱红,2018. 风云三号卫星太阳总辐照度监测[C]//第35届中国气象学会年会论文集:356-357.

钱正安,蔡英,刘景涛,等,2004. 中国北方沙尘暴研究的若干进展[M]//刘景涛,刘钟龄,李静,等. 沙尘暴成因综合防治. 呼和浩特:内蒙古人民出版社:3-5.

任宏利,丑纪范,2005. 统计-动力相结合的相似误差订正法 [J]. 气象学报(6):988-993.

申露婷,张方敏,黄进,等,2020. 1961—2018年内蒙古生长季昼夜降水气候特征[J]. 干旱区研究,37(6):1519-1527.

沈志宝,魏丽,1999. 黑河地区大气沙尘对地面辐射能收支的影响[J]. 高原气象,18(1):18.

孙俊奎,王将,康道俊,等,2019. 基于多种算法优化SVM模型的乌东德水电站降水量预报[J]. 干旱气象,37(4):670-675.

孙学金,王晓蕾,李浩,等,2010. 大气探测学[M]. 北京:气象出版社.

王式功,杨德保,金娟,等,1995. 我国西北地区黑风暴的成因和对策[J]. 中国沙漠,15:19-30.

王天河,孙梦仙,黄建平,2020. 中国利用星载激光雷达开展沙尘和污染研究的综述[J]. 大气科学学报,43(1):144-158.

王英,赵建民,陈慧,等,2012. 内蒙古风能资源数据库共享服务系统[J]. 电子设计工程,20(17):32-35. DOI:10.14022/j. cnki. dzsjgc. 2012. 17. 045.

王正非,1986. 用现代新技术科学管理林火[J]. 森林防火(4):7-9.

吴景龙,杨淑霞,刘承水,2009. 基于遗传算法优化参数的支持向量机短期负荷预测方法[J]. 中南大学学报(自然科学版),40(1):180-184.

徐丽娜，申彦波，李忠，等，2021. 基于概率密度匹配方法的 FY-4A 地表入射太阳辐射订正[J]. 高原气象，40(4)：932-942.

徐丽娜，申彦波，李忠，等，2022a. FY-4A SSI 产品在辐射观测稀疏位置的偏差订正方案[J]. 高原气象，41(4)：1051-1061.

徐丽娜，申彦波，冯震，等，2022b. 多种风电场风速预报订正方法的适用性研究与集成应用[J]. 干旱区地理，45(4)：1114-1124.

许小峰，2011. 现代气象服务[M]. 北京：气象出版社：39-40.

曾燕，邱新法，潘敖大，等，2008. 地形对黄河流域太阳辐射影响的分析研究[J]. 地球科学进展，23(11)：1185-1193.

张霭琛. 2000. 现代气象观测[M]. 北京：北京大学出版社.

张焕胜，马振富，冯策，等，2016. WFMS-200 型风电场声雷达与测风塔测风结果比对[J]. 中国电子科学研究院学报，11(5)：562-568.

张艳，唐世浩，邱红，等，2018. 地球辐射收支卫星观测和气候应用[J]. 卫星应用(11)：50-54.

张正敏，王革华，高虎，2004. 中国可再生能源发展战略与政策研究[J]. 经济研究参考(84)：26-32.

周春红，龚山陵，张小良，等，2007. CUACE/Dust 及其对东北亚沙尘暴实时业务预报[C]. 2007 年中国气象学会年会论文集.

周青，李雁，裴翀，等，2013. 基于风能资源专业观测网的风能资源评估[J]. 气象科技，41(6)：1153-1160.

周旭辉，2011. 风廓线雷达功率谱密度数据处理算法研究[D]. 南京：南京信息工程大学.

BARAN S，2014. Probabilistic wind speed forecasting using Bayesian model averaging with truncated normal components[J]. Computational Statistics & Data Analysis，75(6)：227-238.

BARKSTROM B R，1989. Earth Radiation Budget Experiment (ERBE) Archival and April 1985 Results [J]. Bulletin of the American Meteorological Society，70(10)：1254-1262.

HARRIS J E，RUSSELL J E，et al，2005. The Geostationary Earth Radiation Budget Project[J]. Bulletin of the American Meteorological Society，86(7)：945-960.

HOUSE F B，GRUBER G E，et al，1986. History of satellite missions and measurements of the earth radiation budget (1954—1984)[J]. Review of Geophysics，24(2)：357-377.

KLINE D，HEIMILLER D，COWLIN S，2008. A GIS method for developing wind supply curves[Z]. NREL/TP-670-43053.

KYLE H L，HICKEY J R，et al，1993. The Nimbus Earth Radiation Budget (ERB) Experiment：1975 to 1992[J]. Journal of Geophysical Research，89(4)：5021-5038.

QIU H，HU L Q，ZHANG Y，et al，2012. Absolute Radiometric Calibration of Earth Radiation Measurement on FY-38 and Its Comparison With CERES/Aqua Data[J]. IEEE Transactions on Geoscience and Remote Sensing，50(12)：4965-4974.

SLOUGHTER M L，GNEITING T，RAFTERY A E，2010. Probabilistic wind speed forecasting using ensembles and Bayesian Model averaging[J]. Journal of the American Statistical Association，105(489)：25-35.

SMITH G L，GREEN R N，et al，1986. Inversion methods for satellite studies of the earth's radiation budget：Development of algorithms for the ERBE mission[J]. Reviews of Geophysics，24(2)：407-421.

SUOMI V E，1958. The radiation balance of the earth from a satellite[J]. Annals of the International Geophysical Year，6(1)：331-340.

VALIENTE J A, NUNEZ M, LOPEZ-BAEZA E, et al, 1995. Narrow-band to broad-band conversion for Meteosat-visible channel and broad-band albedo using both AVHRR-1 and-2 channels[J]. International Journal of Remote Sensing, 16(6): 1147-1166.

WIELICKI B A, BARKSTROM B R, et al, 1996. Cloud and Earth's Radiant Energy System (CERES): An Earth Observing System Experiment[J]. Bulletin of the American Meteorological Society, 77(5): 853-868.